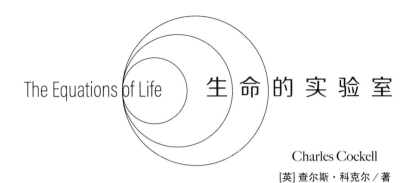

The Equations of Life

生命的实验室

Charles Cockell

[英] 查尔斯·科克尔 / 著

张文韬 叶宣伽 张雪 / 译

中信出版集团 | 北京

图书在版编目（CIP）数据

生命的实验室/（英）查尔斯·科克尔著；张文韬，
叶宣伽，张雪译. -- 北京：中信出版社，2020.12
书名原文：The Equations of Life: How Physics
Shapes Evolution
ISBN 978-7-5217-2312-0

I. ①生… II. ①查… ②张… ③叶… ④张… III.
①生物物理学 - 研究 IV. ①Q6

中国版本图书馆CIP数据核字（2020）第188396号

生命的实验室

著　者：[英] 查尔斯·科克尔
译　者：张文韬　叶宣伽　张雪
出版发行：中信出版集团股份有限公司
　　　　　（北京市朝阳区惠新东街甲4号富盛大厦2座　邮编　100029）
承 印 者：北京诚信伟业印刷有限公司

开　本：880mm×1230mm　1/32　　印　张：10.5　　字　数：222千字
版　次：2020年12月第1版　　　　印　次：2020年12月第1次印刷
京权图字：01-2020-0489
书　号：ISBN 978-7-5217-2312-0
定　价：59.00元

_P = F/A_

白小鼹形鼠（*Nannospalax leucodon*）的照片

摄影：马克西姆·雅科夫列夫（Maksim Yakovlev）

目　录

前　言

在传统领域的交叉地带，一些最令人着迷的问题仍然只有模糊的科学答案。这些学科本来不存在，它们只是人类后来划分出的概念。从知识管理的角度而言，将科学问题分门别类地划入不同的学科领域是有益的，但这种行为有时也会适得其反。宇宙中的不受控过程无法与这些整齐的分类一一对应。宇宙就是宇宙，只有文明才可以对它提出质疑。

本书试图去理解横跨生物界及非生物界的不同科学领域，探索物理学和演化①生物学之间不可分割的联系。这些联系反映出：生命只是宇宙中存在的许多有趣而独特的物质类型中的一种可以进行复制和演化的形式。

读者首先应明白，这本书并不是徒劳地想要证明演化是一种完全可预测的物理学产物。历史巧合和机遇确实从中发挥了作用，这一点是无可争辩的。我们从地球

---

① "演化"与"进化"同是对英语"evolution"一词的翻译，本书统一采用"演化"。——编者注

上发生的大型演化实验中观察到的大量细节与繁多形式正是由此而诞生的。如果去印度尼西亚的龙目岛和巴厘岛旅行，你会发现尽管这两座岛在规模和位置上非常相似，而且仅仅相距35千米，但岛上的动物群却截然不同。两座岛上的生命以华莱士线（Wallace Line）为界各自演化而来，这条无形的华莱士线穿过龙目岛海峡的深水，将巴厘岛置于东南亚独特演化旅程的历史轨迹中。巴厘岛的森林中回荡着亚洲啄木鸟和巨嘴鸟的声音，然而坐落于澳大拉西亚①演化树范围内的龙目岛却充斥着凤头鹦鹉和食蜜鸟的尖锐叫声。但是，这场混乱的演化实验背后仍然存在着不可动摇的物理学原理。我在这本书中所讨论的正是这些原理，从亚原子尺度到种群规模，它们越来越能解释生物学的方方面面，而人们此前一直认为这些生物学现象只是不可预测的偶然历史结果。

　　生命的哪些特征是由物理学定律决定的，又有哪些特征只是由掷色子般的偶然事件决定的呢？在提及生命及其演化时，这仍然是最突出且最有趣的谜题之一。我并不打算对这个问题做出明确的答复，我相信现在也没人能回答这样的问题。不过，我确实想要向读者深入阐释在生命结构的各个层次都起到引导作用的物理学原则，以及这些不断扩充的知识体系是如何证明生命根植于塑造宇宙万物的基本定律的，这可能要比粗略地瞥一眼地球上的动物群落有用得多。

　　从这种生命观中得出的结论，有些人可能会觉得发人深省，有些人可能会觉得毛骨悚然，还有一些人或许会感到振奋与欣慰。对于那些和我一样对地球生命着迷的人来说，我们越来越能确定，地球生物看似极为丰富多样，但背后都遵循着适用于所有物质的简单原则。喜欢猜测其他星球上的生命（如果确实存在的话）的人可能会得出这样一个结论：

① 指澳大利亚、新西兰及附近南太平洋诸岛。——编者注

外星生命的所有结构层次，看起来可能都与我们所熟知的地球生命出奇地相似。

　　人类的古老传统认为生命与无生命物质是泾渭分明的，因此我们总是担心，把人类及其他生命交付给决定宇宙中大多数物质命运的平淡乏味的物理学是一件危险的事情。然而，如果我们将这种传统观念抛诸脑后，我们可能会发现这种担心是毫无事实根据的。相反，进化论和物理学的统一丰富了我们的生命观，我们学会了从掌控与限制生命形式的简单规则中欣赏非凡之美。

第 1 章

生命的无声指挥官

只要在爱丁堡的梅多斯公园里走一走，大多数人都会确信地球上的生命简直是这个平淡无奇的世界里最独特的存在。成荫的绿树在风中沙沙作响；鸟儿在空中盘旋，古人震惊于这些比空气重的飞行机器是如此灵敏；地上有各种动物爬来爬去，小小的瓢虫落在游客的身上，宠物狗则在草地上追逐跳跃。

眼前的这幅景象让我不禁想起用最好的望远镜才能看到的天鹅绒般的黑色太空。星系发生碰撞，形成天体物理学尺度的暴力事件，而这些早已死去的星系所散发出的光芒几乎畅通无阻地穿越数十亿年的虚无，最终被我们采集成画面。在这个无限的巨大真空中，偶尔产生了一些恒星，它们的周围最终形成了行星。而在这样一颗行星上，游客们正在城堡外的草地上拍打着苍蝇。太阳不过是一颗在周围的稀薄空间里聚集了融合气体的球体，地球不过是它旁边的一颗行星，而地球上的拉布拉多犬却复杂到能够做出各种跳跃和奔跑动作。一边是掌管着星体旋转的简单物理学定律，一边是复杂的生命现象，还有什么比二者间的对比更加强烈的吗？

我曾经听一位杰出的天文学家说过，他很乐于研究恒星，因为恒星要比昆虫容易理解得多。[1]

望向外太空时，我们一定能从这种视角中找到价值和共鸣。即便大质量恒星的尺度令人望而生畏，我们也能从中感受到物理学定律的简洁性。恒星燃烧时会让气态元素发生聚变并释放能量，所以这些基本元素的原子质量会不断增长。氢是宇宙中最为丰富的元素，氢原子聚变就形成了氦。氦原子再形成碳原子，以此类推……[2]直到形成氧、氖、镁等电子层数依次增加的元素。元素的原子质量随着每一轮聚变产物的出现而增长。恒星的中心是铁元素，它无法再聚变成其他元素了。铁是原子聚变的最终阶段，这种相对简单的原子叠加过程形成了从恒星的表面到内核、一层比一层重的一系列元素。比铁更重的元素是通过其他方式形成的，比如恒星发生灾难性的能量爆炸过程，它预示着超新星的诞生。

恒星的元素就是以这种类似洋葱的形式排布的，其体积之庞大，直径可超过百万千米。与之相比，落在正在梅多斯公园里打瞌睡的游客的指甲盖上的瓢虫实在是小得可怜，体长只有区区7毫米。

这种小小的椭圆形瓢虫不过是栖息在地球上的众多昆虫中的一种。（我们目前尚不清楚地球上有多少种昆虫，其中已知的有100万种，尚未被发现的昆虫可能更多。）然而，这种低调的生物充满了复杂性。瓢虫由8个主要部分组成，其头部是独立的一部分，包含了它的口器；瓢虫用触角和眼睛来感知周围的世界，而触角也被看作是独立的一部分；它的头部后面一块坚硬的凸起叫前胸背板，可以保护头部免遭伤害；前胸背板后面就是胸部和腹部，也是翅膀和足所附着的身体部位；最后，这种复杂的机器还具有翅鞘，可以保护自己脆弱而精巧的飞行装置。

和恒星一样，瓢虫的每个特征也都是由物理学定律塑造出来的。翅膀所给予的飞行能力意味着瓢虫必须遵循空气动力学的定律，其他的飞行生物也是如此。说到腿，为什么瓢虫长的是腿而不是轮子呢？除了蛇和部分缺乏肢体的蜥蜴外，瓢虫与所有的陆地动物一样都演化出了腿，而不是轮子。这也是有其物理学原因的，毕竟腿在地球不甚规则的地形上还是有一定的行走优势的。而为了保护轻飘飘的翅膀，翅鞘必须具备坚硬材料所拥有的特征，比如耐磨性和柔韧性。

在瓢虫的所有体节中，我们都能发现物理学法则。瓢虫之所以看起来比恒星更加复杂，是因为它们体内包含了更多不同的法则，使其更适于生活。演化绝对是一种将不同法则组装成生命体的绝佳过程，我们可以用公式表示出这些法则。任何自然环境通常都会给生存带来多重挑战。如果一个物理学过程让一种生物发展出某个特征，并令其能够存活更长时间以繁衍后代（繁衍是衡量演化成功的标准），那么这种生物就会随着时间的推移发生演化，我们也可以将其看作是展现多种物理学法则的载体。

哪怕是在梅多斯公园里随意地漫步，你也能深刻地感受到生命的波澜壮阔，它随着时间的推移发展出各种各样的形式。如果借助科学家们最喜欢但不可能实现的玩具——时光机，我们就可以重新回到 7 000 万年前的梅多斯，那时生命的形式与如今截然不同。和现代鸟类一样，翼手龙这种爬行动物当时也精通空气动力学。有些翼手龙的翼展长达 10 米。[3] 长有羽毛的恐龙和奇怪的昆虫在陆地上游荡，而体型细长的爬行动物则统治着池塘、湖泊等水上栖息地。如果再借助时光机回到 4 亿~3.5 亿年前，我们会发现爱丁堡正处于庞大的火山活动中，到处都生长着厚厚的垫子般的微生物聚集体。在陆地的另一边，在火山锥之间，最早的陆地植物光蕨（Cooksonia）已占领新的栖息地。在光蕨那仅有几厘米高的短而多节的茎间，穿梭着早期的昆虫和现已灭绝的八腿甲虫般的蛛形纲动物。[4] 只要再经历几千万年，你就能看到四条腿的彼得普斯蝾

（Pederpes）正笨拙地移动着自己长达一米的滑溜溜的身体穿过矮木丛，并用三角形的头部开辟出一条道路。[5]它正是现代陆地脊椎动物的祖先。

在这次时间旅行中，尽管我们会对观察到的所有奇妙生命啧啧称奇，但我们对这些生物却也有一种奇怪的熟悉感。这些生物尽管在形态和形式上有所不同，但从根本上来说，它们的生存法则与现代生物是相同的。这些相似之处不仅仅是演化的产物。早期植物的反重力生长、支撑起恐龙的骨骼大小、水生动物的光滑外表以及让翼手龙飞翔的翅膀特征，都是古生物面对同样的物理学法则，形成的与现代生物相似的演化形式。

生命在时空中的复杂性和多样性令所有人都相信，生命在本质上并不等同于物理学过程。在非生命的世界中，简单的原则可以塑造出可预测的结构，但生命形式的差异似乎已经超越了这些简单原则。

然而，物理学定律在各种组装层面上驱动并限制着生命的解决方案。结果并不总是可以预测的，但却一定是受限的。从亚原子尺度到种群规模，这些限制条件体现在各个层面上：结果是多种多样的，但不是无穷无尽的。

即使在最小的尺度上，我们也能发现狭窄的演化通道。以蛋白质分子为例，地球上的各种庞然大物都是由蛋白质组装而成的。但与更高层面的生命一样，蛋白质的功能是有限的。一些科学家在观察蛋白质（包括酶，即生物催化剂）折叠的有限方式时，认为这些构型反映了柏拉图所信奉的完美而恒久的事物形式。[6]对一些人来说，这种观点似乎与达尔文的生命观相悖，后者强调了自然选择可产生无限的多样性。

科学有时不可避免地会出现两极分化，当然，挑战达尔文学说的观点总是备受关注而富有争议的。在本书中，我所介绍的合成过程并没有违背达尔文的基本理论，即自然选择可以塑造出种类非常多的生物，其至是蛋白质。但这个过程的产物的基本模式是有限的，这不仅仅体现在生物体的层面上，也体现在其所有组成部分上，从种群到蛋白质，再到原子水平皆是如此。我收集了许多令人印象深刻的研究证据，以说明物理学法则如何极大地缩小了生命结构的各个层次在演化过程中的自由度范围。

一个简单的命题可以证明我的观点。在演化的过程中，环境作为过滤器起到了选择有机物质单元的作用，使这些有机物质单元充分利用其中多种相互作用的物理学定律，以实现繁殖。在这种情况下，环境中包含各种各样的挑战，无论是暴风雨等天气现象还是捕食者的追捕，都可能会阻止生物体的繁殖。演化只是用遗传物质编码的物理学原理的相互作用，这些相互作用影响巨大、激动人心。[7]以方程式表示的物理学原理数量有限，这意味着演化过程的结局也会受到限制，且具有普遍性。[8]

方程只是用数学符号表示物理学过程的一种手段，这些物理学过程描述了宇宙的各个方面，其中也包括生物的特征。"生命的方程式"表示的是从不同的层面上用物理学过程（通常表现为数学公式）来描述生命的能力。在本书中，我将介绍一些这样的方程式，但我并不要求各位读者理解其中的细节和微妙的差别，也不要求读者能使用这些公式。这些方程式只是为了说明，在很多情况下，支撑着演化过程的物理学法则可以用这些简单的数学形式来表达。

毋庸置疑，生命也受到物理学定律的限制。[9]梅多斯公园里的瓢虫在享受午后的阳光时，也并不能脱离于太阳形成的原理而存在。生命在很大程度上是宇宙的一部分：生命无法独立于宇宙规则而运转。然而，尽管这种说法是老生常谈，但我们总是很不愿意接受生命受到物理学定律严格约束的事实。在观察生物时，我们很容易忘记掌控其生命结构的原则已为其设下苛刻的边界；在粗心大意的观察者看来，生命的多样性似乎是无边无际的。

对我而言，探索不同尺度的生命结构的奇妙之处在于，随着我们了解的知识越来越多，这些生命要比我们此前的猜想更加符合物理学过程及其简单数学关系的描述，这些原理可在多种不同的层次水平中得以体现。这些观点也表明，生命的范围要比我们想象中的狭窄得多，随机事件和历史在其演化过程中的作用并没有一些人想象的那么大。因此，生命的结构要比有时假想中的更具有可预测性和潜在的普遍性。

生物确实在细微之处得到了无限的修饰。生命的细节之广泛可能导致了生物学和物理学在宇宙观上的分歧。然而，如果我们回归到"生物学遵从物理学定律而运作"这一浅显的结论，我们便能更全面地化解这种分歧。

几年前，我以天体生物学家的身份加入大学物理系，学校安排我教授一门叫作"物质性质"的本科物理学课程。对于生物化学和生物学背景出身的我来说，如果不加入一些生物学知识，这样上一学期课实在让人难以接受，所以我开始修改教案，用生物学案例来解释我教授的物理学定律和观点。融入生物学知识提高了我自己教课的积极性，我觉得这对上课的本科生来说也会十分有趣。

这些生物学案例并不难找。在分子水平上，分子之间的力叫作范德华力，这种力来自分子固有的极性，它使得分子像小磁铁棒一样互相吸引（即便是氖这种惰性气体，其分子间也存在这种力）。范德华力可以用壁虎的例子来演示。[10]这种敏捷的沙漠蜥蜴脚趾上有很多细小的刚毛，这些刚毛可以让四脚在范德华力的作用下牢牢地固定在竖直的表面上，从而轻松地爬上光滑的玻璃窗。

人类细胞以及其他所有细胞生命都是由DNA（脱氧核糖核酸）分子编码遗传信息的，它由两条链组成，形成我们熟悉的双螺旋结构。把两条链连接在一起的作用力叫氢键，它的强度刚刚好：可以稳定DNA双链并保持DNA分子的完整性，但是当细胞分裂、DNA进行复制时，这种力又弱到很容易地解开双链。[11]DNA的复制及其增殖的结构体系就可以通过原子间的作用力来理解。

在更高的结构层次上，用生物学来理解物理学原理的案例仍然存在。在解释相图（展示物质在给定压力、温度和体积下的状态的图表）时，我发现来自生物世界的一些插图很有帮助。在冬季冰冻的池塘里，躲在冰下相对温暖的水中以免受捕食者干扰的鱼群正是利用了相图中水的融化曲线的负梯度。简而言之，当水结冰后，其密度就会降低，因此冰会漂浮在水面上。[12]而在冬天仍然活跃的鱼已经在演化中适应了在冰下生存的环境——它们的行为演化受到了关于水的一些简单事实的限制，而这些关于水的事实就可以用相图来表示。

即使在宏观尺度上，物理学也能解释生物系统，同时限制生物系统的运行。在解释大型生物在水中移动的机制时，我们可能会问：鱼为什么没有螺旋桨？到底是什么物理学定律使得这些可以屈伸的身体[13]能够穿越海洋、逃离鲨鱼，甚至表现得比人类工程师制造出的螺旋桨更加出色？流体以及在流体中移动的物体的行为对于能够演化的生物体提出了非常严格的约束，同时也严格限制了生物体在约束中所能找到的解决方案的种类。

在教授完这门课程后，令我惊讶的并不是找到了这么多适用于物理学定律的生物学案例，而是即使是极其简单的物理规则，也深刻地影响了从电子到大象的各个生命层级的现象，并参与了生命特征的选择。我很清楚物理学是如何塑造整个生物体的，但我仍惊讶于物理学原理的广泛适用性，它就像触角一样，伸展到生命结构的各个角落。尽管在量子力学中围绕亚原子粒子的旋转仍有不确定性（这种不确定性足以令谨慎的物理学家合理地提出质疑：生物学和物理学之间有多大关系），但薛定谔的猫[14]的形状和化学成分，以及维尔纳·卡尔·海森堡本人的身高都具有高度的可预测性，这正是应用于生物学的物理学原理的趋同性。

有时，科学家会用海洋来类比演化过程。不同的动物象征着具有不同生物可能性的岛屿，在这些岛屿上，成功适应环境的解决方案受到了生理可能性和生物体既往演化过程（即历史）的约束。在这些岛屿之间，存在着无数不可能的解决方案，生命必须在这片巨大的海洋中寻找充满了可能性的新岛屿。生物体想方设法在这些岛屿上安家落户，它们似乎共同抵达了一个避风港，这就像一群在不同的风暴中分别遇难的海员发现自己被困在太平洋中央的一处荒凉的岩层一样——听起来很不寻常。为什么两种动物，比如蝙蝠和鸟，同时选择了飞行功能？由于它们的祖先都没有翅膀（从这两种生物截然不同的翅膀解剖结构就可以看出），所以这种趋同现象很难用共同的祖先来解释。然而，不同的生物体采用相同的解决方案并不稀奇。不可能的解决方案是完全不可能实现的，这意味着不可能的海洋根本不存在。

或许，演化从物理学角度看并不像岛屿，而是像一个棋盘。每个方格都代表着不同的环境，代表着生命必须适应的不同物理条件。当一个生命体在棋盘上移动时，它会发现自己身处另一空间，必须利用一系列明确定义的物理学定律来适应这一空间。例如，当一条鱼爬上陆地时，原本促使它形成某种形态的水动力学定律将被新规则取代。海洋居民来到陆地上后，由于失去浮力而突然变强的重力作用，以及决定蒸发速率（正午的太阳将无情地试图把生物晒干）的方程式就会成为塑造演化的关键因素。但是，这其中不存在不可能性的海洋，只有物理学原理以不同的组合和量级在不同的环境中共同运作。生命从一种环境条件转移到另一种环境条件中，那些一直在运行的定律从中选择了遵循物理学定律的生物，而环境或竞争对手则无情地淘汰了那些无法适应这些定律的需求，从而无法繁衍的失败者。

这里有一处区别值得注意。在思考生物体如何有效地适应环境时，用海洋来做类比会更加贴切。举一个极端的例子，一只天生缺少翅膀的昆虫在演化过程中很可能会遭遇失败。我们可以想象在一片广袤的地区中，占据了岛屿和山峰的生物最能适应其生存环境，而生活在其间的平原和海洋中的生物则适应环境的能力较差、成功概率较低，这也是适应性景观的基本概念。[15] 然而，在面对环境的挑战时，生物体有能力找到类似的演化解决方案，这不足为奇。它们并没有多大的自由空间可供探索。生物只是从一处移动到另一处，当物理学法则出现在它们面前时，它们必须适应并繁衍。若非如此，我们就再也见不到这些生物了。而应对这些物理学定律的解决方案通常是类似的。

在这本书中，我并非想要各位读者为生物学和物理学的密不可分而震惊，或者惊讶于物理学是生命的无声指挥官。相反，我意在说明生命在从种群到原子结构的尺度上都有着奇妙的简单性。我还认为，这些定律如此根深蒂固地体现在从生命的原子结构到蚂蚁的社会行为上，如果宇宙中其他地方存在着生命，也会表现出类似的特征。

当然，我们可能也会说："生命不可能只与物理学原理有关。比方说，猎豹对羚羊的追赶，就不仅仅体现了羚羊受到的物理学影响，也是一种真正的生物学相互作用。"猎豹奔驰在非洲大草原上，捕捉到倒霉的羚羊作为下一餐的食物，这对羚羊施加了选择的压力，而这种压力在生物反应层面上来讲是物理性的。如果羚羊能跑得过猎豹，它就能在这场追逐中存活下来。羚羊能否逃脱取决于它能以多快的速度将能量释放到肌肉中，或者在躲避迎面而来的掠食者时，它能以多快的速度转弯。这种能力本身就是羚羊膝盖所能承受的力和它的腿骨和肌肉在寻求自由时所能承受的扭力的产物。这些因素最终由肌肉和骨骼的结构以及视力的敏锐程度等因素决定。羚羊要么活下来，离可以繁殖的年龄更近一点点，要么就在追逐中死去。这种选择压力与猎豹是另一种生物体并没有关系。掠食者也可以是爱丁堡大学的物理学实验室所制造的一款能快速奔跑的机器人，它被设定为可以穿越非洲的大草原、拦截并猎杀羚羊。唯一重要的问题在于，羚羊的生理能力（最终归结到物理能力）是否能令其在猎豹的追逐下生存下来，以及羚羊的肌肉特性、骨骼强度和其他因素中有哪些适应性能令其后代成为优秀的继承者。

我上面的观点不仅适用于生物面对环境中的选择限制（例如捕食）时所发生的演化，还包括生物面对环境提供的大好机会（例如未开发的栖息地和食物资源）时所发生的演化。无论就短期而言还是最终反映在演化层面上，环境中许多生物体的此类变化都是由其他生物的迁移引起的。最终生物体生存下来或者学会了利用环境或其他生物体的变化，但这种适应性通常都被物理学原理限定在一个很窄的范围内。

当然，以上所有的适应性都受到生物体祖先的形态和形式或者其发育模式的限制。这些历史架构以及生物体的发展和成长所受到的限制，是由先前的演化选择所建立的，它们限制了一种生物体响应自己必须遵守的一整套物理学定律的方式，并进一步缩小了演化的范围。[16]

读者心中可能会问："到底什么是生命？"毕竟，前面的讨论是以我们对生命有一致的定义为前提的。长久以来，生命的定义这个问题一直困扰着许多人。但就本书的目的而言，我并不想把这部分内容放在前面。为了简单起见，我在这本书中给出了一种关于生命的方便而实用的定义，即生命本质上是能够进行繁殖和演化的物质，这与生物化学家杰拉尔德·乔伊斯（Gerald Joyce）的定义一致，即生命是一种"经历达尔文式演化并进行自我维持的化学系统"。[17]演化（也就是达尔文式演化）

能力是生命的特征，它使得生物随着时间的推移而改变，并更好地适应环境。从某种更容易理解的角度而言，在地球上，包括真核生物和原核生物在内的所有我们熟悉的生命形式都有这种能力，真核生物包括了动物、植物、真菌、藻类等多种生物，原核生物则包含细菌和古菌（单细胞生物的另一分支）等。

我们也可以说，生命这个词仅仅是人类做出的一种分类，生命永远不会受限于某种具体的定义。[18]生命可能只是有机化学的一个子集，有机化学是化学的一个分支，主要研究含碳化合物的各种复杂行为。当环境的力量作用于这种可繁殖的物质时，其繁殖能力便导致了演化的发生。生命在地球上的持续存在，正是这种可繁殖物质内遗传密码演化的产物。这种遗传密码可在多种复制单元中被修改或变化。在不同的环境中起作用的选择压力，从变异中选出最成功的遗传密码，这些最成功的遗传密码继而复制并分布到新的环境中。

然而，无论我们认为生命是什么，无论我们选择哪种定义或概念，生命都必须完全符合简单的物理学定律。诺贝尔物理学奖得主、奥地利物理学家埃尔温·薛定谔在其1944年出版的著作《生命是什么？》[19]中，曾用物理学术语描述说，生命具有从环境中提取"负熵"的属性。"负熵"这个短语用得不太合适，因为它在物理学上并没有正式的含义，但他选用的这个短语充分体现了生命对抗熵的本质。熵代表能量和物质分散并被消耗，直至达到热力学平衡状态的趋势。热力学第二定律表明，熵是物质和能量的基本属性，在许多情况下，这个属性等同于体系的混乱程度。在薛定谔看来，生命就是在与熵做斗争。

生命可以在最终趋向于无序的宇宙中创造有序，这种特性令薛定谔困惑不已，也让一代代的思想家捉摸不透。当一只幼狮长大并繁殖时，这只成年狮子及其后代所涉及的新物质都表现得更加有序，与幼狮还在母亲膝下玩耍时相比，成年狮子随机耗散的能量要减少许多。事实上，长久以来，生物学家和物理学家都在试图解释生命为何一直在做一些明显违反物理学定律的事情。然而，如果我们以另一种方式看待生命，而非将其看作一种与物理学定律相悖的异常物质，我们反而可以发现生命是一种加速宇宙无序的过程——这与描述宇宙的物理过程非常一致。解释这种观点的最好办法就是拿我的午餐三明治来举例。

我把三明治放在桌子上，如果不去动它，则三明治分子的能量需要很长时间才能释放出来。实际上，很可能直到遥远的将来，三明治在板块构造的地壳运动中落入地球深处，被加热至高温，糖和脂肪才会分解成二氧化碳气体，将分子的能量释放出来。然而，如果我吃了三明治，在一两个小时以内，三明治中的能量就会以热量的形式释放到我的身体里，一部分以二氧化碳的形式通过呼吸呼出，而另一部分则被用来制造新的分子。实际上，我大大加速了三明治的能量释放进程，提高了推动宇宙走向无序的热力学第二定律对三明治的作用速度。当然，如果我把三明治放在桌子上，它们就会发霉，被落在上面的细菌和真菌吃掉——这些生物只是抢先我一步，把三明治的能量耗散到宇宙的其他地方。数学模型表明，这种想法并不是异想天开，生命的过程以及种群的增长、扩大，甚至适应的趋势，都可以用热力学规则来描述。[20]

生物体表现出惊人的局部复杂性和组织性，但它们所参与的过程却加速了能量的耗散和宇宙的瓦解。要想产生这种损耗效应，生物体的局部复杂性是构建这种生物机器的必需部分。既然物质宇宙偏好于更快地耗散能量，那么生命实际上就是在促进第二定律的反应过程，而不是与之抗争。至少，这是看待生命现象的一种方式。从这个角度来看，我们就更容易理解生命为何如此成功。

当然，当最终没有更多的能量可以耗散时，或者几十亿年后，当更加明亮的太阳蒸发掉所有的海水，让环境变得不再适合生存时，这些一度违背热力学第二定律的复杂绿洲将再也无法存活下去。它们也终将被摧毁。

之所以要离题介绍生命的定义与热力学第二定律，正是因为它支撑着这样一种观点：生命在很大程度上是一种运行中的物理过程。生物是一系列分子的集合，其行为遵循着物理学定律。我们有理由认为，宇宙的其他地方也是如此。在加速能量耗散的过程中，生物本身也遵从着物理学定律。在这本书中，我不太关注关于生命的定义的无用的讨论，而更关注我们称之为生命的物质在繁殖和演化方面的共性。

我们在物理、化学和生物方面了解得越多，我们就越能体会到宇宙的运行规则有多简单而平凡。主流科学范式推翻了我们在宇宙中处在特殊位置的观点，这可以说是科学发展史上的一大主题。地球仅仅是一个围绕太阳旋转的行星，人类从猿演化而来，这是过去几百年来对人类世界观影响最大的两个观念。这些想法取代了人类位于宇宙中心的观念，其认为地球位于太阳系的中心，居住其中的人类独一无二且有别于其他动物。

生物学遵从物理学定律这个观点对生物学的广义普适性提出了一个基本问题：如果宇宙中的其他地方也存在生命，它会和地球上的生命一样吗？生命的结构和形式会不会也是普遍存在的？其他地方的生命在哪一结构层次上和地球生命是一样的呢？在另一个星系中，瓢虫腿部的元素构成和地球上的一样？原子聚集在一起形成的分子，即构成并塑造瓢虫腿部的分子是否相同？以及瓢虫本身呢？在另一个星系中是否存在其他类似瓢虫的生物呢？从各个层面来讲，瓢虫有没有可能是地球独有的品种？

如果物理学和生物学结合得如此紧密，那么地球以外的生命——如果存在的话——可能非常类似于地球上的生命，地球生命将不再是演化过程中形成的独一无二的形式，而更像是宇宙中大多数生命的模板。这就意味着生命形式是可预测的，而可预测性正是优秀科学理论的标志。

科幻作家们总是喜欢想象居住在其他星球上的生命形式是极其特殊的，认为凭借人类有限的想象力是无法做出合理预测的。

早在1894年，科幻作家H. G. 威尔斯就在《星期六评论》（*Saturday Review*）上发表了一篇有关外星生命的文章，讨论了人们此前认为硅酸盐（形成岩石和矿物的含硅材料）可能在高温下会发生的有趣的化学反应："他被这样一个神奇的想法吓了一跳：会不会存在硅铝生物，甚至硅铝人呢？它们在硫组成的大气中漫游，在比鼓风炉温度高出几千度的液态铁形成的海洋岸边散步。"[21]

这并非个例。1986年，罗伊·格兰特（Roy Gallant）为美国国家地理学会撰写了他的著名作品《我们的宇宙地图》（*Atlas of Our Universe*），阐述了生命的无限可能。[22]这本书描绘了人们想象出的存在于太阳系中的各种生命形式。"哎哟袋"（一大袋气体）在金星表面昂首阔步，每次触碰到460℃的地表就痛得喊一声"哎哟"。火星上存在的生命叫"寻水者"，这种又细又长的生物就像是腿被拉长的鸵鸟，长着一对巨大的毛绒耳朵，它们在火星寒冷的夜晚和冬天里，会用耳朵把自己裹起来。"寻水者"头顶上方的巨大甲壳可以保护其免受紫外线辐射的伤害；它们长着长长的喙，可以深入火星地下寻找水源。作者的想象力并不局限于这两个星球。"冰纤维"是冥王星上的智能冰块（美国国家航空航天局的"新视野号"或许在它们的天空中短暂地闪过，并永久地改变了它们的文化），"炉肚子"是土卫六上的生命，它们体内的燃烧物质使其能够在−183℃的寒冷环境下保持体温；它们通过从尾部喷射出大量气体，来推动自己穿过土卫六富含碳氢化合物的大气层。

　　有趣的是，我们从未观测到格兰特笔下的任何生物。假设（这是一个很大胆的假设）在环境条件合适的情况下其他行星上会出现生命，那么这些全新的生物化学形式或生物没有出现在我们的太阳系中，并不是毫无理由的——生命形式必须适应这些星球上的不同条件。在大多数这些地方，条件都非常极端，根据我们对地球上生命极限的了解，我们可以预测在这些行星和卫星的表面均不存在复杂的多细胞生命。而实际观察结果正如我们所料。例如，我们在金星上看到的环境就与我们根据地球生命极限的认知所做出的预测相符，而这些生命极限都是由物理学定律确立的。[23]

　　我们至今仍无法用其他的生命案例来检验我们的生物圈是否独一无二。因此，许多观察者可能会说，类似地球上的生命是否代表着普遍规范这种问题只是一种猜测，就是那种在咖啡桌前聊天时天马行空的猜想而已。然而，这种说法是不准确的。物理学家提供给我们的原理揭示了生命可能性的基础。天体物理学家对宇宙的观测可以告诉我们哪些元素（如碳）和哪些分子（如水分子）在数量上占优势，帮助我们深入了解生命的化学组成部分在整个宇宙中究竟有多普遍。在化学实验室中，我们可以深入了解元素周期表中各种元素的反应活性，及其形成复杂结构的能力，从而知晓主宰生命的化学原理是不是普适的。

　　生物物理学家可以告诉我们各种分子是如何从地球上诸多生物体中独立演化而来的，我们据此可以探索细胞中的化学反应规则究竟有多普遍。微生物学家对极端生命的认知令我们了解到生命的物理边界，以及这些边界是否可能具有普遍性。古生物学家向我们展示了远古时代的生命形式。这些已经消失的古生物与如今仍然存在的生物有何相似或不同之处？行星科学家通过收集来自其他世界的信息，告诉我们是否能够通过相机及其他仪器来找到有可能支持生命存在的环境条件。我们也可以将这些世界中的生物状态与人类的猜测进行比较。

从这些学科中，我们可以收集大量可用来建立关于生命本质的假说的信息。在本书中，通过研究物理学与生命之间的联系，我也提出了生命在各个层次都有共性的这一观点。我并不是说所有层次的生命都是完全相同的。其他世界中的瓢虫可能和地球上的不一样，但生命系统在行星表面进行繁殖所采用的解决方案可能大致相似，无论是生命利用亚原子粒子（电子）收集能量的方式，还是整个生物种群的行为模式。如果我们最终找到了生命，我们就会知道它的存在，而且它一定和地球上的生命非常相似。

以查尔斯·达尔文来结束本书的第一章内容最恰当不过了。在《物种起源》的结尾，达尔文总结了自己的感受，宣称自己从生命演化的视角见证了某种伟大。[24]我们也可以说，生命有一种美丽的简洁性。正如物理学定律不屈不挠、坚定不移地贯穿于所有已灭绝和现存的生命形式之中，演化的产物也一样有着惊人的相似之处，而这种相似之处正是由130多亿年来塑造出宇宙的物理学定律创造的。

第 2 章

蚂蚁的组织性

在我 8 岁时，我是个典型的白日梦男孩。我会坐在维多利亚时代的石雕上，倚靠着黑色的铁栏杆，用我的小号放大镜把太阳光聚焦在一只正忙着自己工作的毫不知情的蚂蚁上。在坑坑洼洼的路面上，我会用死亡之光一直追逐着这个小家伙，直到我在刺眼的光线中抓住它，它爆出火星、发出烧焦的嘶嘶声响。

在典型的英国寄宿学校中，追蚂蚁可以说是一项课外活动，而且比学习拉丁语等其他活动更受欢迎。我敢说，时至今日，对于好奇心旺盛且略带破坏性的孩子们来说，这仍是一种可怕的消遣方式。在为这些不幸的昆虫带来不愉快的经历的同时，幼年的我也进入了它们的微观世界。在许多场合，我都能看到蚂蚁们排着整齐的队伍在石头上来回行走，有些走得慢，有些走得快，有些举着食物，还有一些举着阵亡同胞的尸体。每隔一段时间，就会有两只疾跑而来的蚂蚁碰个头，好像是在交换指令，分开后再急急忙忙地朝相反的方向跑去。它们在说些什么？这些蚂蚁的社交活动着实令我着迷，大多数时候，我都会坐下来仔细地观察它们。

　　但我还观察到了其他内容。从幼年的这些活动中，我见证了生命微妙的本质。只要把来自太阳的自然光放大几倍，我就能把一个鲜活且错综复杂的有机体机器变成燃烧的火焰。生命实在是脆弱，它就处于物理极限的边缘，一些微弱的变化就可以决定生与死的差别。和我们所有人一样，这些生物生活在一个具有严格物理限制的世界里。

　　尽管如此，在这些限制条件下，蚂蚁们还是从事着自己的工作。看着它们联合起来、交换信息、形成组织，所有人都会认为它们的体系无异于社会组织。这个庞大的昆虫社会只是在尺寸上略逊于人类，但也在朝着建设巢穴、确保有足够的食物以延续领地的目标而努力工作着。多年以来，科学家一直认为这是一个自上而下的社会。安居在蚁穴巢室中的蚁后也进一步证明，蚁群不可思议的集体努力由一名最高统治者统治，这位名誉领袖掌管并控制着诸多指令，以协调数百、数千乃至数以百万计的蚂蚁向着一个明确的任务而共同努力。

　　人们很容易对这种现象产生疑问：即便蚁后通常身形臃肿，但它们的身体还是很小的，里面能容纳多少东西呢？更不用说它运作蚂蚁社会所需的大量信息了。蚂蚁文明吸引了许多生物学家和动物行为学家的关注，比如美国科学家E. O. 威尔逊，他从20世纪70年代开始研究昆虫社会，促进了社会生物学领域的形成。[1]

　　对昆虫社会的迷恋以及对昆虫群落管理的兴趣，促使一群科学家开始研究蚁群的组织。物理学家本来都会避开像蚂蚁这样让人眼花缭乱的复杂种群，但他们也对这种生物产生了兴趣。生物学家与物理学家开始了合作。他们提出了一些与众不同的问题：这些昆虫社会真的那么复杂吗？控制它们的信息流和指令会不会与我们计算机领域所采用的方式完全不同？它们受到蚁后（我们可能永远无法理解它）的控制吗？

　　科学家们有了惊人的发现。

蚁巢的结构非常复杂，其规模非常庞大，细节繁多。2000年，在日本北海道的海岸，人们发现了一处包含约3亿工蚁和100万蚁后的大型蚁巢。这不是一处单一的巢穴，这座迷宫般的建筑包含45 000处巢穴，并由纵横的隧道相连接，占地面积高达2.5平方千米。如果这座城市是由人类按照人类的尺度建造，我们将需要无数名建筑师一起思考、审议和规划，还需要一位能够监督整个项目的人，保证整个项目正常运行。

然而，在蚂蚁社会中，却可以用最简单的规则来缔造如此庞大的帝国。

在地下深处，一只蚂蚁小心翼翼地搬动着一颗又一颗土粒，把它们拖走并堆在一旁。这项工作对一只蚂蚁而言无疑过于艰巨，所以它释放出一些化学物质（信息素），吸引邻居来帮忙。现在，有两只蚂蚁在忙碌地工作着，它们搬动土粒，开始建造一个新房间。但它们两个还不够，所以它们又招募了两只蚂蚁，而这4只蚂蚁又招募了4只蚂蚁。现在有8只蚂蚁了。很快就形成了所谓的正反馈效应，现在有数量呈近乎指数级增长的蚂蚁正在同心协力地拖走土粒。[2]最后，经过蚂蚁们的辛勤工作，巢室开始以合理的速度扩大。几十分钟或几小时后，新家就成形了。

但其中有个问题是，可以招募的蚂蚁数量并不是无限的。其他巢室也正在建设中，不断扩张的蚂蚁帝国到处都需要工人。随着巢室的扩大，工作的蚂蚁在巢室表面的分布将越来越分散。蚂蚁的招募速度变慢了，这时就出现了负反馈效应。蚂蚁数量的减少意味着信息素排放量的减少，新巢室的建造将被迫停止，但是不用担心，因为隔壁的另一只蚂蚁在隧道旁边开了一个新洞。于是这个过程便重复起来：蚁巢的小洞逐渐形成了全新的巢室。有了这些新的空间，蚁巢便可以容纳更多的蚂蚁，所以随着蚁巢体积的增大，蚁群的总数也会增加，与蚁巢的体积保持一致。

把这些蚂蚁个体在掘土过程中互相碰面并发生正反馈效应和负反馈效应的简单过程写成计算程序，你便可以重现蚂蚁的筑巢活动，甚至预测整个蚁群的增长。

值得注意的是，这项任务不需要建筑师，也不需要设计师在黑板上画出蚁巢的平面图，更不需要指导、监督工人的角色。[3]尽管人们希望在这些昆虫令人惊叹的大规模集体行为与埃及金字塔的建造之间总结出某种相似之处，但二者之间的差异实在是太大了。我们只需要掌握蚂蚁个体间简单的规则，就可以预测蚁巢的建造过程。蚁后是蚁巢的中心，是卵和新工蚁的来源，但建造蚁巢的日常任务则通过许多忙碌的蚂蚁之间发生的基本互动来实现。

蚂蚁的例子告诉我们，一些古怪的现象可以通过相对简洁的方程式概括。通常在自然界以及物理、化学和生物系统中，幂次定律可以解释事物之间的关系。简而言之，幂次定律是指我们正在测量的事物（比如蚁巢的体积）与其他事物（可能是蚂蚁的数量）的固定幂次成比例变化的定律，最简单的表达形式是：

$$y = kx^n$$

其中 x 指我们测量的量（巢穴的体积），y 指我们想要求得的量（蚂蚁的数量），n 指衡量二者关系的缩放值（幂次）。例如，对于圣收获蚁（*Messor sanctus*）而言，n 的值为 0.752。[4] k 值是适用于任何给定场景的另一比例常数。

幂次定律之所以产生，是由于被测量的两个量之间存在着某种内在联系，而这种联系的根源就在于物理学原理。以蚂蚁为例，蚂蚁越多，它们能移动的沙粒或土粒就越多。由于移动的颗粒体积之和基本相当于巢穴中所有房间的总体积，所以很显然在其他条件相同的情况下，蚂蚁的数量与其建造的巢穴体积有关。

幂次定律并不局限于蚂蚁，从最小规模到最大规模的生物学现象中都有它的身影。幂次定律也存在于其他地方，其普遍性彰显了生命的规律性。我们在截然不同的地方发现了相同的数学关系。蚂蚁定律和其他的生物特征一样，都能用同样的公式书写。

在幂次定律中，最著名的或许就是克莱伯定律，这是以瑞士生理学家马克斯·克莱伯（Max Kleiber）的名字而命名的。[5]他测量了各种动物的活动，并发现代谢率（动物消耗的能量）与其质量间存在一种简单的关系：

$$代谢率 = 70 \times 质量^{0.75}$$

这个方程式告诉我们，大型动物的代谢需求比小型动物更高。猫的代谢率大约是老鼠的30倍。这种关系不无道理，因为大型动物需要维持更大的体重。然而，幂次定律也告诉我们，就单位体积而言，小型动物的代谢率要高于大型动物。与大型动物相比，小型动物的肌肉等"结构"的比例更高，而脂肪储备则更少。它们的表面积与体积的比值也更大，因此小型动物更容易散失热量，其每单位体重所消耗的热量要比大型动物更多。

克莱伯定律以及其他所谓的异速生长幂次定律（与体型、生理学特征甚至是生物行为相关）的具体物理学基础正在得到深入的研究。[6]把这类现象称为"定律"会让许多物理学家感到不安，因为大多数此类数学规律并没有像牛顿运动定律那样体现出大自然的某种基本定律，相反，它们只是一般关系。然而，就像生物学中存在的其他幂次定律一样，这些密切关系告诉了我们生物世界的潜在秩序，无论是蚂蚁的数量还是生命体的大小和生理过程，这种互联性最终必定符合真实的物理学定律。[7]生物特征（例如代谢率、寿命和动物大小等）之间许多符合幂次定律的固定关系都可以用生命的网状特性来诠释。

对于蚁巢中的现象，我可以举出一个完美的案例来说明生物种群的复杂性是如何从简单的规则中产生的。如果把许多相互交流的蚂蚁放在一起，它们之间的往复交流就会形成规律。就其核心而言，交流是最简单的，但这些交流经过混合和匹配就会形成各种各样的行为。

降低生物种群（如蚁群或鸟群）错综的复杂性，并从中总结出更易于掌握的物理学规律，这在物理学中属于活性物质（active matter）的范畴。[8]这一领域致力于理解物质在远离平衡状态时（尚未形成稳定状态或非活动状态时）的行为。[9]对我们大多数人来说，"失衡"就是混乱和不平衡的同义词。然而，物理学家发现，当系统处于远离稳定态但又并非无序的状态时，有时也会出现有序模式，而这种有序模式可以驱动生物过程。

1995年，匈牙利罗兰大学的陶马什·维切克（Tamás Vicsek）在其发表的一篇具有里程碑意义的论文中提出了一种简单的模型：假设粒子跳来跳去并偶尔发生碰撞。他发现，在低密度下，这些虚拟生物（或是数据中的光点）的行为是随机的。它们的密度极低，以至于无法发生引人注意的事情。然而，若将其以足够高的密度聚集在一起，这些虚拟生物的移动方式便受到了相邻生物运动的影响。这种相互作用导致了集体模式和行为的出现。从一种状态到另一种状态的相变就这么不可思议地发生了。活性物质领域的这些早期研究表明，简单的设计也可以孕育如此伟大的事情。随后，人们便对生物和非生物系统的自我组织越来越感兴趣。

生物学无疑是活性物质领域十分特殊的一部分。生物历史悠久，在演化过程中经历了各种偶然事件，行为特殊，这使得它们比盒子中相互碰撞的气体原子更加复杂，在某种程度上更不可预测。尽管有些复杂，但生物世界在种群规模上的许多特征已被成功地归纳成更加清晰易懂的定律。从群游的细菌到群集的鸟类，我们都可以推导出方程式来预测自然界中的行为。维切克这篇设计巧妙的论文就揭示出生命演化的大型实验中生命群体的物理学基础。

引导着蚂蚁帝国不断壮大的反馈回路也决定了这些蚂蚁获得食物的方式。在蚁巢外面，一个美味多汁的橘子从树枝上掉落下来。几天来，橘子在温暖的阳光照射下开始腐烂，将糖分渗透到周围的环境中。一只蚂蚁正在巢外四处搜寻，它的触角狂热地摆动着，嗅到了腐烂水果的气味。它偶然发现了这处宝藏，马上积极行动起来。它在橘子周围跑来跑去，碰到了一位工友，它跟工友简单交换了一下消息，指示工友返回巢穴去召集更多的工蚁。很快，一条通往蚁巢的路就建立起来，蚂蚁们沿着这条路来来回回，每只蚂蚁的上颚里含有一大团糖液。它们在小路上不断召集附近的其他蚂蚁，蚂蚁的数量随之迅速增加，地上很快就出现了一条微型道路，上面穿梭着来回奔跑的蚂蚁。

在蚂蚁完全覆盖住这只橘子后，就不再需要更多的劳动力了。现在厨房里的厨师太多了。不久，橘子就在蚁群的盛宴中被瓜分得只剩下一个空壳，前来橘子处的蚂蚁数量也减少了。为了确保整个蚁巢不只依赖于这一个橘子，其他蚂蚁会对"远离"信号做出反应。这些"害群之马"会故意往新的方向去寻找新的食物来源。最终，橘子被吃光了，道路也消失了。在蚂蚁道路出现和消失的过程中，蚁后并没有在房间里手握着地图，计划着寻找食物的新征程，也没有在地块上画线，指示随从系统地搜索每块土地上的食物。相反，一切从一只孤独的侦察蚁在自己的地盘上搜寻开始，到蚁群获取食物结束，整个数学过程都能用简单的规则解释。

　　就像蚂蚁世界的其他方面一样，我们可以用一个方程式来表示搜寻食物的整个场景：[10]

$$p_1 = (x_1 + k)^\beta / [(x_1 + k)^\beta + (x_2 + k)^\beta]$$

　　其中p_1指一只蚂蚁选择某条特定路径来搜寻食物的概率。这个概率是通过x_1来预测的，x_1指这条路径上所释放的信息素的水平，可能等于这条路径上的蚂蚁数量。变量x_2指未标记路径上信息素的水平，蚂蚁也可能会选择该路径。变量k指未标记路径上信息素的吸引力程度，而β指方程考虑的蚂蚁的非线性行为的系数，其本质上代表蚂蚁的部分社会复杂特征和行为，会因物种的不同而异。β值越高，蚂蚁沿这条路径行走的概率越大，即便该路径上的信息素只是略多。

　　这就是蚂蚁觅食的方程式。其实，根据这个方程式，我们就能预测蚂蚁喜欢去哪里觅食了。

　　举一个与人类相关的例子，假设爱丁堡新开了一家手工芝士蛋糕店。新鲜美味的芝士蛋糕，还是手工制作的，这为居民们的夏日午餐带来了一个讨人喜欢的新选择。迪莉娅正好路过商店，为准备聚会买了些蛋糕。参加聚会的客人们都很高兴，所以她告诉了自己的朋友索菲亚。迪莉娅和索菲亚向朋友传递了这个消息，很快消息就传遍了全城：芝士蛋糕店是个值得一去的地方。一场芝士蛋糕风潮正在席卷爱丁堡。然而，很快整个爱丁堡内就没有人可以通知了，每个人都已经知道这家芝士蛋糕店了。这家布伦茨菲尔德芝士蛋糕店的顾客数量开始趋于平稳。但糟糕的是，现在芝士蛋糕已经不流行了。当下最受欢迎的甜点是蛋奶酥，乔治街正好新开了一家店。知情人士纷纷打电话给朋友，以便在竞争中领先一步。人们抛弃了芝士蛋糕店而选择了新潮流，芝士蛋糕店的顾客就减少了。由于店铺缩减了芝士蛋糕的生产，这就使得顾客的需求更小了，芝士蛋糕店几乎快要无人问津了。

迪莉娅以及她对于芝士蛋糕或者蛋奶酥的偏好看似是一种复杂的社交安排，但却遵循着简单的规则。迪莉娅和她的朋友们并没有受到爱丁堡市议会（或女王本人）关于是购买芝士蛋糕还是蛋奶酥的指示。在蚂蚁的世界里，即便不存在人类社会习俗具有的真正复杂性，这些简单的反馈过程也能促使蚂蚁从一种食物来源转换到另一种食物来源。

世界从来不只是一个橘子那么简单。也许那棵树下掉了好几个橘子。面临着这样诱人的选择，即使蚂蚁的数量发生最微小的波动，也有可能导致先被选中的橘子发生变化。因此，可预测性来自方程式——我们可以定义原则上决定了蚂蚁将沿着哪条路径走下去的规则，但这个方程式的结果如何显现出来，以及它将如何产生确切的路径，是不可预测的。在自然界的复杂变化中，这些微小的波动在行为塑造方面发挥着极其重要的作用，这毫无疑问可以帮助我们认识到，生物不同于无生命的物体，生物在本质上是不可预测的。

在其他情况下，规则就不那么容易识别了。一个超大型蚁群可能拥有极多的蚂蚁，它们会同时挤满了许多橙子，在疯狂的觅食中把橙子扯碎。在这种情况下，我们总结出的精巧的反馈效应就几乎无法适用了。当然，环境本身也会把这些优雅的方程式打乱。把一个橙子放在地上的裂缝里，或放在层层叠叠的植被下，蚂蚁的路径和反馈过程会突然变得杂乱而曲折。然而，在这些巧合之下，蚂蚁的方程式仍在发挥作用。

蚁巢内的反馈系统可能有助于解释动物的另一个迷人而神秘的特征：同步性。这种特性不仅存在于蚂蚁中，也存在于白蚁、鸟类及其他动物身上。如果蚁群中只有单对单的交流，而没有全局性的监督，那我们为什么会看到群体性的组织行为、突然开始的筑巢行为或者穿插进行的觅食行为等许多个体间的同步行为？

这些证据看似可以有力地证明群体内存在高层次的社会组织，但可能仍是简单的规则在起作用。人们认为，部分同步性是由我们在观察蚂蚁筑巢时所发现的反馈回路造成的。几只蚂蚁相互交流时所触发的信号会波及整个蚁群。再加上一些程序化趋势（比如突然活跃一阵后会自然静止，这是在许多动物身上都很常见的休止期），就能快速形成这种独特的行为模式，并扩散到整个种群。这些现象不需要管理者来进行协调和监督，而是产生自个体层面的群体自组织行为。

既然我们可以用方程式来描述蚂蚁的行为，我们也很容易认为有方程式就足够了。当然，蚂蚁与气体原子不同。一只蚂蚁由25万个神经元组成，这类细胞负责在人类大脑及其他动物（包括体积最小的昆虫）的神经系统中传递电子信息。蚂蚁不仅仅是周围世界的被动观察者，像一个小小的气体原子，活跃着并与其他原子发生碰撞，而是像一台微型计算机。[11]蚂蚁的行为会有一些奇怪之处，这可能是由当天早些时候它遇到的蚂蚁所决定的，也可能是由和它在一起的蚂蚁数量所决定的。与此同时，新的计算也在持续不断地进行。这只蚂蚁可以通过在给定的时间内遇到的蚂蚁数量估算出附近的蚂蚁总数，从而调整自己的行为。二氧化碳（其他蚂蚁呼出的气体）浓度也能帮助它估算出蚁巢中某处的蚂蚁密度，它会将这些信息输入微型计算机并重新调整行动的方向。蚂蚁也可以主动响应传送给它们的许多信号，发起新行为，并传播至整个群体中。这些行为放大了那些极其微小的反馈回路以及环境中的变化，而这是被动的粒子不可能做到的。

生物能够响应周边事物，而不仅仅默默接受自己的世界受到的干扰，这种能力在某种程度上是生物体和非生物体之间的根本差异。然而，这些反应仍然处于支配一切的物理学原理的作用范围之内。它们使得问题复杂化，但并没有将生物置于可操纵的规则和原理之外，而这些原理是我们可以通过足够多的实验和理论研究去理解的。[12]

将物理学和生物学结合，不仅仅可以操纵昆虫社会。在远离蚂蚁洞穴之处，物理学家们一直在试图揭开鸟类的神秘面纱。

自古以来，人类就常常望见雁群排成梯形或 V 形在空中优雅地飞过，这显然是经过协调和组织的。同样令人印象深刻但规模更大的是令人惊艳的椋鸟群。有时，成千上万只椋鸟会聚集在一起形成巨大的脉动波，划过傍晚的天空。在 20 世纪 90 年代，这一群体的自组织现象就吸引了物理学家的注意（或许还带着些许恐惧）。科学家们开始尝试理解这些自然界中最复杂的现象。

人们很难解释鸟类是如何在如此壮观的群体中进行自我组织的，因为我们缺乏进行模拟的计算能力，也难以获得真实的数据。[13]在三维空间中追踪数千只不断推挤并改变方向的鸟儿并非易事。然而，随着计算机处理能力的提高、相机性能的优化和图像识别软件的诞生，科学家们得以收集到一些关于鸟类集群的真实信息。也许最令人惊讶的是，电脑游戏设计者和电影制作人也都投身其中。有时候，你会得到意想不到的帮助。你的电影里需要有一群鸟的镜头吗？那最好让它们看起来更逼真些。随着影片中电脑制作的镜头越来越普遍，精准绘制鸟类、鱼类、迁徙的角马以及各种迪士尼明星的需求也随之出现。好莱坞就这样与科学相遇。

这些模拟鸟类集群的新方法，核心就是对鸟类行为做出一些基本假设。[14]我们必须建立一些基本规则来描述鸟类群体的运作。可以肯定的是，鸟类的行为准则之一就是尽量避免碰撞。否则，成群结队地飞行将让它们伤痕累累、混乱不堪。它们需要与各自的领头鸟对齐并结集成群。不然的话，整个群就会散，我们很快就会看到离群的鸟儿四散飞去。如果我们愿意，这种设想可以变得更加复杂。我们可以假设每只鸟都尽力配合周围其他鸟的飞行速度，这也是保持集群的策略之一。

将这些特性输入计算机里，我们就能对成群的鸟类以及其他会飞的动物进行栩栩如生的模拟。电影《蝙蝠侠归来》中的蝙蝠群就是用这些简单的算法生成的。

近年来，随着人们对于细节的争议和讨论的不断深入，这些模型的复杂性和微妙性也被放大了。是应该每只鸟都与相邻的鸟保持一定的距离，还是控制附近的鸟类数量更加重要？考虑到鸟类不仅会像粒子一样相互碰撞或保持距离，还会主动躲避或试图靠近相邻鸟类，你该如何估计并解释鸟类之间的吸引力和排斥力？确定这些错综复杂的因素并非易事，而且由于我们并不知道鸟的脑袋里到底是怎么想的，所以整件事变得更加困难。鸟类集群到底经过了怎样的计算？我们或许可以通过模型再现部分真实场景，但显然并不能根据鸟类的思维方式来建立。无法洞悉鸟类思维的科学家们将会受到限制。

和蚂蚁一样，鸟类也承受着演化的压力。它们可能想将消耗的能量降到最低，以保证繁殖；它们可能生活在一个食肉动物密集的地区，鸟类的俯冲和转向能力得到强化，以避免自己被捕食；随着夜幕降临，鸟类的视力下降，它们的行为可能也会发生变化……无数的环境因素和选择压力影响着集群。但与蚂蚁群体的情况类似，这些影响似乎只是指导其行为模式的根本原则的复杂表象。

如果你像观察蚂蚁那样观察一群鸟，你会很容易发现其中有一只鸟在引领着它们。如果这群鸟没有领队，它们很快就会变得一片混乱，也容易迷路。我们把人类社会的结构投射到鸟类中，就像我们研究昆虫时一样，并且假定鸟类群体这种明显有组织的行为需要一位负责人来指导。如果说这种组织无需组织者也可存在，这显然是违反直觉的；我们通常认为在缺乏监督的情况下，鸟群的规律性必然会瓦解。然而，在计算机中对粒子应用一些规则进行的模拟结果表明，自组织可以产生极其复杂的集群行为，鸟群是可以没有领头鸟的。[15]

物理学原理（方程式）和各种生物学行为之间的鸿沟正不断弥合。实际上，我们对自组织的认知仍比较初级，但这并没有耽误我们在用方程式模拟动物集群方面所取得的巨大进步，我们已经能用计算机生成椋鸟集群。[16]随着这些模型的逐步完善，对集群的描绘的准确性会随之提高，物理学和生物学的融合也会越发深刻，因为我们已经在这两个学科间最有挑战性的领域之一——预测生物种群的行为中发现了二者的共同点。

到目前为止，我们一直忽略了一个事实。鸟类集群是一种用物理学不太容易预测的行为，但是理解这些方程式为何有效却非常重要。即使掌握了鸟类集群的原理，我们也不知道鸟类为什么会这样做。如果你目睹过一片椋鸟集群，你会禁不住问"为什么"这个问题。显而易见的是，它们在躲避捕食者，这是典型的"人多势众"策略。面对成千上万的鸟儿，捕食者（也许是一只饥肠辘辘的鹰）肯定会选择其中一只，而在数量如此之多的鸟群中，某一只鸟被吃掉的概率是微乎其微的。

敏锐的鸟类学家很快意识到，问题在于鸟类每天都在同一时间、同一地点聚集。这种群体表演通常会持续30多分钟，然后它们才会安顿下来过夜。可以肯定的是，几天之后，这种规律性行为非但不会赶走捕食者，反而会吸引捕食者——它们很快就会知道，每天晚上在某个地方，有上千只待捕的鸟正在天空中飞翔。除此之外，每晚的集群行为似乎也很浪费精力。

对于一只鸟来说，除了是否会被吃掉之外，它还要考虑另一件重要的事情。鸟群中的鸟类数量会影响夜栖地和食物数量。有人提出，在晚间以有组织的群体模式进行飞行的一项优势是，鸟类个体可以以此评估集群的规模，从而做出可能改变繁殖行为的简单计算。鸟类想要孵育多少只幼鸟显然取决于它们能得到多少食物和住所。通过这种定期审查，它们可以调整自己的行为，提高个体生产后代的机会，而后代才是演化成功的最终裁决者。对于夜间集群行为的这种解释可能并不需要假惺惺地呼吁鸟类做出对群体或种群有益的行为，这种行为可能只是由个体成功的需求所驱动的。然而，这种解释的证据并不充足。[17]

　　鸟类集群的真正目的仍然是一个谜，就像自然界中的许多事情一样，可能并没有一个确切的答案。然而，这些神奇的景象可能会有诸多益处。虽然我们对这些现象的发生原因缺乏深入的了解，但这并不妨碍我们在行为规律及普遍规则的研究上取得巨大进展。

　　把目光从椋鸟身上移开，我们会被同样美丽而迷人的大型鸟类所吸引——排成梯形的大雁飞过空中，发出优雅的鸣叫声。这种与椋鸟集群截然不同的队形也没有被物理学家遗忘。

　　假设我们用计算机模拟大雁，给它们制定几条类似于模拟椋鸟集群时的规则。大雁应当尽量靠近附近的鸟并避免碰撞，它们还应该尽量保持视野的通畅。此外，与椋鸟不同的是，每只大雁都应该尽量待在前面一只大雁的上升气流中。这条规则非常重要，因为大雁列队飞行理论认为它们之所以这么做是为了节省体力。后一只大雁位于前一只大雁翅尖扇动形成的空气旋涡中，利用翅膀下卷起的旋流为自己提供升力。一个主流观点认为这种奇特的队形实际上是为了在跨越大陆和海洋的长途迁徙中提高空气动力效率，这也解释了鸟类列队飞行的主要原因。在计算机模拟中运行这些规则，我们就能模拟出逼真的鸟群，它们会采用在大自然中可以观察到的梯形、V形和J形等所有队形。

但令人困扰的问题仍然存在：大雁列队飞行真的是为了节省体力吗？在科学家与电影制作人之间的又一次意外合作中（演艺界似乎对鸟群格外青睐），生态学家亨利·魏默斯基希（Henri Weimerskirch）偶然发现一家电影公司正在训练一群白鹈鹕（*Pelecanus onocrotalus*）跟随超轻型飞机和摩托艇飞行，以便拍摄到鸟群列队飞行的震撼画面。魏默斯基希从中发现了检验空气动力效率理论的机会。[18]他给这些鸟安装了心率监测器，发现列队飞行的鸟的心率要比落单飞行的鸟低了11%以上，这也证明了飞行中的上升气流可降低飞行的能量需求。虽然差距不算大，但是在鸟类数百或数千英里[1]的大规模迁移中，也可能会产生很大的影响。

由于鹈鹕是群居动物，所以魏默斯基希的发现也可以解释为落单的鸟是因为受到了压力才心率上升的。当落单的鸟失去同伴时，它们的心率可能会飙升，这就解释了为何在有组织的群体中，鸟类的压力更小、心率更低。

无独有偶，大约10年后，奥地利的一个保护组织也着手训练另一种鸟类跟随微型飞机飞行。这一次不是为了拍摄，而是为了训练隐士鹮（*Geronticus eremita*）重拾迁徙路线回到欧洲。[19]该保护组织希望这些鸟类在接受方向指引后能够记住这条路线，重新开始它们的欧洲之旅。

来自英国皇家兽医学院的研究团队在这些鸟类身上安装了数据记录仪以检验魏默斯基希先前的结论——这些记录仪不仅能够监测鸟类的心率，还能监测它们的位置、速度、航向和每次扑翼的运动。该研究团队还发现，这些鸟通过列队飞行来节省体力，鸟类之间的上升气流能够在漫长的迁徙过程中为彼此提供升力。更重要的是，它们彼此之间还会协

① 1英里≈1.61千米。——编者注

调扑翼运动的节奏，以确保群鸟并不仅仅是胡乱地挥动翅膀、搅乱周围的空气，而是保持相互同步，将下降气流的影响降到最低，以减少飞行的阻力。

在夏日黄昏的余晖中，成群结队的大雁展现出一种庄严的美，我们从中发现了一些物理学原理：鸟类在保持高空飞行时，翅膀的气动升力抵消了大雁的重量，并且列队飞行可以减少能量的消耗。鸟类显然可以通过遵守一些非常简单的规则来完成这些动作。

就像对待蚂蚁一样，我们可能也想知道鸟的个性及其个体特质与这一切有何关联。18岁那年，我到加拿大北部旅行，在霍恩河岸边一间孤零零的木屋里住了一个月。我和三位同伴带着一艘沼泽船，通过美国鱼类及野生动物管理局找到了通往这处偏僻之地的路。我们的目标是捕捉鸭子并给它们戴上腿环，以此确定它们穿越北美的迁徙路线。对住在下游的农民来说，这些鸭子是害鸟，它们成群结队地啃食玉米。通过更清晰地确定鸭子的迁徙路线和时间，我们或许可以帮助农民减轻鸭子带来的破坏，或是设计出更好的保护措施。每天早晨，我们都会乘着气垫船般的装置穿过沼泽地，把鸭子从我们此前四处布下的网中拉出来。然后我们在鸭子腿上绑上彩布条，再把它们放走。

令我印象深刻的一件事是鸭子的个性，与其说这是一种观察，不如说是一种娱乐。当我把鸭子从网里拉出来时，一些鸭子会乱啄，而另一些已经吓得完全僵住。有些鸭子会不由自主地嘎嘎叫，有些鸭子会挠痒痒，还有一些会坐在那里轻声低吟。每只动物的行为都不一样，它们都有自己独特的个性。我不知道我为什么会感到惊讶。猫和狗都有自己的个性，或许一概而论地假设所有动物的外表和行为都是一样的，其实是一种物种歧视行为。

我此时回忆起在加拿大的经历，是因为尽管鸭子的性格各不相同

（我敢肯定椋鸟、鹈鹕和隐士鸫也是如此），但鸭子的整体行为是可以预测的，它们的动作以及这些动作背后的物理学机制也是可以解释的。在飞越大陆的过程中，大雁必须遵循将能量消耗降至最低的规则，这与它当天早上的感觉或经历几乎没有关系。这一切只不过是关于能量利用和空气动力升力的理性计算。因此，尽管人们倾向于认为生命是高度不可预测的，认为个体经历使得生物体与气体原子截然不同，但这些特性仅仅是生物体的基本组织模式的点缀。从生物体群落，到研究到处移动以产生能量的亚原子粒子的生物化学，都适用于同样的观点。物理学战胜了个性。

在蚂蚁和鸟类中观察到的这种优异的自组织模式也可以出现在更低的生命层次中。虽然这些规律组织的宏观表现在我们日复一日的观察中吸引了我们的注意，但其中的原理可以在所有组织层面上将生命统一在一起，成为物理学法则贯穿生命的例证之一。

微小的纤维将你、我以及鸟的细胞连接在一起；对于椋鸟群来说，这种行为也不可或缺。虽然这趟旅程带我提前来到了分子领域（当我们讨论生命的等级时才会涉及），但这段略有偏离的旅程将告诉我们自组织对于预测生物行为的重要性。自组织是一个自成一体的议题。

人体细胞（构成人体的基本单位）的边缘和内部有许多细长的纤维，就像微观的脚手架一样。这些微丝是由肌动蛋白组成的，卷须状的肌动蛋白能够紧密黏合起来形成长长的螺旋状结构，为细胞提供结构支撑。

这种细胞骨架似乎具有非凡的能力。这些由蛋白质螺旋组成的结构该如何组织并指导细胞的诸多功能呢？就像观察蚂蚁和鸟类时一样，我们本能地会认为细胞骨架必须受到控制。在某种程度上，事实确实如此。构成细胞骨架的分子由细胞的 DNA 调控。但隐藏在这些纤维之间的正是自组织的规则，当大量的个体聚集时，蚂蚁和鸟类也会表现出同样的神奇能力。

我们可以在实验室里见证这种行为。细胞中的纤维要比鸟群更容易操控些，在一篇重磅论文中，慕尼黑工业大学的福尔克尔·沙勒（Volker Schaller）及其同事介绍了一些在实验室中进行的简单实验。[20]他们将肌动蛋白纤维与一些肌球蛋白（一种能与肌动蛋白结合的蛋白质）放在玻璃表面，并以ATP（腺苷三磷酸）的形式提供了一些化学能，于是肌球蛋白便开始沿着肌动蛋白纤维"行走"。在现实世界中，肌球蛋白沿着肌动蛋白纤维所进行的运动与你在走动或弯曲手臂时驱动肌肉收缩的原因相同。

若肌动蛋白纤维浓度较低，则它们几乎不会发生变化。它们随意地在玻璃表面移动，随机地转向各个方向。若提高肌动蛋白纤维的浓度，使其捆绑成束，令人意想不到的转变就会发生。它们的运动变得更协调。当一些纤维的运动影响到周围的纤维时，纤维开始自发地进行自组织，形成巨大的波浪和涡流。纤维不断旋转并形成旋涡结构，产生长距离和短距离作用的复杂产物。即使用计算模型模拟纤维的行为，也不能完全复制出这些复杂的束状结构。

细胞骨架的其他成分也显示出同样的超能力。马萨诸塞州布兰德斯大学的蒂姆·桑切斯（Tim Sanchez）等人对微管蛋白纤维进行了研究。[21]微管蛋白纤维的直径约为25纳米[22]，大概是肌动蛋白纤维的4倍，它也是细胞骨架结构的一部分，并为细胞中重要的分子运输搭建起微型高速公路。当细胞分裂时，微管蛋白纤维会组织并引导染色体的运动。当科学家们把微管蛋白纤维加入含有驱动蛋白（这种蛋白和肌球蛋白一样，可以沿着纤维爬行）的培养皿中时，他们也观察到了自组织的模式。受到驱动蛋白活跃行为的影响，微管蛋白纤维发生弯曲和折叠，形成了长长的、流动的毯状结构。

在这些令人震惊的实验中，我们发现即使在分子水平上，相互影响的生物体也能自发地形成有序的结构。我们以前总是认为生命中任何有组织的行为都必须受到统一指挥，而这种统一指挥一旦停止就会导致生命过程的停止，但现在看来，这是不对的。

在细胞纤维、蚂蚁、鸟类、鱼群或者角马迁徙中显现出来的规则和原理，展示了物理学过程在种群规模上指导并塑造生命的力量。[23]但其主题是共通的：在一种行为转变为另一种行为的过程中某个临界数量所扮演的角色，以及将一系列生物推向一种新状态时小型随机涨落所发挥的作用。当然，不同的群体各自还要遵循其他不同的规则。在空中，空气动力学在大雁的飞行中占据了中心位置。但是，如果我们认为除去不同环境中的生命必须遵守的其他具有明显影响的物理学定律之外，细胞中的分子群体和天空中的椋鸟集群是十分相似的，这个想法真的很疯狂吗？

人们很容易把自然界的许多复杂过程（如椋鸟的集群行为、蚂蚁的地下领地或细胞纤维的群游）看作非物理学的产物。[24]某天晚上你出去散步，看着成千上万只椋鸟俯冲下来，轻柔地摆动着翅膀，在天空中划出极光般的图案。这种令人着迷的景象和不可预测的美丽会让所有人都以为这是来自地球的生命馈赠，是某种凌驾于物理学之上的事物，是某种根植于更高层次组织的行为。然而，这些群体组织中确实存在着简单的秩序、可预测性和物理学原则。当然，其中也仍然存在混沌现象。一只椋鸟在这里的偶然移动或者几只椋鸟在那里的碰撞，很可能会把鸟群引向新的方向。正是这些微小的在整个鸟群中传播的偶然改变，才为整个宏观结构增添了许多除物理学之外的魅力。

如果我们去陌生的外星球旅行，观察到像蚂蚁一样的生物通过互相传递化学物质进行简单的交流并筑巢，我们也会看到同样的反馈过程让生物形成了有序的群落。那颗遥远星球的天空中可能也有大型生物在飞翔，我们肯定会看到不同物种在飞行方式上的差异，但本质上都是物理学原理在指导着它们的飞行，是方程式在组织并塑造生物的群体和社会。生命的自组织显示出惊人的多样性，而我们从中总结出的基本规则很可能是普遍存在的。[25]

第3章

瓢虫与物理学

我们院系向本科生开设了一门名为"小组合作项目"的课程。在这门课上，我们鼓励学生们找到他们感兴趣的研究课题，并用一个学期的时间来深入探究，希望他们从中学到一些新的东西。

把研究对象从生命群体转向某个单一生命体，探究哪些科学定理和方程默默支撑着生命的运转，我觉得这是一个好的研究课题。2016年冬天，我为我指导的研究小组定了一个小目标，用几个月的时间研究瓢虫身上的物理定律。[1]具体来讲，他们需要认真观察瓢虫的每个身体部分和它们生活的各个方面——它们保护翅膀的背壳有多硬？瓢虫是怎样呼吸的？它们如何在草丛间飞翔，又如何在叶片上爬动？然后，我会让他们写下塑造瓢虫身体结构的物理定律和方程，并解释这些方程是如何与瓢虫的生活习性息息相关的。概括地讲，我希望我的研究小组去探究如何用物理定律和方程式去解释一只瓢虫的一切。这并不是一个简单的工作，早在我给学生们布置这个任务的时候，我就知道这个课题涵盖的知识面极其广阔，我随手就能列出一堆其中必然涉及的相关物理知识，比如空气动力学、扩散、移动，或是热惯量，等等。果不其然，这个课题带给学生们一段独特的体验，帮助他们从多方面理解了生命中的物理学。

让我们从瓢虫的腿开始说起。虽然看上去很简单，但在这微小的肢体中暗含着无数奇妙的物理知识。瓢虫的每条腿上都有3个关节（人只有两个），这让它们的腿可以扭成许多有趣的形状。由于活动的自由度很大，所以在关于"怎么放腿"这个问题上，瓢虫可以在更大的范围内做出选择。[2]瓢虫的脑袋里就像有一台电脑，它不停地工作，结合风速、接触物表面的平滑度、叶片的大小等所有需要考虑的细节，决定如何移动或是摆放这6条异常灵活的腿。[3]

对于瓢虫来说，迈出的每一步都得保证自己抓住表面（比如抓住游客竖直的手的时候），不然它就会掉下去。与蜘蛛、蜥蜴或其他种类的甲虫一样，瓢虫的足底有一层由细毛组成的软垫，这层细毛被称作刚毛，能够帮助瓢虫或其他生物附着在物体表面。[4]瓢虫必须确保刚毛与自己选择的落脚点紧密接触，为此，它们会从足底分泌出一层非常薄的液体。在昆虫的微小尺度上，这层液体的黏度和毛细作用可以产生巨大的黏附力。与此同时，这层液体还能填充瓢虫足底与不平整表面之间的细小空隙，使瓢虫像是站在真正的平地上一般。这层液体不能太厚，只有薄层液体才能提供足够的摩擦力以克服地心引力，防止瓢虫从竖直的物体表面滑落。

结合上述所有关于瓢虫足部和足底分泌黏液特性的新知识，我们甚至可以写出一个方程式来定量描述某只瓢虫足部能够产生的总黏附力。有了这个方程式，我们就可以一窥瓢虫是如何征服各种千奇百怪的地形的。[5]我们写出的方程式如下：

$$F_{黏附} = 2\pi\gamma R + \pi\gamma(2\cos\theta/h - 1/R)R^2 + \mathrm{d}h/\mathrm{d}t3\pi\eta R^4/2h^3$$

在这个方程式中，$F_{黏附}$表示黏附力的大小，γ是昆虫足底液体的表面张力，R是足底的半径（为简化计算，将足底视作理想情况下的简单圆形），η是液体的黏度，h是液体的厚度（从昆虫足底至物体表面的距离），t是接触的时间。等式右边的3项从左到右分别代表表面张力、拉普拉斯压力[①]以及黏性力的大小。[6]

但如果瓢虫想在多变的不规则地形上自由行动，还会面临另一个问题。对于昆虫来说，想要支撑躯干不至于倒下，腿必须很坚硬，但同时它们也希望腿部能有一些柔韧性，这样在一些不规则的物体表面，瓢虫才能够更加灵活地移动。瓢虫腿部含有的节肢弹性蛋白就是为了达到这个目的。节肢弹性蛋白是一种有弹性的生物多聚体，这种蛋白能为跳蚤等昆虫提供跳跃所需的弹力，也能帮助其他昆虫完成肢体的柔性扭曲。[7]节肢弹性蛋白的浓度会随着腿部高度的升高而降低，越靠近地面（靠近肢体末端）的部分浓度越高，保证为跳跃或移动提供弹性；而越远离地面（靠近躯干）的部分浓度越低，保证腿部足够坚硬以支撑躯干。[8]靠近躯干的部分还含有较多的几丁质，几丁质是一种坚硬的含氮多糖物质，是昆虫其他部分的外骨骼的组成部分。几丁质能够增加材料的杨氏模量，这种物理量被用来衡量材料的刚性程度。在这个例子里，我们可以看出，为了获得适应各种地形的行动力，昆虫的身体结构和物理组成变得更加适应生活环境。

帮助昆虫黏附在表面的力固然重要，但是昆虫也必须能够把腿抬起来——不然，瓢虫在落地以后就只能死死地粘在一个位置上，徒劳无功地扯动自己的六腿与黏附力做斗争。另一个简单的物理公式能够表示出

---

① 拉普拉斯压力是曲面所受的内外压力差，由气–液界面的表面张力引起。——译者注

挣脱黏附力所需的能量（W）：[9]

$$W = F^2 N_A l g(\theta) / 2\pi r^2 E$$

在上述公式里，N_A是足底的刚毛密度，l是刚毛的长度，E是刚毛的杨氏模量，r是刚毛的半径。$g(\theta)$描述了刚毛与接触物表面的夹角，可以通过$g(\theta) = \sin\theta[4/3(l/r)^2\cos^2\theta + \sin^2\theta]$这个公式算出。

故事到现在还没有结束：昆虫要想附着在物体表面，虽然刚毛是必需的，但是也不能太多——面积一定的情况下，如果刚毛的数量太多，它们的排列就会过于紧密，不同的刚毛就会卡在一起。所以不同的刚毛之间必须保持一定的距离，让彼此的相互作用力不至于过大，同时在满足上述条件的情况下，分布得越密越好。下面的方程给出了理论上刚毛能够达到的最大密度：

$$最大 N_A \leqslant 9\pi^2 r^8 E^2 / 64 F^2 l^6$$

F是单根刚毛的黏附力。

在真实情况下，昆虫还演化出了许多小花招来增加刚毛的排列密度。比如只让刚毛的一侧带有黏性，这样就能够大大减少相邻刚毛粘在一起的概率。许多昆虫的脚上还长有突刺和结节，帮助不同的刚毛彼此分离。

在演化的过程中，昆虫必须要学会这样的技能：既能保证自己牢牢抓住地面，又能在想要移动的时候迅速把腿抬起来。而昆虫脚上的刚毛恰好是为实现上述生物学功能而产生的。不得不说，这是一个非常精巧的范例，展现了可用方程式表达的简单物理学原则如何精细调整了生命形式。

其实对于所有的昆虫而言，它们的支持器官都必须在"抓紧地面"

与"离开地面"之间取得平衡，而只要昆虫具有这样的生理需求，它们
所需克服的物理障碍就是类似的。而对于同样的物理问题，所能求得的
最优解的数量是有限的，所以就算不同的昆虫之间没有相近的亲缘关
系，各自独立演化，最后也会演化出功能相似的生理结构。这种现象叫
作趋同演化：物理学原理限制了生物学结构的可选择范围，所有昆虫都
存在某些趋同关系，无论它们的结构各自分开来看多么复杂且令人目不
暇接，从功能上都能被还原到简单的原理。

　　像你我这样的人，可能一时之间还无法深入理解小型昆虫在墙面这
样的竖直表面，甚至叶片反面或天花板那样的倒立表面上行走的奇妙之
处。并不是只要在足底分泌一层薄薄的黏液，我们也能够在竖直的墙面
上行走了。在这个问题上，我们必须考虑作用力的尺度。以人类的尺度
而言，重力起到了主导作用，在我们迈出竖直攀爬的第一步之前，地心
引力就会无情地把我们拉回地面。可是瓢虫的质量仅仅是我们的 25 000
分之一，在这个尺度上，占主导地位的就是像表面张力、毛细作用力、
范德华力这样的分子作用力了。正是利用一些影响分子作用力的小技
巧，瓢虫才得以黏附在墙壁上。当然这并不是说瓢虫不会受到重力的影
响，当它们从墙上或树叶上掉下来的时候，它们也会像我们一样落到地
面，只是速度慢了一些，受到的伤害也更小。在地球上，一切物体都会
受到重力的作用，只是以大多数昆虫的个头而言，分子作用力发挥着主
导作用，而不是重力。[10]

　　然而，有得必有失。尽管瓢虫可以仅凭借一层薄薄的液体就附着在
墙面上，但为它带来这些好处的分子作用力和作用定律也同时为它带来
了一些不利之处。当我们或其他大型动物需要清洁身体的时候，我们可
以淋浴、泡澡，或者直接跳进距离最近的水塘就行。在我们结束清洗的
时候，由于重力的作用，大部分水珠都会直接从身上滑落，只有一些薄

薄的水层或几滴水珠还挂在身上。狗会甩动自己的身体把水珠甩走，人类会用毛巾把水擦干。就算两个办法都不可行，只要等待一段时间，这些水也能自然蒸发掉。

在这个问题上，瓢虫则需要更小心，就算是一小滴水也会死死地粘住它们。这滴水所产生的表面张力对它来说太大了，即使瓢虫的腿就它们的体积而言已经极为强壮，也无法将这团水从自己的身上推开。一些体积更小的昆虫（比如蚂蚁）甚至完全有可能被一滴水困住。水滴表面的水分子之间的吸引力形成了一个由表面张力构成的"水牢"，将蚂蚁困在水滴的内部无法挣脱。由于类似的原因，许多昆虫（尤其是小型昆虫）会选择通过"干洗"的方式清洁自身。它们用自己坚硬的腿刮去身上的灰尘和脏东西，避免落入可怕的水之陷阱。

在现实生活中，有许多非常明显的事情，我们有时会觉得它们是理所当然的，也不会对它们产生过多的兴趣，比如苍蝇和瓢虫可以停在竖直的表面，而人类却不行。不过这个现象却反映出，我们和瓢虫生活在两个尺度不同的世界。毋庸置疑的是，瓢虫的世界和我们的世界共用一套物理法则，只不过在不同的尺度范围内，占主导地位的是不同的作用力。这同一套物理法则解释了生物功能与形态方面的众多现象。在我们分析瓢虫腿部的设计、小型昆虫洗澡的方式，或者人类与瞪羚运动极限的时候，没有任何一个细节是可以忽略的。然而，光是探索演化中的偶然历史事件，无法帮助我们理解演化的极限与可能性。[11]如果让演化重来一次，生命的模样可能会与现在完全不同，那些我们所注重的细节就会失去意义；但是无论如何，生命肯定还是遵循着基本的物理学定律。所以，若是从基础物理学原理的角度去看待和研究生物现象，我相信我们能够获得更多根本性的收获。

瓢虫可不只会爬动。

　　在瓢虫多姿多彩的诸项才艺之中，最引人瞩目的当属飞翔。它们微小的翅膀在翅鞘之下折叠，薄如蝉翼，厚度仅为0.5微米。它们的翅膀被精妙地叠成三层，外面有一层闪闪发光的硬壳保护。一旦受到捕食者的威胁或者好奇游客的惊扰，半秒之内，它们的翅膀就会展开呈铰链状，带着它们远离危险。[12] 瓢虫能够在1 000米高的空中，以最高每小时60千米的速度飞行。

　　与飞机的机翼不同的是，瓢虫的翅膀并不是一个简单而固定的结构。它们的翅膀是一个不停拍动着的精巧装置，如果完全展开可达到瓢虫体长的4倍。瓢虫通过一种铰链器官将翅膀连接在身体上，运动时翅膀在同一水平面内前后摆动。瓢虫身体上的肌肉和翅膀上的静脉血管共同起到了杠杆的作用，产生力帮助翅膀在风中拍动，为起飞提供足够的上升力。翅膀前端蜿蜒着一根强化的静脉，在瓢虫遭遇雨滴或者不明障碍物时提供额外的力量与稳定性。

　　瓢虫的翅膀非常灵活，根据气流和风的实时情况，铰链器官上的肌肉和翅膀上的静脉会改变翅膀的形状，扭转不同的角度。尽管如此，这样的结构似乎还不足以支撑瓢虫那胖乎乎的身躯飞上天空。

　　为了弄清楚昆虫是如何飞翔的，昆虫学家们早已使出了浑身解数。研究人员运用不断更新的先进技术（比如对运动的昆虫进行高速摄像和计算机建模），试图探索昆虫利用一切可以利用的空气动力学原理调控飞行的精细机制。[13]

　　瓢虫的翅膀可以完成多种精巧的动作，以便产生上升的推力。在看似无序而混乱的嗡嗡声中，其实暗含着许多复杂而协调的变化，其中一种被科学家命名为"合翅猛挥"（clap and fling）。当瓢虫的翅膀向后拍动时，它们会合拢翅膀，泵出翅膀之间的空气，产生强大的推进力；而当它们的翅膀向前拍动时，又会向两侧猛挥，在这一过程中，气流会冲入突然出现的间隙，翅膀表面的气流循环得到加强，帮助瓢虫上升。合翅猛挥运动本身也不是完美无缺的。举个例子来说，在这整个过程中，气流的急剧变化很容易破坏瓢虫的翅膀。不过好在瓢虫还可以通过其他方式提升推力，比如增加翅展长度或提高翅膀振动的频率。

结合现有的物理知识，我们能够把瓢虫翅膀的运动还原成一系列方程式，以此来计算翅膀能够产生的推力和功率。在这些方程式里，我们需要考虑到的变量有翅膀所受的作用力、转动的角速度，以及转动惯量的大小。结合这些数据，我们大致能够估算出每千克飞行器官能够产生的功率是30瓦特。

瓢虫落地之后，它们必须很快地收起自己的翅膀。瓢虫会把自己脆弱的翅膀收回到坚硬的外壳之下，防止在翻滚的时候翅膀受损。瓢虫的外壳可以从中间分为两个壳瓣，两个部分彼此嵌在一起，这种构造类似于传统木工中的榫槽。

自然界需要找到一种适合构成昆虫身体（包括但不限于保护昆虫翅膀的硬壳）的材料，它给出的答案是几丁质。几丁质是一种坚固的多糖物质，硬度大概是钢铁的1/10，人类头发的10倍（人类的毛发由角蛋白组成，角蛋白是一种由蛋白质构成的材料）。[14]不像蜘蛛丝拥有"史诗级"的强度，昆虫的身躯并不需要那么高的耐久度，它们只需要保护住昆虫身躯上较为脆弱的部分，比如它们的头部和翅膀。

几丁质贯穿于瓢虫的整个外壳中，在不同部位也会掺杂一些别的成分，比如在瓢虫的触角和前文提到的腿部就会混有一些节肢弹性蛋白，以增加弹性。

瓢虫在一生中会经历无数次大大小小的冲击和碰撞。只有那些在所有冲撞中依旧能够保护好自己翅膀，直到生殖年龄的瓢虫才能成功繁育下一代。冲撞的猛烈程度可以用"头部受伤公式"（HIC）来定量描述，

HIC是一个可用来计算自行车头盔有效保护程度的经验方程，它可以写作：[15]

$$HIC = (t_2 - t_1)[1/(t_2 - t_1)\int_{t_1}^{t_2} a\,(t)\mathrm{d}t]^{2.5}$$

在这个公式里，t_2 和 t_1 是时间，$a(t)$ 是碰撞的加速度。

虽然在实际情况中一只不断移动、闪避的瓢虫比HIC描述的情况要复杂得多，但归根到底，几丁质的材料强度和背壳的厚度都能保证瓢虫的翅膀在高速碰撞中完好无损。

瓢虫背壳的主要组成成分几丁质是一种半透明的材料。然而，瓢虫的背壳不单只有保护翅膀的作用，它还有许多其他的妙用——鲜艳的外壳能够吸引异性，也能吓退捕食者。[16]对于瓢虫来说，常见的背壳颜色有红色、黑色和黄色，这比起昆虫世界的斑斓色彩（比如常见的各种红色、绿色或金色）并不算特别亮眼。

背壳的着色都有其特别的意义。若是随机选取颜色、泼溅颜料，或许能够画出一幅不错的艺术作品，但是对于瓢虫（或是一些其他昆虫）而言，背壳着色都呈现出某种模式，如在某些特定的位置长有斑点或者其他图案。这是因为动物身上的图案（包括昆虫身上的斑点）都执行着多种特定的生物学功能，比如伪装、吸引异性和赶走捕食者等。

物理学家、计算机天才艾伦·图灵首次提出了一种计算模型，用来解释斑点的非随机着色。[17]想象瓢虫的背部同时存在两种不同的细胞，一种产生色素，另一种产生抑制剂抑制色素的生成。在昆虫发育时，色素和抑制剂从细胞中扩散出来，形成梯度。在特定位置，色素的产生形成黑斑点，在其他位置，色素被抑制，只留下红底。通过调整这两种细胞的位置和种类，理论上能够产生任何类型的图案。[18]自然界中许多动物身上的图案都能用这种简单的生成规律产生，比如瓢虫的斑点、猎豹

的花纹、热带鱼的条纹，或者斑点狗的斑纹。我们可以用方程式来表示
色素产生剂和抑制剂的梯度：

$$\delta a/\delta t = F(a, h) - d_a a + D_a \Delta a$$

$$\delta h/\delta t = G(a, h) - d_h h + D_h \Delta h$$

在这个方程式里，t 是时间，a 和 h 分别是产生细胞和抑制细胞的浓
度。等式右边的第一项描述了该化学物质的生成量，第二项描述了该物
质由于降解而减少的量，第三项则是该化学物质的扩散量。这类方程有
许多变体，可以写成不同的形式。

图灵模式在自然界中十分常见，不过显然，自然界中的真实情况要
比从两种细胞中分别扩散出来的色素产生剂和抑制剂复杂得多。首先，
在真实的生物体内，体系中不仅只有激活剂和抑制剂这两种成分，还有
许多其他化学物质在发挥作用；其次，生物体内也还有其他代谢反应，
让整个过程变得非常复杂。在动物胚胎发育的多个过程中，遗传调控处
于核心位置。这些过程往往不能用简单的化学物质的浓度梯度来解释，
但图灵提出的核心思想，即通过调节不同化学物质的浓度梯度，并利用
它们的互相作用来形成规律，为生物学家们解析瓢虫斑点的形成提供了
一个精妙的模型基础。[19] 在真实的研究进程里，图灵模型早就被一些更
为复杂的生物遗传模型所取代，但图灵这一富有创新勇气的工作试图用
简单的物理学原理来解释复杂的生物现象，是最早将物理学家和生物学
家的工作相互关联的实例之一。

在前文中，我们详细描述了瓢虫跳跃和飞行的过程——无论是为躲
避捕食者，还是吸引异性，瓢虫都需要移动或飞翔。现在让我们把目光
从运动本身转移到运动所需的能量上：为了"发射升空"，瓢虫的体温
必须达到一定的温度才能支持翅膀的运动。昆虫是变温动物，这类动物

无法通过自身的能量代谢产生热量，它们必须通过与外界环境发生热交换才能获取生存和活动所必需的热量（顺便提一句，人类是恒温动物，我们的血液是温的，可以通过自身的代谢产热并自主调节体温）。毫无疑问，瓢虫也是变温动物，在13摄氏度以下，它们就会被冻僵，这可是个大问题。因此，瓢虫生活中最为重要的一部分就是晒太阳取暖。我们很容易理解这种行为，比如在冬日的早晨，出于生理需求，我们人类也会愿意到阳光下活动。

瓢虫可以将几丁质背壳朝向太阳来吸收太阳辐射的热量，让体温升高。不过并不是所有的热量都能被有效地吸收，部分辐射会被背壳反射。如果瓢虫选择了更为明亮、更吸引人的背壳色彩，它们就要承受一定的代价——明亮的颜色会反射对保暖至关重要的波段的辐射。比起颜色亮丽的瓢虫，颜色稍暗的瓢虫能够更有效率地吸收宝贵的阳光，获取活动所必需的能量。[20]

对于人类而言，蒸发会带走体内的部分热量，比如在运动之后，汗水从体表蒸发就带走了一定的能量。出汗可以防止生物的体温过高，但这对于瓢虫并不是必需的，蒸发带走的热量反而会对瓢虫的活动产生致命的威胁。幸运的是，瓢虫的厚壳可以有效防止体内水分的蒸发，减少不必要的热量损失。不过，依旧有一部分热量在瓢虫飞行时被空气带走。

我们可以详细地列出瓢虫的"热量账簿"，记下瓢虫每一笔热量的"进账"和"支出"。比如我们可以思考瓢虫能够从太阳的能量中获取多少热量，又有多少能量被反射；同时，瓢虫自身的代谢活动也能产生微弱的热量，这部分热量与外界也存在热交换。而且有趣的是，瓢虫的身体和翼壳之间有一层薄薄的空气，这层空气能够起到隔热层的作用，减少热量的损失；当然，我们也要考虑瓢虫在空气中的运动，对流也会带走一些热量。

在我们罗列出了所有能够想到的因素之后，我们可以写出一个计算瓢虫体温（T_b）的公式，这个公式考虑了每项热量的得失及其对体温的影响。对于瓢虫这样的小昆虫来说，这个关于体温的方程可能是最关乎它们生死的方程之一。[21]

$$T_b = T_r + tQ_sR_b(R_r -- R_b)/kR_r$$

在上述方程中，T_r 是背壳的温度，t 是背壳的透光率，Q_s 是照在瓢虫身上的入射光能，R_b 是瓢虫身体的半径，k 是背壳与身体之间的空气层的热导率。

在太阳落山后，或是寒冬的冷风呼啸时，人们会躲在温暖舒适的家里，或者去咖啡馆来杯热饮。可是我们的瓢虫并没有这样的庇护所，如果待在室外，它们的体温（T_b）很快就会落到警戒线之下。为了安然度过危机，瓢虫会打冷战（尽管以人类的肉眼很难直接观察到这一现象）。通过打冷战，瓢虫消耗了一定的能量用以产生热，以弥补热量的散失，保持体温[22]不至于冻僵。

不过随着天气愈来愈冷，很快，打冷战产生的热量已经不足以支持瓢虫的活动了，于是它们开始冬眠。在爱丁堡，一年当中能够对瓢虫活动产生致命威胁的寒冬最长会持续9个月之久。在这段时光里，瓢虫会同其他伙伴们一起共渡难关，它们从城市的不同角落聚集到一起，寻找枯叶、泥土、苔藓，或是其他的隔热物质，然后缩成一团开始冬眠。它们会挤在一起，停止活动，不再爬动或尝试飞翔。和朋友们依偎在一起能够保护瓢虫不被捕食者吃掉。如果独自冬眠的话，迟钝的瓢虫很快就会成为捕食者们的美餐。

在最为死寂的寒冬，温度会下降到冰点以下，在这段时间里，瓢虫将会面对冬眠过程中的另一大难关——由于温度实在过低，瓢虫体内的水分可能会冻成固态，形成既坚硬又锐利的冰晶，而冰晶可能会胀破或刺破细胞膜，对生命体造成不可逆的破坏。

这个时候，我们就需要另一个方程来解释瓢虫的行为了：$\Delta T_\mathrm{f} = K_\mathrm{f} m$。

如果在水中加入盐或其他防冻物质，水的凝固点就会下降。凝固点的温度下降（ΔT_f）可以由溶质的凝固点降低常数（K_f）与溶液的质量摩尔浓度 m 相乘得出。[23]

如果将 1 克甘油和 2 克水混合，混合液的凝固点就能下降到零下 10 摄氏度。通过在血液中合成大量这类化合物，瓢虫得以防止体内的液体结冰，从而安然度过极端气候。

上述这些方程式不仅生动形象地展现了生命对抗冷酷无情的物理学定律的过程，也展现了生物在演化的历程中让这些方程式描述的自然现象为自己所用的过程。瓢虫的体温是一系列数学项相互作用产生的结果，每项都用数学公式表示，代表瓢虫身体获得或散失的热量。随着太阳落山、天色变暗，瓢虫的身体注定要开始变冷。为了对抗寒冷，它们开始打冷战，通过这种方式产生一定的热量。当然它们还能采取更多方法，基于上文提到的诸多运动和空气动力学的原理，瓢虫的腿和翅膀让它们能够灵巧高速地运动，在寒冷的时候爬过树叶或在空中飞舞，寻找合适的庇护所。瓢虫趴伏在落叶层之下，受到物理学定律的约束，接受了自己死气沉沉的命运。然而，演化过程并不会这么束手待毙。

突变可以看作是大自然进行的试验，随机发生的不同突变会带来不同的后果，大自然通过这种形式探索各种各样的物理学原理，寻找特定条件下的最优解，让生物成功繁衍后代。这样的演化方式保证了生物一代比一代更成功，并蓬勃发展。在体液中合成各种化合物（类似于甘油）以降低体内液体的凝固点就是一种随机突变积累后的结果，这些化合物的存在能够扩展瓢虫可忍受的温度极限，让它们不在低温时被冻住。

凝固点降低的公式是一个精巧的范例，它表明昆虫的后代能够产生不同的突变类型，探索新的、从未出现过的可能性。偶尔会有新的突变无意中利用物理学原理，增加了繁衍后代的概率，这种优秀的突变在自然选择中被保留下来，并传给后代。通过这样的方式，生命探索着这些方程式所体现的宇宙原理，并将这些原理整合进生命形式之中。

简洁的物理定律不只存在于瓢虫的移动和温控中，也存在于昆虫获取生存所必需的气体的过程中。对于地球上的大多数动物来说，氧气是对生存最重要的一种气体，我们的瓢虫也不例外——它们的行动、产热和繁殖都建立在获取氧气的基础上。人类通过肺呼吸，呼吸时肺不断将空气泵进泵出，为我们提供氧气；即使是生活在水中的鱼类，也会让水流过它们的鳃，从而获得溶解于水中的氧气。和我们人类一样，它们需要利用氧气来代谢摄入的有机化合物，获取生存和运动所需的能量。

瓢虫和所有昆虫一样，都没有肺，取而代之的是一种遍及全身的气管系统。[24] 在这个气管网络中，气管联结着许多更细的微气管，穿过全身。气体在这些气管的中空内腔中流通，将氧气输送到昆虫体内的各个角落。这个输送系统覆盖范围非常广泛，能将氧气输送到所需区域周围几微米的范围之内。不过这个输送过程是一种被动的扩散运动，这意味着气体分子（比如氧气）只能从高浓度的区域运动至低浓度的区域，而不能反向运动。

昆虫的呼吸相对简单，因此我们能够用一个并不复杂的方程式来描述这一气体的扩散过程。我们可以用下面这个方程式计算某一（气体）分子通过一定距离（x）所需的时间（t）：

$$t = x^2/2D$$

上式中的 D 是分子的扩散系数，用来描述某分子在某种给定介质中的移动速率。

这个简单的方程式告诉我们，某种气体通过一定距离所需的时间与这段距离的平方成正比，即通过两倍的距离需要花费 4 倍的时间。当距离的倍数不断增加，需要的时间会急剧增长。也正是因为气体扩散的这个特性，昆虫的某些构造受到了一定的限制。

气体的扩散速率取决于体内气体分子的浓度。生理学家阿道夫·菲克（Adolf Fick）在扩散运动的研究中得出了一系列开拓性的成果，我们今天对于扩散运动的理解有很大一部分都来自他在 19 世纪的研究成果，其中就包括著名的菲克第一定律。菲克第一定律能够告诉我们任意时间点的气体（比如氧气）流量。其方程如下：

$$J = -D \ dC/dx$$

J 是流量的大小，D 是扩散系数，dC/dx 是某种气体浓度随时间变化的速率。菲克第一定律能够帮助我们计算出进入昆虫体内的氧气量。

把这些方程式套用在昆虫身上，我们能够得出一个非常简单的推论：昆虫的大小是有限制的。如果昆虫的体型太过巨大，氧气就无法在给定时间内被有效地运送到昆虫身体的内部。此外还有另一个问题：由于氧气在扩散的过程中会被消耗，如果昆虫体型过大，氧气在到达深处之前就已经被耗尽。这从一个角度解释了为什么蚂蚁和甲虫不会长得和大象一样巨大。

那么我们能不能通过这些方程估算出昆虫可能拥有的最大体型呢？这很难，因为真实的情况比我们的初步分析要复杂很多：有些昆虫能够通过挤压自己的腹部主动进行气体的交换。在这种情况下，对流运动（由压强差而不是浓度差所引发的运动）将会占据更主要的地位。这种气体的传输方式能够帮助昆虫主动获取更多的氧气，特别是蟑螂等体型更大的昆虫。不过哪怕是以这样的方式助攻，昆虫通过简单气管网络获取到的氧气量始终还是有限的。

昆虫可以长得很大，但即使是最大的昆虫，比体型最大的哺乳动物，或者已经灭绝的大型爬行动物——恐龙还是小太多了。有记录在案的最大昆虫是一只新西兰长须无翅大蝗（*Deinacrida heteracantha*），这是一种生活在新西兰的与蟋蟀类似的昆虫。这只巨型昆虫重达71克，而它的同类的体重通常也超过50克。不过尽管这只大蝗已经是昆虫界的"哥斯拉"了，比起重达140 000千克的蓝鲸来说，它的体重简直微不足道。

不过，若是回溯到远古时期，我们将会观察到与如今迥异的场景。在距今3亿年前，地球上栖息着远比现在大得多的昆虫。巨型的蜻蜓翱翔在石炭纪森林（石炭纪的森林经过这3亿年的地层沉积和地壳运动变成了我们今天使用的煤炭资源）的天空，振翅发出响亮的嗡嗡声。现今早已灭绝的巨脉蜻蜓在当时的天空自由飞翔，翅展超过半米；而在地面爬行的可怖的巨蜈蚣最长可达到2.5米。为什么当时的昆虫能够长到那么大呢？难道昆虫的体型只是演化过程中的一种随机尝试？巧合的是，石炭纪大气中的含氧量约占35%，比今时的21%要高了一半多。那么我们可以假设，大气中的含氧量越高，能够有效地扩散至大型昆虫体内的氧气就越多，扩展了昆虫体型的上限。

不过，理想化的解释可能会被冷酷的现实扼杀。除了通过扩散速率影响生物体型外，氧气还会参与生命过程的许多反应。[25]高浓度的氧气反而是有毒的，它会产生氧自由基。氧自由基的化学性质非常活泼，如果不能及时将自由基消除，它们就会攻击其他重要的生物分子。在这种情况下，昆虫增大自己的体型，可能是为了减少高浓度氧气对自身造成的伤害，因为体型越大，氧气就需要更多的时间才能到达体内。不过，更大的体型也会带来别的问题：它们需要的食物会更多，外骨骼受伤的概率也更大。[26] 在我们思考昆虫体型的限制条件时，除了气体的扩散速率之外，这些也都是我们需要考虑的因素。

不过，无论我们对于古代昆虫生活的地形和大气环境的了解是多么有限和粗略，但有一点是肯定的，那就是昆虫的外形和最大体型很大程度上是由物理学原理所塑造的。因此，通过比较昆虫、爬行动物和哺乳动物，我们可以看出每一种生物的架构都受到了怎样严苛的限制。在演化的过程中，虽然巧合和机遇会改变昆虫外形的细节，但是在面对真正的限制与挑战时，还是要回归基本的物理定律。

在冬日，为了共同御寒，瓢虫需要在苔藓堆和落叶丛中寻找自己的同伴，为此它们需要有合适的感觉器官来感知这个世界。瓢虫头上有一种名副其实的"复杂"的感受器——复眼。瓢虫和人类一样，都有两只眼睛。人类的眼睛只有一块晶状体捕捉外界发出的光线，将光信号传递到背后的众多受体；而瓢虫却和大多数昆虫一样，拥有复眼。瓢虫的每只眼睛都由一大簇微小的、独立的透镜集合而成，每一个微小的透镜单元被称作小眼，每只小眼都能独立捕捉光线，看到的天空角度都各不相同。单一透镜的大小有限，瓢虫肯定希望自己的小眼越多越好，小眼的数目越多，它们观察到的图像的分辨率也就越高，也就能从周围的环境中获取更多的细节。下面这个简洁的方程式描述了每只小眼能够看到的角度：[27]

$$\theta = ad/r$$

在这个方程式中，a 是一排棱镜所能看到的角视场，d 是单个透镜的直径，r 是该排棱镜的总长。

若是增加小眼的数目，显然我们能够收集到更多的视觉信息，但是一个新的问题出现了，体积小的透镜很容易让光发生衍射，而衍射会使得光线发生微小的偏移和扭曲，造成干涉，眼睛也就失去了采集视觉信息的能力。如果已知光线的波长，我们就能够计算瓢虫视力开始受到衍射干扰的光线角度 θ_d，公式如下：

$$\theta_d = 1.2\lambda/d$$

在这里，我们再次看到两种互相对抗的物理定律需要在同一个问题上达到平衡。在演化的道路上，它们彼此间的冲突从不停息。一方面，昆虫想要让每一个小眼更小，这样在相同的面积里就能容纳更多的眼睛，采集更多的光线，看到更多的细节；但若是眼睛太小，光的物理性质就会使眼睛失去功效。所以我们可以看到，演化的路线其实是受到限制的，条条交叉的规律让这条道路越来越窄，最后形成的生命形式其实并没有太多选择。

昆虫眼睛能感受到的光和颜色自成了一个范围。[28]不同的小眼分别对应着不同的受体，而这些受体分别能够感受不同波长的光。除了我们也能感受到的蓝光、绿光等光线外，许多昆虫还有紫外线的受体，这让它们能够感知到的电磁光谱比我们人类更加宽广。在一些能够飞行的昆虫眼中，适应紫外线和蓝光的受体更倾向于面向天空，这可能是为了方便昆虫寻找方向。事实上，包括昆虫在内的大多数动物的视力范围都具备生物学意义。

在这一章里，针对这只小小的瓢虫，我们进行了一次有趣的探索。在这个过程中，我们能够体会到物理学与演化之间存在着一种不容忽视的深刻联系。在几个月的调研之后，我课上的瓢虫物理研究小组上交了一份报告，尽管在这份报告里他们只讨论了少数几个物理定律，报告的长度就已经超过了40页。我们甚至没来得及详细探查瓢虫的触须，这上面密集排列着各种感受器，能够感知化学物质、周围的物理环境，在飞翔时体察风速，甚至某些昆虫的触须还能识别声音。针对这每一种能力，我们都能列出一系列方程式，并进行深入的分析。我们也没来得及讨论瓢虫的进食，观察它们的颚咀嚼的力学原理，弄清它们如何剪断叶片、碾碎食物。[29] 进食过程一定包含着数不尽的物理学定理及作用力的参与，共同保证了瓢虫的正常生活。说到食物的消化和吸收，又有一片新的领域能让我们升拓：扩散、渗透，以及摩擦力，这些和其他作用力一起决定了昆虫对于能量和营养物质的吸收效率，而这对于它们的成长和繁殖是不可或缺的。还有昆虫的血液——血淋巴，它在微小的血管中循环，为细胞输送营养物质、清除代谢废物。

还有许多问题可以探索：昆虫的肌肉背后蕴含着什么样的物理学原理？它们如何储存能量？它们的外壳蕴含着怎样的细节？瓢虫的繁殖又与物理学有什么样的关联？[30] 从卵到幼虫再到成虫，这些瓢虫发育的各个时期呢？如果想要完全弄清楚这些问题，我想可能还需要三年甚至更多的时间。[31] 上面这些问题不属于本书的讨论范围，但是本章中简要探索的几个方面已经足以支持我们的结论了。

我们看到，瓢虫是一种极其复杂的生物。虽然它的质量仅仅只是太阳质量的 10^{33} 分之一，但这小小的身躯里利用的物理学定律比解释恒星的结构和演化所需的物理学定律还要多。

这些物理学定律彼此间并不是独立的，而是互相影响的。在演化的过程中，自然选择作用于每一个生物，没能成功利用这些定律尽可能促进繁殖的个体将会被自然淘汰。

以瓢虫的背壳为例，它们微米级别厚度的翅膀必须使其安然度过一生中无数次的碰撞，任何一次意外都有可能撕裂和破坏它们。所以瓢虫需要坚硬的厚壳，帮助它们应对户外生活的撞击和种种意外情况。不过，若是背壳过厚，负重过高，将会影响瓢虫的飞行，让它们在遇到捕食者时不能灵活迅速地逃离危险。面对这样的难题，瓢虫选择了几丁质这样一种材料，这种材料的杨氏模量决定了它的刚性，适用于涉及空气动力学中的方程的计算。但是同时，瓢虫的背壳还需要考虑热量因素。几丁质在吸收热量之后强度会发生变化，这就直接将瓢虫体温的方程式与材料应对碰撞的有效程度联系到了一起。

我们可以想象，有这样一张大纸上写满了好几百个与瓢虫相关的物理公式，上面还画满了箭头，标示着不同方程的项或者解之间的相互关系。在这样一个网络中充满着大量的反馈机制，一个方程出现改变，和它相关的其他方程也会随之改变，就像往水中丢下一个石子，周围泛起涟漪，层层扩大。这就是生命。突变会改变一些方程的解、引入新的方程，或去掉一些已有的方程，虽然只改了几处，但由于这些方程之间彼此缠结，将会造成整体的改变。自然选择作用于整个互相缠结的系统，迫使其适应环境[32]，那些能够帮助瓢虫繁育的图纸将会保留下来，那些不能的将会被淘汰。

我们可以把所有关于瓢虫的物理定律都输入计算机，然后模拟合成一只瓢虫。当然我们在本书中进行的探讨还太过粗略，比如除了宏观上的物理学定律，我们可能还要深究基因层面的变化，考虑基因发生的突变和错误。在更高层面上，我们甚至能够合成一群瓢虫，模拟它们聚集成群以度过寒冬的模式。我们试图将一个完整的多细胞生物还原为一些可以用方程式来表示的物理学定律的集合，这种尝试不仅有科研上的用途，还能帮助我们深刻地理解塑造生命形式的多种多样的作用力和可能性。通过对这种规律的不断探索和理解，我们甚至能够拥有一定的预测能力，而这种能力（总结规律并进行推测、假设）是科学的本质特性之一。[33]

　　我们可以将生命简化成一组方程，这种方法有效地将遗传学和物理学联系在了一起。以瓢虫的体温为例，决定其体温的热量方程中的参数都可以看作是由基因调控的，有可能是一个基因、一组基因起作用，或者是许多基因共同调控的结果。昆虫背壳表面损失的太阳辐射热量取决于背壳反射的能量，背壳反射的能量多少取决于背壳的光亮程度，而背壳的光亮程度则是基因和发育信号通路的产物，基因和发育信号通路决定了瓢虫背壳的表面物理性质。如果背壳的表面是粗糙的，还会有一些热辐射发生散射，这个性质同样也受到调控背壳的基因的影响。昆虫自身损失的热量又取决于背壳的厚度，这也是控制发育过程的基因调控的。后面的推理同上。

　　在处理这些参数时，我们要注意不能将这些方程具体化，因为它们的存在不同于物理实体，它们只是描述了不同变量之间的关系。然而，方程定义了帮助生物活到繁殖年龄的某种特性（如热平衡），我们可以把它看作将有机体的多种物理特性结合在一起的方式。在这种情况下，组成这个方程的各个项的特征，可以被归为某一个或某几个特定的基因，或是它们产物之间的互相作用。

　　通过把方程中的每一项和其具体对应的基因或生物学通路联系在一起（举一个简单的例子，我们可以把热量平衡公式中有关背壳厚度的项替换为决定瓢虫背壳厚度的基因），我们甚至可以用某一基因的活性来表示方程中的某一变量。用这种方法，我们真正地将宏观世界中的物理关系或性质，与微观世界中导致该种宏观现象的基因组或生物学通路整合在了一起。

　　为了确定环境如何影响了生命体为特定方程式选择的解，我们还需要探究不同环境对生物遗传学通路的影响。这样，我们就可以把整个进程整合起来看，一方面是宏观的物理学定律自上而下地发挥作用，另一方面是基因自下而上地决定了每一种结构的形态。本质上来说，方程是一种有用的手段，它可以告诉我们一个生物的哪些特性能够被当成一个小整体去看待，方程中不同的项可以共同决定某一种帮助生物到达繁殖年龄的性质。许多基因会参与多个生物进程，同时发育过程也非常复杂，将遗传学和物理学联系在一起将会是一项极富挑战性的工程，毕竟并不能简单地将单个基因与单个表型特征相对应。[34] 然而，不管我们怎么看待演化物理学或物理遗传学，它们确实为我们提供了一种有用的思考方式，将生物学中的演化、适应概念与定量的、受物理学限制的项结合在了一起。[35]

　　通过这章中简单探讨的例子，我们得以一窥趋同演化（亲缘关系很远的生物拥有类似的结构）产生的普遍缘由：[36] 相似性取决于共同的物理定律。无论是黏性的、长着刚毛的足，翅膀的形状，还是背壳的颜色和厚度，瓢虫身上的各种结构告诉我们，形成这些结构的简洁公式和数学关系其实也适用于所有昆虫。这些方程式形成的网络会不断地出现改变和改进，翅膀变得更大就会改变背壳或腿部的尺寸。甲虫背壳的颜色将会影响热量的调控，甚至改变昆虫过冬的习性。基于捕食者、食物、栖息地，昆虫被迫不断发生细小的调整，也正因此，自然界才产生了丰富多彩的昆虫世界。然而在这些所有的细节之中，起到根本作用的还是那些决定性的方程式，这些方程式的存在从某种意义上来说限制了演化的种类和道路，它们美丽而丰富，且在生命现象中起到了主导性作用。

第 4 章

鼹鼠的趋同演化

我们对于瓢虫身上的物理学定律的简单探讨粗略地解释了为什么生命体会长成它们呈现出的样子。不过瓢虫仅仅是一种昆虫，我们可能还想知道地球上其他生物又是怎样的情况。自达尔文提出划时代的进化论以来，演化生物学就将所有生物都作为研究对象来进行研究，无论是鸟雀还是鱼类。我们想知道，除瓢虫之外，在其他大大小小的生物身上是否也能看到物理学的印迹，以及我们对瓢虫的研究能否提供一个基础，帮助我们理解演化生物学和物理学之间的普遍关联。通过在一个更高的层面观察整个生命体是怎么形成的，我们说不定能够更好地理解物理学是如何改变我们生活的这个星球的。

乍一看，演化生物学和物理学这两个研究领域似乎风马牛不相及。不过，我们在上一章中对瓢虫的探讨表明，物理定律对生物存在形式的限制，与演化和生物发育塑造生命形式的现代观点并不冲突。物理定律解释生物形态的构造，演化生物学解释为什么这种构造在演化中形成了现在的样子，两者共同构成了一个完整的理论。接下来，我想通过继续探究趋同演化来进一步在生命整体层面上阐明物理学和演化生物学之间美妙的和谐关系。

趋同演化在生物界是一种非常常见的现象，远不只出现在瓢虫和其他飞行类昆虫身上。[1]接下来我要用一种我最喜欢的动物（虽然我不知道为什么最喜欢）——鼹鼠来举例。

不管栖息在哪里，鼹鼠的生活目标都是比较简单的——在地底挖洞、筑巢、繁殖后代。由于需要适应地底的生活，鼹鼠需要有一些特殊的生物学特征，其中许多特征都基于一个非常简单的物理学方程——压强等于单位面积所受到的作用力：

$$P = F/A$$

为了推开泥土、挖穴筑巢，鼹鼠必须给面前的土施加足够大的压强。这个方程式写得非常清楚，如果在相同面积上施加更多的作用力，单位面积的压强也越大。对鼹鼠来说，结果非常简单，如果它们施加的压强比土的凝结力更大，那么土就能被推开，反之则不行。如果压强的大小总是不足以对抗泥土凝结力，鼹鼠就无法推开泥土，它自己也可能不小心被泥土埋住。无论是哪一种情况，这些鼹鼠都无法把自己的基因传给下一代。所以对鼹鼠来说，$P = F/A$ 这个公式非常重要。

鼹鼠为了在地底建造鼹鼠之家，面临着强力、严苛的选择，这一选择压力会带来一些可预测的特征。鼹鼠的粗壮前肢短而宽，前肢的截面积得到最大程度的缩小，根据公式可以得出，在压力相同的情况下，前肢截面积越小，压强越大。它们船桨一般的爪子能够帮助鼹鼠同时排开大量的泥土。不过爪子也不能过大，过大的前肢容易挡路，并会增大截面积。因此，鼹鼠的爪子需要在大小上取得平衡。

鼹鼠粗壮的前肢末端长有坚硬的指甲，可以帮助它们更好地扒拉开身前的泥土。它们甚至多长出了一根大拇指以增强挖土的能力（这类爪子被称为多指爪）。为了进一步提高向前移动的效率，鼹鼠体型细长，这是因为在其他条件相同的情况下，体型圆胖的动物会把压力分散到更大的面积上，那么单位面积土壤上受到的力——压强——就会减少。

当然我在上面的描述里把问题过度简化了，为了在地底生活，鼹鼠肯定还需要有其他能力。比如说，它们对二氧化碳的耐受度非常高。在地底环境里，二氧化碳会不断累积，在鼹鼠的血液里有一种特殊类型的血红蛋白（血红蛋白是负责结合并输送氧气的蛋白质），这种血红蛋白结合氧气的能力极强，让它们在使人类窒息的二氧化碳浓度下也能安然呼吸。所以，我们可以看到 $P = F/A$ 这个公式并不能解释一切，不过在其他因素背后也有着与其自身相关的物理定律，这里我暂时先不做详细讨论了。

总之，我们可以看到，为了有效地搬运泥土，鼹鼠想要让自己给泥土施加的压力达到最大，让施力面积达到最小，这是 $P = F/A$ 公式在生物界的真实案例。

在演化中，这个公式造成的结果是不同种源的鼹鼠具有相似的外观。起源于欧洲、北美、亚洲的鼹鼠科鼹鼠（真正的鼹鼠）和澳大利亚鼹鼠长相就很类似，后者从亲缘关系上来说同袋鼠和考拉更近。这种外形的"鼹鼠化"是物理定律造成的结果，无论是在爱丁堡的泥土下做一只毛茸茸的哺乳动物，还是在澳大利亚的沙尘平原下挖土，$P = F/A$ 这个公式使鼹鼠的外形看上去都是一致的。

我选择鼹鼠这个例子是因为它们的生活方式非常独特，完全被挖土主导，物理学公式在它们的生活中处于一个至关重要的位置。它们的生活方式和外观向我们证明了演化（在这个例子里就是挖土动物的身体形状）是受到一定的限制的，潜在的答案非常有限，这就导致了趋同演化的发生。许多需要挖土的其他生物也具有和鼹鼠相似的身体构造。

即使两种动物不是由于相似的生活环境而演化出相似的体型，而是由于相似的生活习性或目的而达到这一点（比如说身体变得光滑、细长以躲避捕食者），物理定律也在其中起到了核心作用。也许，动物们之所以肌肉更大，是由于它们想在行动时获得更大的加速度；视力更好，是由于它们希望能够更为灵敏地察觉天敌的靠近。

趋同演化并没有什么奇怪的，就像如果我们同时给液态的锂和液态的水加热，在吸收一定的热量之后，两者都会变为气体一样。这并不是茫茫宇宙中的奇异巧合，只是一种物理学过程：当我们给物体增加能量时，液体分子（或原子）就能克服它们彼此间的相互作用力，扩散成为气态。这个道理和趋同演化是一样的，我们常常能够看到相同的物理定律让不同的生命形式趋向同一。[2]

在趋同演化中，通常不止一个物理定律发挥作用，这使我们很难找出一个简单的方程。在探索任意生物（比如瓢虫或是鼹鼠）身体的运作机制之后，我们会发现许多与生物的存活息息相关的物理学定律。如果我们不能全面地理解一种生物的生物学或生态学原理，我们甚至都无法找到相关的定律。对于一个生命体所要满足的所有方程式，也许有不止一个解。但是，自然界中普遍存在的趋同演化和大量的实例告诉我们，生命的方程式的解并不是无限多个，相反，这些解非常有限。

一些读者可能无法理解不同的生命是如何跨越巨大的物理鸿沟演化出类似的形态的。英格兰鼹鼠和澳大利亚鼹鼠长得如此相像，这可真是太神奇了！在广阔的生命海洋中，鼹鼠本应有无数种生长的可能，它们是怎么长到一起去的呢？

地球上的所有生物以及宇宙中的所有生物都必须遵守 $P = F/A$ 这个公式，在这个问题上生命并没有选择的余地。这个定律无时无刻不在发挥着作用，无论是挖地的鼹鼠，还是松动湿润泥土的蠕虫，抑或是在海床上蜿蜒爬行的沙鳗，所有生物都必须遵守这个公式。而所有与压强相关的生物学解答也要遵守这个公式。并不是生命主动去寻找合适的答案，相反，只是符合物理学原理的生物学解决方案使生物存活了足够长的时间，得以繁殖后代。那些长成球形或没有前肢的鼹鼠不能适应长期的地底生活，故而遭到淘汰；太胖的沙鳗在钻入水底泥沙的时候很容易被捕食者察觉，也就无法在演化中存留下来。

对于鼹鼠来说（$P = F/A$ 恰好对它们起到了决定性的作用），这个方程只有一个广为接受的最优的生物解：长有粗壮、铁铲一般前肢的小型动物。鼹鼠类的动物们并不是在众多可能性中找到这一解决方案的。相反，它们一直受限于这个物理定律，通过突变得到的第一只最优化的鼹鼠将这个解答传了下来，这个优化过的答案能够帮助鼹鼠们最有效率地躲避捕食者、在地下觅食，以及在被坍塌的洞穴掩埋时迅速脱身。

那些由于突变变得更加圆滚滚，或者说更加肥胖的鼹鼠在挖土时会更加吃力，最终在争夺地盘和资源时，它们就会落后于那些能更好地适应 $P = F/A$ 的鼹鼠。不过这种情况也许会随着环境的改变而出现逆转。假想有一个对圆滚鼹鼠更为有利的新环境，比如沿着山坡滚动是鼹鼠逃脱捕食者的最快方式，那么在这种情况下，圆滚鼹鼠就能滚得更好，在挖土时被当作劣势的圆胖体型就成了优势。圆的周长可以用 $2\pi r$ 来描述，这个关系就成了翻滚模型中的一个相关参数。通过这个假想的例子我们可以看出，生物体从一种环境迁移到另一种环境，受不同条件影响，受限于许多规则，能够将物理学定律为自己所用，或者能够有效适应规则的生物才能活到繁殖年龄。

就算我们只考虑少数几种简单的物理公式，我们都能观察到丰富的多样性。当我们在有腿的挖地动物中考虑 $P = F/A$ 时，我们得到了类似于鼹鼠的生物；而当我们在没有腿的无脊椎动物中考虑同样的公式时，我们就会得到蠕虫类的生物。比如蚯蚓，它们又细又长，不过作为没有四肢的无脊椎动物，它们并没有鼹鼠似的粗短的前肢，而是通过肌肉的伸缩在土里运动。一只未成年的蚯蚓能够在土中推进超过它自身体长500倍的距离。根据生物演化历史的不同，物理学定律对生物体型的影响也不同，但是趋同演化还是会让不同的生命形式趋于相似。尽管鼹鼠和蚯蚓属于不同的生物类群，前者是脊椎动物，后者是无脊椎动物，它们都有细长的圆柱形身体，同时身体前部相对较尖。

　　物理学可以解释我们在生命中观察到的现象，但是它能不能解释我们没有观察到的现象呢？生物学家们在喝咖啡或啤酒时可能会闲聊起下面这个问题。乍看上去，这个问题似乎有些难以理解，甚至有些人会觉得这个问题很奇怪，但是它却和本书所讨论的核心问题息息相关：为什么像鼹鼠这样的动物没有长轮子呢？[3]

　　随便看一看我们日常生活中的各种交通工具，你就会意识到这个问题也不是那么奇怪了。小汽车、火车、自行车、货车……每种车都有轮子；哪怕是飞机，在着陆时也要使用轮子。这些五花八门的交通工具都会使用轮子这种简单的圆形设备，那为什么大自然里就没有这种装置呢？[4]

　　轮子在道路、铁轨等平坦的表面上极其有效，然而现实世界中的地形非常复杂，可能是山丘、沟壑和其他各种不规则障碍物的混合地形。在这些情况下，轮子就无能为力了，它并不能通过高度大于自己半径的障碍物，只会猛地撞上障碍物，然后停下——除非有人将轮子提起来，就像我们使劲推超市手推车的把手，把前轮提起然后越过路障一样。如果不考虑控制手推车的复杂技巧，我们可以用一个方程式来描述将一个轮子推过障碍物所需的力：

$$F = \sqrt{(2rh - h^2)\, mg/(r - h)}$$

在这个方程中，h是障碍物的高度，r是轮子的半径，m是轮子的质量，g是重力加速度（地球上的重力加速度的大小约为9.8米/秒^2）。

这个方程告诉我们，如果障碍物的高度和轮子的半径一样高，越过障碍物所需要的作用力将是无穷大的，也就是说，我们被困住了。地球上的地形充满了不规则性，对越小的生物而言，路障也就越多，对一只装备了轮子的蚂蚁或是瓢虫而言，越过一块块沙砾或土石将成为它们的噩梦，哪怕它们长了4个轮子也没有用。

长轮子的生物还会遇到其他问题。比如，泥泞的土壤、沙地，或是其他会给轮子滚动造成阻力的各种情况，都会使轮子的速度变慢。可以想象，看到一只长了轮子的兔子被困在泥泞的地里，无论如何转动轮子都只能转出泥巴，移动缓慢，饥饿的狐狸想必会乐不可支。

这么看来，腿的优越性就十分明显了。腿可以让我们在各种地形上自由地行动，可以左右交叉呈"之"字形活动，快速地变换各种方向或者急速转身，无论是在躲避捕食者还是避开泥泞地形时，腿都能为我们提供无与伦比的机动性。在极端情况下，比如高山山羊会在只有几厘米宽的高山岩架之间蹭跃，它们会借由峭壁表面的不规则突出灵活地转向，在这种场景下，腿远比轮子好使得多。

我们可能会认为没有生命演化出轮子是由于我们所有陆地生物的祖先也没有轮子，这种假设看上去似乎很有道理。也许只是由于我们第一个登上陆地的祖先的四肢不适合形成轮子，才导致后世动物都没有轮子。不过这并不应该是阻碍轮子产生的最根本的原因。我们可以想象早期的鱼类准备登陆时，像人类挥动手臂转圈一般地转动鱼鳍，试图前进。如果这种转动非常高效，或者这条鱼的鱼鳍非常强壮，其实这应该也是一种有效的运动方式。通过这样一种运动方式登陆的话，最终生物可能就会演化出一种轮子般的结构，并解决转动时神经、血管可能纠缠在一起的问题。

演化确实测试过转动装置。在地球上除了南极洲的各个大陆上，屎壳郎将动物的排泄物堆成粪球，不辞辛苦地将它们推至地底的藏身处，它们要么将粪球作为食物，要么将其作为抚育后代的温床。利用银河指引方向（这种导航方式本身就是视觉信息采集演化的一个绝佳的范例），屎壳郎们可以推出一个极大的粪球，重达它们自身体重的10倍至1 000倍。这些粪球的存在告诉我们，在平坦、干燥的地形上，演化确实尝试过使用滚动作为运动的方式，而且在平坦的地面上，滚动的效果确实不错。

无独有偶，风滚草在沙漠中也以滚动的形式进行繁殖，这种植物会从成熟的植株上脱落一部分近似球形的结构，随着风来到新的地方。大部分这种脱落下来的植株都已经死亡，但是风滚草的这种习性是有其生物学意义的。当脱落部分停止移动时，风滚草的种子就会从坏死的组织上再次脱落，掉至新区域的泥土中重新发芽。有超过10个科的植物都会产生这种"风滚"的结构，所有这些植物都生长在干旱的草原地带，宽阔的平地为这些植物的"使者"提供了理想的环境，让它们能够在大地上畅通无阻地滚动。

虽然上述这些例子不是严格意义上的轮子，我们依旧可以看出，出于某种未知的原因，演化并没有忽视用圆形结构帮助物体移动的可能性，只是对于这种形式的答案，演化并没有在这条道路上走很远。

如果顺着这个思路，我们可以思考另一个问题：既然自然界有这么多不规则的地形，为什么动物们不干脆自己建造道路，或者至少建造一种类似于道路的平面呢？关于这个问题，理查德·道金斯给出了一种非常有趣的答案：建造道路并不是一种非常利己的行为。[5]如果我们建造了一条道路，别人很有可能会过来霸占我们辛勤的劳动成果，让我们白忙活一场。人类在现代社会中修建的道路可以看作政府代表大家建造的产物，哪怕我们并不使用某些道路，我们也要为它的建造买单。如果某条道路是私人建造的，在过路的时候我们就要给建造者付过路费，但是动物们没有这种行为，这对没有经济学概念的它们来说是没有意义的。这种说法听起来很有道理，但是也许有一种更简单的解释：如果动物们要演化出建造道路的本领，它们必须首先有像轮子一般的结构，或有一种向有轮子的方向演化的趋势，只有这样才能出现选择的压力，迫使动物们演化出建造道路的本领。不过如前文所述的那样，生命体在一开始就没有表现出向轮子演化的意图，那自然也就没有建造道路的选择压力了。[6]

如果你提出过为什么兔子没有轮子的问题，那么你可能也会问另一个问题：为什么鱼没有螺旋桨呢？这或许有些异想天开，不过这确实是一个很有意思的问题，毕竟螺旋桨在我们的水上交通工具中非常常见，小艇、轮船，甚至公园湖里的脚踏船，都有螺旋桨的结构。那么，为什么水里的鱼并没有像鼹鼠趋同演化出柱状身形和桨状前肢一样，趋同演化出螺旋桨一般的结构呢？

螺旋桨的运行其实并不是很高效。如果螺旋桨的旋转速度过快，它周围的水流就会被打断，一旦空气被绞入水流形成气泡，它们就会聚集在螺旋桨的尖端，削弱螺旋桨产生的推进力。对于船只来说，螺旋桨能够达到的最高效率也就只有60%~70%，而鱼类通过扭曲身体产生波流并顺流运动所能达到的游动效率甚至可以超过95%。[7]鱼类采取的这种方式，可以帮助它们更有效率地躲避捕食者，并先于竞争者获取食物。

想象鱼长了螺旋桨似乎是一件颇为可笑的事，然而，不要认为螺旋桨是一种不靠谱的可能性所以直接摒弃，自然界生物中其实也存在在液体中旋转推进的结构。一些微生物（比如生活在我们肠道中的大肠杆菌）的身体末端长有鞭毛，这种类似于鞭子的结构能以令人惊叹的每秒几百转的速度旋转，以每秒600微米（每小时两米）的速度推动微生物在液体中移动。[8]这个速度似乎并不快，不过先不要急着下结论。从另一个角度来看，这个速率相当于微生物每秒在液体中前进了相当于自身长度600倍的距离，如果换成人类，这个速度大约相当于每小时30千米，接近一个快跑者奔跑时的速度。

鞭毛是一种出色的演化产物。微小的发动元件嵌在微生物细胞（长度仅为1微米左右）的蛋白质中，推动构成鞭毛主体的长蛋白质旋转，将微生物向前推进。有些微生物只有一条鞭毛，另一些则有多条鞭毛，还有一些可以根据需求自由决定，这取决于它们是想安居在一处，还是运动到新的地点（也许是为了避开有害物质或寻找食物）。通过短暂地反向旋转鞭毛，微生物还可以做出翻滚的动作，根据需求改变运动的方向以寻求最佳的生长环境。

从表面上来看，船只的螺旋桨和微生物的鞭毛似乎存在相似性，这可能会让我们疑惑为什么鱼类没有演化出类似的结构。但我们还得考虑到一点：微生物所处的环境和鱼类所处的环境有着很大的不同。[9]

想象我们在一个标准泳池中游泳，不过这个泳池中的液体不是水，而是黏稠的糖浆。我们爬进这个黏稠的泳池，慢慢潜入。在完全浸没到糖浆中之后，我们开始尝试移动。可以想象的是，由于介质很黏稠，第一次向后划动手臂需要花费巨大的力气，在划动完成之后，我们只前进了一小段距离。为了继续前进，我们试图把手臂划到前方以开始下一组动作。然而，当我们把手臂划向前方时我们发现，手臂向前的运动产生了一个向后的推力，我们又被推回了原位。由此，我们最终会发现，无论我们多么努力地运动，我们始终还停留在原地，费力地在黏糊糊的液体中徒劳地前后划动手臂。

从微生物的尺度而言，这就是它们在水中运动时的真实写照。在它们的尺度上，水就是一种黏稠的液体。在这种情况下，常规的螺旋桨是不能发挥作用的，因为螺旋桨运动的原理是通过向后推水把物体向前推进，这在糖浆状的液体中是无法完成的。所以直接将螺旋桨和鞭毛比较是不恰当的，微生物的鞭毛更像是以螺旋开瓶器的方式进行推进，而不是像螺旋桨一般通过将动量传递给后方的水产生推力。

鞭毛推进的效率很差，只有1%，远低于普通螺旋桨。在这些微生物中，我们看到的其实不是自然界中的螺旋桨，相反，我们看到的是一种精妙的装置，这种装置能让物体在微小的尺度内在黏性液体中（这种情况被称为低雷诺数）移动。鞭毛只是达到推进小尺度物体这一目的的特殊解，但它的存在向我们展示了自然确实会使用一种低效率的推进装置。在比较大的尺度范围内，高雷诺数的条件下，水的黏度变得不那么明显，流体所表征出来的特性更接近我们所感受到的游泳池里的水，这时螺旋桨才能够发挥推进的功能，虽然比起鱼类的游动方式来说效率还是低了一些。

类似于"轮子"和"螺旋桨"这样的设想会让我们陷入思维的困境。尽管我们可以设想长了轮子的兔子或装上螺旋桨的鱼可能会如何演化出来，但对于它们为什么没有出现，是不是遭遇了演化上的障碍，即它们身体上是否缺乏可演化出类似结构的"工具"，我们依旧不能下一个肯定的结论。探究一些曾经确实出现过的生物的演化轨迹则要容易一些，对它们进行实验也更方便。不过，我们确实发现了一些看上去较为合理的物理原因，能够用来解释即使生命具备演化出轮子或螺旋桨的可能性，生命也会避开这样的选项，在陆地上用腿行走、在水中利用身体游动才是更好的选择。[10]

简单的数学和物理学原理能够决定生物的外表和结构，这个想法并不是现在才被科学家们提出的。早在1917年，苏格兰数学家达西·温特沃思·汤普森（D'Arcy Wentworth Thompson）就在后来饱受争议的《生长和形态》（*On Growth and Form*）一书中提出了类似的想法。[11]在这本思想丰富而迷人的书中，他列举了他在生物身上找到的多种数学关联及比例关系，比如贝壳中的等角螺线，无论是在蜗牛还是在早已灭绝的菊石类古生物中都能够看到。他还探索了动物的角和牙齿的形状，以及植物生长过程中的数学关系。[12]他甚至在网格纸上画鱼，通过往不同方向斜向拉扯网格，得到了许多新的生物外形，并发现这些倾斜的生物与自然界中真实存在的生物类似。汤普森在书中想向我们传达的思想其实非常简单：我们可以用数学来描述生物，所有生命的外形都符合某些简单的比例关系，在不同的维度之间存在相互关系。不过对于一个很多人还不能接受达尔文进化论的时代而言，这本书的思想太过超前了，甚至在今天，人们有时候都还不清楚应如何看待这本书中的想法。

本书中的大部分内容背后的逻辑和汤普森的书相同。明确而必然的物理定律在生命的过程中起到了至关重要的作用，比如说用腿行进的生物在生长的过程中需要对抗重力的作用，与重力的互相作用一定会反映到它们具体的构造中，树木也是一样；再比如说流体力学决定了鱼的形状，蜗牛形成等角螺线的背壳也一定与某些自相似的模式相关。如果我们测量生物的形状和外在的形式，我们会看到某些重复的或相似的符合某些数学原理的结构，这不足为奇。不过在汤普森的书中，他有两件事没有解释：首先他没有解释他观察到的这些数学关系为何适用于生物；其次，虽然他在书中富有创新性地用倾斜或旋转的图形变换来描述具体的生物结构，但他并没有提出一个可能会产生这些结构的可行机制。

不过在书中，汤普森还是讨论了环境对这些数学关系的影响。比如，他举了一个植物生长的例子，认为植物的生长是其对于重力作用及其生长时所受作用力的拮抗。尽管汤普森在书里没有完全讲透生命与数学的这种联系与物理定律及演化过程密不可分的逻辑，但他的这本书首次认真地探讨了生命中数学的规律性。

关于第二个问题，即这些结构是如何产生的，汤普森就完全没有讨论了，这让读者产生了一定的困惑。虽然我们并不知道他为什么没有讨论这个问题，不过我们也可为他找到一些理由。汤普森的兴趣点主要在于阐明演化过程中如何出现对称和可预测的形式，光是这一主题可能已经足够撑起一本书的内容了。在 20 世纪初，人们还不知道 DNA 是遗传信息的载体，讨论这种对称结构是如何产生的似乎有些要求过高，需要极强的想象力。

有趣的是，自汤普森提出这些想法之后，他的反对者们声称他对上述两个问题的避而不谈是在含蓄地表示对于自然选择学说的反对。他在书中指出生命中处处存在着数学定律，完全没有给达尔文的进化论及其创造的神奇生命形式留下一席之地。一些人甚至认为汤普森的思想是对"活力论"的支持，"活力论"认为有生命的物体中有一种特殊的力或物质，它是有生命的物体与无生命的物体的根本区别，而正是这种物质的存在给了有生命的物体"活力"（生命）。无生命的物体并不会经过某种神秘的过程突然变成另一种物质，比如石头不会突然变成一条金属棒。所以假如汤普森认为生命是编织成有机形式的数学定律，并没有自然选择的过程参与其中，那么在生命中一定有一些别的什么"活力"，将生命从一种形式变向另一种形式。

这些反对者可能并没有理解汤普森观点的核心。汤普森的描述和分析并没有以上这些意思，他只是指出生命最终会形成可预测的形式，不管它在演化过程中是如何形成的。他观察到，生命的形式并不是毫无边界的，有一些规律严格地限制着它，而正是这些规律导致了我们在生命中看到的显而易见的对称性或者有规律的花纹。同样，这些规律也能够解释趋同演化，以及帮助我们理解为什么生物圈中缺少某些特定的特征。不过，现在我们可以结合现代的分子生物学及遗传学的知识，尝试回答这些对称性是如何出现的。这将为我们提供全新的视角，帮助我们更好地理解物理学是如何参与生命的形成的。

演化是如何做到这一点的呢？在一个世纪之前，如果我问这个问题，将会得到一个标准的达尔文进化论的回答：由于读码时产生的错误或者环境中存在有害的化学物质，生命体发生突变，不同的突变造成了不同的后代表型，一些突变体更好地适应了环境，从而能够更好地生存并繁殖，那些不能适应环境的则被淘汰。这种稳定积累的选择机制不断演化出新的生命形式。

虽然细节上需要修正且其具体机制需要更深入的理解，上述的达尔文理论基本上是正确的。然而，我们对于动植物发育的过程在过去几十年内有了全新的认识，形成了演化发育生物学（evolutionary developmental biology，缩写为 evo-devo，由于某些原因，我觉得这个缩写很糟糕）这门新学科。

通过研究胚胎发育过程中基因的打开和关闭，生物学家们发现生命由一些基础的元件组成，这些元件的不同组合能够形成复杂的形式。若要理解这个观念，我们必须先接受一个事实：生命密码并不仅仅是一段长长的 DNA，我们也不能将 DNA 从头读到尾，读取几百万比特的信息，再拼在一起就以为构成了生命。达尔文进化论中的突变，是由历史长河中一个个突变碱基累积造成的，如此小的突变累积形成表型的变化是不可能的。基因会受到某些 DNA 元件的调控而打开或关闭，相似甚至相同的 DNA 序列能够产生完全不同的表型。

人类和大猩猩的 DNA 序列只有约 4% 的差异，我们之间表型的不同并不仅仅来自这4%，而是在于我们那96%的相同的DNA是如何被识别、调控并表达的。

演化发育生物学还揭示了发育过程中更多精细的调控过程。科学家发现，生命不仅可以在不同的发育阶段有差异地表达同一段DNA的不同区域，基因的表达还受到多层次的复杂调控。一些基因改变造成的影响并不是很大，而另一些则能完全改变发育的过程。最典型的一个例子就是同源异形（Hox）基因簇。Hox基因簇广泛存在于从苍蝇到人类的多种动物之中，它决定了肢体的发育——苍蝇的翅膀和腿，鱼类的鱼鳍，以及你的手足。

几处简单的基因改变就能造成生命体整体架构的变化，这种机制或许可以解释为什么生物中重要的部件在不同的生物之间存在如此多样的变化，一个最为典型的例子就是动物的四肢。肖恩·卡罗尔（Sean Carroll）在他的《无尽之形最美》（*Endless Form Most Beautiful*）一书中详细地讨论了这一问题，[13] 他指出动物的附属肢体在数量和形状上似乎具有较为稳定的共性。比如同样三条细长的"脚"趾，既出现在仙鹤的脚上，也出现在俯冲的猎鹰的翅膀末端。海龟则把这种结构埋在它们扁平的鳍足中，并用它们横渡整个海洋。如果把脚趾数减少成两个并换个环境，我们就有了骆驼的脚，它们在阿拉伯沙漠滚烫的地表慢悠悠地踱着步。其实这些四肢的差异都是由Hox基因的微小变化造成的，Hox基因表达量和表达的时间决定了动物四肢形态的走向。

演化发育生物学试图将发育与演化联系到一起，但它也能够帮助我们更好地理解演化本身。生命可以看作是由不同的元件构成的，就像好莱坞电影中的变形金刚一样。这里的元件可以是脚趾，可以是脊椎，甚至可以是组成特定组织的细胞群——当生命体移动到不同的环境中时，这些不同元件会发生变化，而这些变化改变了生命体的构造。无论生命所处的环境是水中、陆地还是空中，随机突变使得这些功能元件能够发生重置，从而形成合适的结构，哪怕两个地域所隔的物理距离非常遥远，这样的机制也能让生命体出现相似的结构。

那么这些和物理学又有什么关系呢？

在演化发育生物学中，演化和物理学息息相关。回想一下前文讨论到的鼹鼠。欧洲的鼹鼠和澳大利亚的鼹鼠在表型上非常相似，哪怕它们从亲缘关系上来说一个更接近鼩鼱或鼬鼠，另一个更接近袋鼠或考拉。如果说它们的生理构造都必须最优化地利用 $P = F/A$ 这个公式，就不可避免地涉及这个问题：这种趋同性是怎么达成的呢？亲缘关系不同的两个物种是如何演化成相似的样子的呢？这种相似性是如何通过积累一步步达成的呢？如果一种动物的长相已经确定了，通过演化能够让它发生改变吗？

由于物理定律对于地球上的一切生物都一视同仁，无论是新出现的还是从旧的演化而来的，生物并不需要从头设计出一套新的方案，可以直接在已有的基础上进行调整和修改，比如可以把前肢变得更强壮和宽阔，产生更适宜挖洞的鼹鼠。类似于这样的修改并不需要对基础的生命功能元件造成巨大的改动。[14]在某些情况下，无须较大的突变，改变基因的表达就能够造成表型的差异，但对于发育的演化研究让我们看到，更重要的基因的变化能够造成更为根本性的改变。演化发育生物学还告诉我们，生物的演化并不像人们之前认为的那样完全受限于已有的基础，各个部件的模块化重组方式能够帮助它们绕开遗传的限制。这种灵活性可能使物理定律在这一过程中发挥了更大的作用，决定着演化可以做什么，不能做什么。演化没有产生某种生物形态，不只能用遇到发育瓶颈来解释，有时也是因为不能适应某种物理学原理。

在整个生命体的演化历程中，关于形态变化还有其他谜团。一个突出的问题便是，如果某种环境中的某一生物受到某种特定的支配性定律的影响，进而产生了和自己祖先不一样的形态，而在另一组定律的主导下又变成了另一种形态，那么生物为什么没有变得鱼龙混杂、千奇百怪呢？

从任何角度来看，有一场变化都是极为显著的——生物从海洋进军陆地。[15]这类变化过程为两种环境之间的形态过渡提供了一个清晰的典范，陆地和水生环境是两种截然不同的生活环境，有着不同的物理需求。演化发育生物学为我们清晰展示了生物如何从一组物理条件过渡到另一组物理条件。

栖息地从水中变为陆地对生命的存在形式及其需要适应的物理学法则产生了意义深远的影响。在这一变化过程中还存在着一些中间的过渡形态：泥塘以及因涨潮出现水位变化的区域类似于一种水陆共存的状态。除此之外，一些鱼类也会像陆地生物一样在海床上行走。不过从水中到陆地的完全转变要比这复杂和深远得多。[16]

当动物从水中迁徙向陆地时，一个显著的变化是重力场的变化。在水中，浮力能够抵消部分重力，而在陆地上则没有这样的优势。当动物脱离水面，试图在泥泞的地面上开始自己的旅程时，9.8米/秒²的重力加速度将会完全地作用在它们的身体上。这个过程类似于宇航员刚从空间站回到地面的体验，他们需要在躺椅上躺一段时间以适应地球上的重力。如果你不是很能理解重力的大小，那就单手做上250个俯卧撑，当我们撑起自身的时候就是在对抗9.8米/秒²的重力加速度。

在水中，一条鱼所受的总作用力如下所示：

$$F = mg - \rho V g$$

在这个方程式中，质量 m 乘以重力加速度 g 表示该生物受到的向下的重力，右边第二项则是生物所受的浮力。浮力是一种向上的作用力，能够抵消部分重力，帮助生物在海洋中更省力地游动。浮力由三项相乘得到，这三项分别是液体密度 ρ、生物排开的液体体积 V 以及重力加速度 g。当我们跳进游泳池或者夏天在海里游泳时，我们都能感受到浮力为我们减轻了不少重力。而到了陆地上，浮力的作用就几乎完全消失了：大气对我们也有浮力，但小到我们根本感受不到，我们能够感受到的作用力只有向下的重力 mg。所以当生物从海洋向陆地进发时，首先它们必须想办法弥补失去的浮力 ρVg。

在海里和陆地上，生物体需要遵守的定律本质上就不同，因此这一转变非常艰难。那么，现在问题来了。这两个世界中的物理定律的差异和演化轨道上的分歧是如何调和的呢？这种形态上的转变又是如何发生的呢？

这个问题的答案可能在于简单的突变，也可能在于更加剧烈的生物学变化。演化发育生物学向我们展示了生物模块化的设计，生物体的整体部件（比如四肢）能够通过一个或几个遗传元件的差异产生变化。这种模块化的特征很适合帮助生物适应环境的巨大改变。

研究者们通过精巧的实验揭示了鱼类是如何转变至早期的四足动物的。Hox 基因调控四肢发育，而另一类基因负责调控 Hox 基因，告诉它们何时打开或关闭。这些全局控制区域里包含着 DNA 链，DNA 操控着激素的生产，而这些激素在胚胎发育的过程中对于肢体发育至关重要。一些特定的基因，比如 *CsB* 基因甚至能够跨物种发挥作用，将斑马鱼中的 *CsB* 基因移植到小鼠体内依旧能够调控小鼠的四肢发育。[17]科学家还发现，该基因还负责调控四肢的末梢（比如产生人类的脚踝和脚趾的位置）的发育，这一部分是四肢中的重要功能元件，参与陆地行走的功能。反过来，将老鼠中的增强子基因克隆至鱼类体内也能驱动鱼鳍的发育。

　　这些令人印象深刻的实验告诉我们，调控鱼鳍或四肢发育的基因其实是非常类似和古老的。在整个演化的过程中，这些决定生物整体附肢发育的基本基因一直在调控肢体的发育，无论对象是鱼鳍还是四肢。

　　读者们或许会有这样的疑问，在早期动物发育的过程中，它们是如何知道调控鱼鳍发育的基因最终会演化成调控支持陆地行走的四肢的呢？遗传密码是如何带有多样性，帮助生物适应完全不同的物理环境的呢？这种性质，即演化似乎有一种先见之明，可以应对还未出现的挑战，让人不禁设想，是不是有某些超越我们认识的存在参与设计了生命的产生。

　　"四肢是由鱼鳍经过某种变化而得到的"这一观点看似惊人，不过或许并没有那么不可思议。首先，这个变化的幅度也许并不大，生命只是从海洋迁徙往陆地（而非重力增加数百万倍的中子星的表面），在这个过程中，重力变化并没有很极端，所以适用的物理学定律也没有发生极端的变化。事实上，只要多细胞生物的生活环境不是特别极端（例如极热、极寒或极酸等情况），生命结构的基础框架通过一些修改就足以适应大多数的环境中的物理学定律。在鱼鳍演化至四肢的例子当中，为了适应陆地的需求，鱼鳍需要演化出多个脚趾，同时由于陆地上缺少浮力 $\rho V g$ 的支撑，骨骼需要更加致密才能完全支撑起体重。这样的转变并不容易，但也并不是完全不可能，我们只是把受力方程式的一项忽略不计罢了。在陆地上重力 mg 的作用更为明显，但重力的作用自始至终都不曾缺席。

　　随着海洋生物开始尝试征服陆地，那些有着更加健壮的骨骼和肌肉的后代能够更快捷地从水中爬上陆地，并更快地适应陆地上的行动，搜寻食物，并找寻阴凉处以躲避毒辣的阳光。

　　那么这一水陆转变过程是如何完成的呢？对于这个问题，科学家们尚未达成共识，不过如今，生物界内还存在着一些转变的中间形态供我们参考，比如弹涂鱼或生活在潮汐滩上的动物，这些动物通过侧身扭动尾巴击打地面使身体腾空而笨拙地移动。另一种移动方式则要优雅一些：比起左右摆动尾巴，还有一些鱼类能够上下摆尾，这样它们就能够正着身子向前移动，腹部贴着地面，至少这样可以正面朝上，看到自己前进的方向，无须眼睛着地了。[18]还有一些鱼类，比如圆头单棘躄鱼（*Chaunax pictus*），能像陆地动物一样在海床上"行走"，这表明鱼类可能在登陆之前就已经习得了行走的本领。

究其根本，在生物由海洋迁往陆地的过程中，附肢由鱼鳍向四肢的演化很大程度上都是为了适应陆地上的重力作用，让生物能够自由走路。从生命体可以用原始四肢在陆地上四处走动的这一刻起，生物大小的变化基本上就与生物的质量 m（重量 mg）相关了，生物的骨骼密度、肌肉强度必须能够支撑起整个生物的重量。这些有关体型的结构和比例定律在汤普森的书中都有生动形象的记述。

在整个生物演化的历史中，尽管有许多证据表明，很多脊椎动物彼此独立地向地面扩张，可是最终只有一个世系（我们的祖先）获得了成功。[19]从这个角度看，海陆转换并不是件容易的事。早期的海洋生物并没有一开始就预知到自己会进军陆地，而海洋与陆地之间的环境差异所造成的选择压力也许太过巨大，使得生物尝试了好几次才获得成功。

物理学上的限制阻止了某些演化的发生，这个观点并不是空穴来风。在地球上也存在一些极端环境，例如新西兰罗托鲁阿的火山湖或西班牙的酸河力拓河，在这些极端环境下，动物根本无法生存，只有微生物才能存活和繁殖。对于这些地方来说，物理条件对动物的限制太过严苛，尽管生物演化表现出了很强的适应性，但它们也并非无所不能。

在海洋生物登陆的演化过程中，消失的浮力并不是它们唯一的障碍。除了行动上的困难，还有许多其他困难亟须克服。失去了水的庇护，地面上的生物将会直面阳光的照射；同时由于缺乏皮肤的适当保护，动物体内的水分将会大量蒸发。水蒸发的潜热（液体蒸发成气体需要吸收的热量）高达每千克 2 257 千焦，这比大多数其他液体的蒸发潜热都要高 10 倍左右。但阳光辐射的能量仍能轻而易举地让体表水分蒸发（我们在夏日游泳之后都有脱水的感觉），所以如果不及时补充水分，生物就很容易发生脱水。这就出现了这样一个悖论：即使早期的海洋生物在演化过程中尝试过离开海洋，它们依旧不能远离水量充足的水源，不然就有脱水致死的危险。同时，在水分从体表蒸发的过程中，水分也会带走热量，降低动物的体温，而体温过低会导致动物无法行动。

陆地生物需要在阳光的照射中寻找平衡：一方面它们要利用阳光温暖身躯，为移动提供足够的能量；另一方面，阳光也会蒸发体表的水分，使生物面临脱水的危险。所以生物必须演化出厚厚的不透水的皮肤，来防止水分蒸发。这可以通过改变调控表皮细胞发育的遗传单位来实现。对于早期的四足动物而言，比起它们原先习惯生活的海洋环境，陆地上的每一个角落都是那么奇怪而神秘。

在水中看到的太阳只是一个模糊的亮团，而现在，爬出水面的动物就得面对太阳发出的紫外线了。紫外线是一种波长短于可见光的光线，漆黑的海水是能够屏蔽紫外线的。光中含有的能量可以用下式表示：

$$E = hc/\lambda$$

这个方程式描述了光的能量，登上陆地的海洋生物首次接触到了这种可怕的能量形式。光的能量 E 等于普朗克常数 h 乘以光速 c 再除以光的波长 λ。由这个方程式我们可以看出，波长较短的波（比如紫外线）蕴含的能量比波长较长的波更多。现在这些波长较短的波的能量将会直接作用于鱼类的体表，导致辐射伤害。这种伤害类似于我们夏天会遇到的晒伤，有致癌的风险。

辐射造成的破坏严格遵守物理学定律。短波长的光能量更高，对分子造成的伤害可能会大于同等条件下长波长的光造成的伤害。这条定律具有普适性，不仅适用于登陆的水生动物，也同样适用于整个宇宙中的其他生物。随着海洋生物向紫外线更强的陆地进发，生物或许会发生突变，产生更多的色素来保护自己。虽然我们并不知道最初的登陆生物为了应对紫外线产生了怎样的色素，但我们至少知道类似于黑色素一类的化学物质很有可能参与了这一过程。人类的皮肤也能产生黑色素，这种色素能够保护多种生物免受光辐射的伤害，大至动物，小至真菌。顾名思义，黑色素的分泌会导致肤色的加深，被晒黑了也是由于这种色素，而在阳光毒辣的地区，人们的天然肤色也比在其他地方生活的人更深，比如非洲和亚洲的某些地区的人的肤色就较深。黑色素由一系列复杂的碳环和支链构成，有一种猜测是它是由某种氨基酸（例如酪氨酸）的过度合成演化而来，这一合成通路甚至能够追溯到生物刚学会合成蛋白质的时代。在这个例子里，我们看到在生活环境改变时，生物现有的遗传结构会发生变化，利用旧的生化通路产生新的化学物质。不过这种变化不像物理定律的变化那样起到确定性的作用。

这些能够帮助屏蔽紫外线的化合物的来源、具体化学结构，以及颜色，都可以用方程式 $E = hc/\lambda$ 解释。所以不管它们最初是如何产生的，它们都具有某种共性。[20]大多数这类化合物都有碳原子形成的长链或环结构，由于这些化学结构中的碳碳键存在离域电子系统，它们能够最有效地吸收紫外线辐射。通过这个例子我们可以看到化学层面上的趋同演化，这种演化帮助大型动物适应了陆地上的辐射强度。

对于陆地生活的巧妙适应其实并不是一个从无到有的创造过程。生物还在海洋中的时候，就已经拥有了类似的防护紫外线的生化通路。如果海洋非常清澈开阔，紫外线辐射还是能够透入海水照射到生物身上的，只有那些生活在海洋最深处的生物才完全照不到紫外线。所以，许多物理定律是同时适用于海洋和陆地这两种环境的，只是它们的重要性或者某些部分发生了变化。

即使是一些看上去全新的问题，其实也一直存在着。比如如何防止皮肤过度脱水，这似乎是为了适应陆地生活才出现的问题，不过显然对于鱼类来说，它们也需要一个屏障防止体液流入大海。所以一个基础的屏障体系早就在生物体内出现了，只是在干燥的大陆上，这个屏障得到了进一步的加强。

在生物逐渐适应陆地生活之后，模块化的演化方式以令人惊奇的方式继续发挥着功效。来自佛罗里达大学的科学家们通过研究蟒蛇的胚胎发育过程，发现蛇的DNA中依旧保留着产生四肢的Hox基因，不过蛇类会抑制调控四肢发育的增强子——音猬因子（Sonic Hedgehog，SHH，生物学家给基因起名的方式是很奇怪）①，来防止四肢的形成。[21]通过对基因表达进行这种相当基本的调控，四足动物向蛇类这个分支进行演化，从而得以在各种不同的地形中蜿蜒前行，无论是在灌木丛、树木中，还是在沙地或泥土中，都不受四肢的阻碍。潜伏于蛇类体内的Hox基因或许能够解释生物学家们发现的长有四肢的早期蛇类化石，这种蛇类在很久以前就灭绝了，或许它们体内的Hox基因还没有被完全抑制，所以依旧能够看到四肢的存在。

---

① 音猬因子是5种刺猬因子（Hedgehog，简称HH）中的一种。最早在果蝇身上进行研究时，科学家们发现当这类因子发生突变时，果蝇的幼虫表皮上会长满短的倒刺，就好像刺猬一样，故以此命名。而"音猬因子"是以世嘉游戏公司一个相当有名的电玩主角刺猬索尼克（Sonic the Hedgehog）的名字命名的。

同样，如果生物想从陆地上重新回到海洋之中，它们就需要将四肢重新转变为鱼鳍，浮力 ρVg 再次成为生活中的一部分，而这些都能从鲸类 Hox 基因的表达变化中看出痕迹。[22]

演化发育生物学为我们打开了一扇新的大门，告诉我们生命是如何通过演化适应新环境的，不同环境对应着不同的物理定律，要适应新的定律，生物结构就要发生变化，这些变化很多都是基础设计单元的重构。尽管变化前后的栖息地的物理性质有所不同，但从一个更高的角度来看，这些环境中的各种性质还是比较相似的，毕竟它们都位于我们小小地球的重力场、大气、海洋中。

达尔文在《论依据自然选择即在生存斗争中保存优良族的物种起源》（这是《物种起源》一书的全名，人们总是不提它这夸张的维多利亚式的全名，这对它是不公平的）一书的结尾这样概括了关于这部分的观察结果：

"生命及其蕴含之力能，最初由造物主注入到寥寥几个或单个类型之中；当这一行星按照固定的引力法则持续运行之时，无数最美丽与最奇异的类型，即是从如此简单的开端演化而来，并依然在演化之中；生命如是之观，何等壮丽恢弘！"[①][23]

在上述这段文字中，达尔文做出了两个重要的推论。第一个推论非常明确，地球起源于万有引力定律，随后从这个简单的开端出发，形成了某些更为复杂的东西。也许我们没有办法清晰地理解区分这一过程，但这一说法含蓄地指出了物理学和生物学在演化过程中各司其职，这一思想对后来的人们也产生了持续的影响。

他做出的第二个推论，即从简单的开端可以演化出无数类型，也

① 引自《物种起源》，达尔文著，苗德岁译，译林出版社 2013 年版。——编者注

表明了演化过程与物理学分离的观点。这个推论存在一些显而易见的瑕疵。达尔文的辞藻非常华丽，文笔优美，从某种意义上来说，他是对的：往细了看，生命确实是有无穷的可能性，比如考虑到每个鳞片的灰度、色调和颜色都可能不同，蝴蝶翅膀的色彩排列可能确实是无限的，就像不可能有两张一模一样的人脸一样，细节太多，不可能达到完全的一致。

但我并不同意他最后的结论，即世界起源于某些单调而简单的物理定律，然后井喷式地形成了无穷无尽的生物形式。我觉得达尔文的说法只是一种艺术修辞，从文学艺术的角度而言非常出色，但从科学的角度来说有些言过其实。非常讽刺的是，他选用了万有引力定律作为代表性的物理定律，而万有引力定律在塑造宏观生命这方面起到了巨大的作用，从动物的体型到树木的结构。从生命出现的开始直至今日，这项物理定律都密切参与了生命演化的过程，在生命的各种形式中留下了不可磨灭的痕迹。在生物从海洋进军陆地的过程中，引力扮演了重要的角色，它限制了地球生命的可能性，保证其演化有度。

物理定律持续地塑造生物的各种形式，尽管生命形式从细节上来看可能性是无限的，但是结构的框架必然是有限的。

第5章

被包裹起来的生命

对于很大的数字，我们其实是没有什么概念的。比如，如果我告诉你在我家门口有3条贵宾犬在狂吠，你可以很容易地想象出这一画面：3条毛发鬈曲的小狗紧张地在鹅卵石铺就的小路上跑来跑去，一边叫唤着一边嗅来嗅去。不过，如果我告诉你我们体内有3.7万亿个细胞[1]，我们就没有办法具象地理解这个数字了。对我们来说，"3.7万亿"就只是一个没有概念的数字，这个数字非常庞大，我们根本无法想象这么多的数量会是什么样子。

在这一章里，我们将探索生命是由什么构成的，它们是由怎样的基本元件组装而成的。因此，我们要从瓢虫、鼹鼠、蚂蚁和人类的尺度缩小到构成生命的基础单位——细胞的尺度，就像从房子到砌起房子的砖块那样。在细胞层面，我们能够逐步解析一些看似复杂的生物问题，将它们归纳为更浅显易懂的物理定律。通过理解这些方程式，细胞的世界不再难以预测，而是能够通过推理获得较为可信的结果。

17世纪60年代，罗伯特·胡克在显微镜下观察了一个风干的软木塞。我们不知道他原本想看到什么，但通过透镜，他看到了规律而密集排列的孔洞，一行一行的，就像修道院中的一个个小房间。也许这个意象实在是非常形象，胡克将他看到的小室称为"细胞"（cell，来自拉丁语单词cella，是"小房间"的意思）。尽管胡克在1665年出版的《显微图鉴》一书[2]中画出了这一结构（就在他画出的非常著名的跳蚤示意图的旁边），但当时胡克自己和其他同时代的人并没有意识到这种结构的重要性。

胡克并不是唯一一个用显微镜观察世界的人，在北海的对岸，另一位好奇的科学家——荷兰商人安东尼·范·列文虎克正热衷于使用玻璃珠制造口袋大小的显微镜。运用他制造出的新工具，他得以充分探索一个全新的未知世界。列文虎克使用他制造出的显微镜观察各种各样的事物，从池塘中的水到牙齿上刮下的牙垢，在这个他从未看到过的微观世界中，他看到了一些微小的生物，其中许多还会移动。[3]他甚至发现了杀死它们的方法：如果把它们泡在醋里，它们就不再移动了。在写给皇家学会的一系列信件中，列文虎克记录了他的发现。不过，和胡克所遭遇的情况一样，没有人对他的研究有足够深的理解，要理解这项研究的跨时代意义需要超越时代的眼界，对于大多数人来说，列文虎克只是找到了一些小型生物，虽然挺有趣，但也没什么大不了。

两个世纪之后，人们才认识到了这个微观宇宙的重要性，胡克所观察到的小洞和列文虎克看到的小型生物反映的是同一件事：生命由一些更为微小的单元构成。胡克看到的是软木塞中细胞干燥而中空的形状，而列文虎克则直接观察到了独立的生命个体——微生物。在列文虎克之后，罗伯特·科赫（Robert Koch）、路易·巴斯德等人对微生物进行了更加细致的研究，他们发现微生物可以用来酿酒、酿醋，还有一些则是导致疾病的元凶。

更多有关这些微小生物的研究将显微世界带上了历史的舞台。1839

年，德国科学家特奥多尔·施旺（Theodor Schwann）和马蒂亚斯·雅各布·施莱登（Matthias Jakob Schleiden）正式提出了细胞学说，这一学说将之前人们各种琐碎的发现整合在了一起，形成了一个优雅而统一的概念：所有有生命的生物都是由细胞构成的，而细胞是一切生命结构和功能的基本单位，同时细胞能够通过某种方式以已有的细胞为基础增殖。由于在当时，科学家们还不明确其背后的机制，所以细胞学说在很多人眼里只是一种大胆的猜想。在今天看来，这些结论已是显而易见，我们把上述这些观察结果统称为"细胞学说"写入教科书，并认为生命由细胞构成。这些结论现在已经是生物学上广为学界接受的默认事实，是支撑起整个细胞生物学领域的基础理论。

在细胞学说提出后的150年里，科学家们不断以细胞为对象进行深入研究，现在我们对于这个支撑了我们生命基础的单位所遵守的科学原理已经有了一定的了解。细胞中有无数的物理学和生物学定律，而这些定律在某种程度上将会决定演化的走向。

首先我们可能会问，为什么要给生命加上细胞这样的包装呢？这种吸引着胡克、列文虎克等人探索微型世界的神奇结构，是因何而存在的呢？一个简单的答案是物理学中基本的扩散原则。如果我们把沐浴露倒进放满水的浴缸里，很快我们就会看到沐浴露的颜色逐渐变淡，这是由于沐浴露分子在水中不断扩散，最终和水分子混合在了一起。在早期地球上也是一样，各种分子会在海洋、河流、溪水等环境中发生扩散，只有在一些特殊的地理位置（比如岩石内部），不同分子间的距离才足以近得可以发生化学反应，建立起更为复杂的化学系统。如果这些可以自我复制的分子被束缚在一个较小的容器之中，它们不仅能够保持更高的浓度，还可以随心所欲地四处移动，这样这些"笼子"就能够在一些浓度更低的环境（比如海洋）中移动，为生命的诞生奠定基础。

　　所以简单来说，细胞的出现是为了应对稀释的发生。在水分充足的区域，物质会自发地扩散，而细胞能防止物质在这种情况下膨胀。所以，细胞这种广泛存在于各种生物中的隔离方法也是生命存在的基本方式，并保证了生物的繁殖和演化。

　　显然并不是生物圈中所有的生物都具有细胞结构。在地球上我们就能找到不含细胞结构的生命体，病毒就是其中之一。病毒由一小段带有感染能力的核酸片段和包裹核酸的蛋白质衣壳构成，它能引发各式各样的疾病，从普通的感冒到体内微生物群的紊乱。[4] 不过这些生物圈内的"坏家伙"并不能独自生存，它们需要在细胞内部才能进行繁殖，所以病毒必须依赖宿主。由于病毒本身不能在没有细胞生命的情况下独立繁殖，有些科学家对于病毒是否能被称作一种生命产生了质疑，他们认为应该将病毒"降级"称作某种粒子或没有生命的物体。另一种没有细胞结构的"生命体"是朊病毒，朊病毒本质上是在某种链式反应中生成的错误折叠的蛋白质，它能够导致许多奇怪的疾病（比如疯牛病）。同样，也有许多人认为朊病毒不能被归为生命的一种。类似于病毒，它们缺乏细胞结构，却能在细胞内增殖并造成破坏，但是它们又不能离开细胞结构独立存活。如果没有细胞，朊病毒就只是一段错误折叠的蛋白质。由此看来，至少在地球上，所有生命都与细胞有关。

　　通过一个简单的假想实验，我们可以直观地理解细胞在生命现象中的核心地位。想象一个充满了有机物碎片和材料的花园池塘，由于奇怪的天气、不小心被吹入池塘的原材料，还有其他一些不可控的因素，池塘中发生了某些化学反应，原材料被分解并释放出能量。更为奇妙的是，在池塘中，核酸（DNA）演化出了能够自我复制的信息系统。就这样，在这个乱七八糟的后院里，一个原始的细胞正在逐步形成。不过，尽管这个池塘可发生许多化学反应，但是它并不具备移动的能力。

由于地域的限制，我们的"细胞"被限制在了原地，既不能复制扩张，也不能前往能量营养物质来源地。

花园池塘的这个失败的有机体是对限定于有限物理环境中的复杂生化体系的模拟，比如沙滩岩石上的一个小孔，或是深海热泉上的一个小洞。偶然间，被包裹起来、内部进行着生化活动的细胞自由移动到了别处，开始扩散到整个星球的各个角落。可能对于这些生化物质而言，它们自己并没有抱着什么目的，但是当这些反应发生的时候，可自我复制的分子的数量越来越多，在这个星球上不同的环境中探索种种不同的可能。在这种情况下，这些不同的环境将会作用于这些生化反应，推动生物的多样性和更多生命的可能性的产生。细胞不仅为生化反应提供了一个更为浓缩的场所，同时也提供了演化选择的作用方式，让生命呈现出多样、大量的形式。从这个角度来看，细胞和演化密不可分。

读者们也许会有这样的疑问：第一个细胞是怎么出现的呢？是什么导致了这个小"笼子"的存在，让分子能够以较高的浓度聚集，产生出一个自我复制的机器？在生命的长河之中，有没有哪个决定性的特殊事件导致了细胞的出现？细胞的出现是一个偶然事件，还是某种物理上不可避免的必然事件？为了回答这些问题，首先我们需要了解一些关于细胞的基础知识，比如构成细胞的物质有哪些，以及细胞是如何形成的。

仔细观察每一个细胞的边缘，会发现目前地球上所有已知的能够自我复制的生命体的细胞的周围都有一层膜包裹着，这层膜就像一个袋子一样，把所有的细胞内容物都包裹其中。不过这层膜远比单种多聚化合物构成的购物袋要复杂得多，这些分子各自的性质差异巨大，然而却简洁而优美地组合在了一起。

组成细胞膜的分子是磷脂。这类分子由头部和尾部两部分组成，头部和尾部化学性质的不同是让细胞膜具有特殊生化性质的秘密所在。这些分子的尾部由长碳链构成，碳原子组成的结构是疏水的（不溶于水），由于不带电，它们就像油一般无法与水混合，尽可能地远离水。与尾部相连的是化学性质截然不同的头部，头部由带电的分子基团构成，在构成细胞膜的分子中这个部分就是带负电的磷酸（磷酸可以理解为磷原子和氧原子的一种组合），是一种亲水的化学结构，可溶于水。所以现在我们知道了构成细胞膜的是一种两性物质，一端疏水，另一端亲水，那么这种性质特殊的分子能够发挥怎样的作用呢？

如果把磷脂分子加入水中，我们能够看到一种神奇的现象：这些分子的尾部面对面排列，头部则扎入水中。水中的磷脂分子将会自发形成一种双分子层结构，两排磷脂分子相对排列，这样磷脂分子的疏水尾部就全部面向中间，避免与水接触，而头部则处于水中，符合其亲水的特性。

不过双分子层并不是水中磷脂分子的最终形态，磷脂分子并不会形成一个无边无际的双分子层薄片，漫无目的地在水面上延伸。为了使自身的表面张力最小化，脂分子层会自发地弯曲起来，形成一个圆球，这个原理与雨滴会形成球体以让自身的能量达到最低的原理是一样的。在没有任何引导的情况下，脂双分子层最后会自发地形成一个球形包裹，内部充满液体。细胞的分隔就这么形成了。分子间的离子相互作用和分子倾向于使自己能量最小的驱动力，造就了脂质分子的排列和它们形成球形的趋势，而这又不可避免地导致了细胞膜的形成。

在距今约40亿年前，这种自发形成的微型球状小囊泡将可以自我复制的分子密封于其中，为这些分子提供一个密集的反应浓度。分子就这样在囊泡的早期细胞内部聚集，达到可以进行各种复杂反应的浓度。就这样，细胞中逐渐演化出了我们今天所看到的复杂的代谢过程。在这些早期细胞中，最早的一批分子很有可能是活化形式的核糖核酸

（RNA），RNA 是一种类似于 DNA 的分子，DNA 是主要的遗传密码。[5]

在形成第一个细胞之后，演化也就开始参与其中并发挥作用。演化并不单纯作用于细胞内包含的遗传信息，它也作用于细胞结构本身，细胞本身将成为环境因素推进演化这一过程中的作用单元。

读者们或许会认为以上只是猜想而已，并没有切实的证据。

早在 20 世纪 80 年代，加州大学圣克鲁兹分校的戴维·迪默（David Deamer）就开始了一项有趣的研究课题，探究从远古陨石中提取出的化合物是否能够形成膜结构。[6]这个问题的本质是为了回答细胞结构的出现（这是应对分子稀释问题的解决方案）是否存在必然性：这个结构究竟只是随机事件，还是在物理上不可避免的结果。在这项研究中，迪默使用陨石作为研究对象。陨石来自太空，在天空中划出闪耀的痕迹，最后落在地球上。某些陨石带有太阳系形成早期的物质组分，比如碳粒陨石，这是一种含有碳基化合物的黑色石块，比较著名的碳粒陨石有 1969 年在澳大利亚维多利亚着陆的默奇森陨石。天体生物学家们对这些参与了太阳系早期物质搅动过程的天外来石感兴趣已久，把它们视作研究生命起源基础构件的绝佳材料，他们发现在这些陨石中能够检测到氨基酸（构成蛋白质的化学单位），不过这些陨石中含有的物质可远不只有氨基酸。

迪默从陨石中提取到了一些类似于脂质的简单分子，这种分子是一种羧酸，和脂质一样是两性的，存在带电的亲水头部和不带电的疏水尾部。但是陨石中的羧酸的化学结构没有今天细胞中的脂质的化学结构那么复杂，碳链的长度也更短。迪默把这些从陨石中获得的分子收集起来放入水中，他发现这些分子同样会自发聚集在一起形成一个中空的囊泡。

迪默的研究告诉我们细胞膜可以自发形成，而且人们可以通过物理学研究并预测膜的形态。[7]更为有趣的是，形成细胞元件的分子以富碳岩石的形式在太阳系中四处漫游，这些古老的构成生命物质的材料来源于早期在太阳四周旋转并浓缩的气体，并最后形成了细胞。

鉴于太阳系中的气体和其他物质在星系中广泛存在，我们可以想象任何一个恒星周围都有含有这些组成细胞的物质的原始气流云团，并准备着向任何一个含有丰富液态水的行星表面输送形成膜结构的原材料。[8]

迪默所研究的碳粒陨石也并不是唯一含有可形成膜结构的物质的来源。实验表明，我们在很多物质中都能找到它们，即使是在生命出现之前的早期地球上，一些原始的化学反应可能就已经形成了膜。例如，一种简单的有机分子丙酮酸，在加温加压的条件下就能够形成膜，而类似于丙酮酸的化学物质在我们的星球上比比皆是。[9]

尽管这些有独创性又较为直接的实验已经显示了细胞膜是如何起源的，膜结构在早期地球上出现的确切位置依旧是一个充满争议的话题。[10]

在海洋深处，板块之间的山脊之上分布着海底热液的喷出口。富含溶解金属与其他化学物质的液体从海底的出口流出，在与海水接触后冷却，堆砌在周围的岩石堆上，最后形成了这些由矿物质构成的"烟囱"。在这些巨石堆中，压强很高，石堆中的物质在几百摄氏度的条件下依旧维持液态，从大大小小的孔洞中涌出，在这样的极端条件下进行化学反应。

一些科学家认为，生命早期的化学反应正是在这样的环境中，利用岩石孔洞中不同化学物质变化的浓度而发生。[11]最终，当第一批新陈代谢反应在富含矿物的岩石表面发展成熟后，它们就会从表面脱落，带着用膜结构包裹着的身体向着更为广阔的世界探索。

另一些科学家则认为生命起源于其他地点——不是海底热液喷口，更有可能是海岸，来往的潮汐不断将新的化学物质分子聚集于短暂形成的水塘或露出水面的岩石上。[12]还有一些科学家认为陨石撞击坑更有可能是生命的起源之处，陨石撞击地球产生的巨大热量为生命创造出了适宜的温度梯度及水循环。除了这些，也有人认为达尔文提出的生命起源于某个"温暖的小池塘"的说法可能就是指某种温暖的小池塘，比如某个火山边上的小水塘，就可能是生命的起源之处。[13]

关于第一批能够自我复制的生物分子以及最初能够包裹它们的细胞是否需要某种特定的环境才能诞生，还是说它们在多种环境下都能产生，这个问题我们现在还不知道答案。但是迪默的实验表明，出现某种类似细胞的结构将化学分子区隔开来，并不是偶然的结果。只要有一定量的同时具有亲水和疏水[14]性质的分子聚集在一起，这样的情况就很有可能会发生。

仅有一层膜和一些被包裹的小分子还不能完成许多与生命相关的重要工作。在细胞结构演化的过程中，代谢通路也必须与遗传密码同步建立并完善，以承载细胞的功能。在细胞膜内，生产生命基本单元的通路变得更加复杂，逐渐产生令人眼花缭乱的合成途径，各种化合物开始参与各种反应，最后这一切形成了我们今天所认识的细胞。今天，我们看着这些细胞膜，也许会问：早期的代谢途径的出现，到底是出于偶然，还是背后有某些可预测的物理学原理？

如果我们随意地在网上浏览一些细胞的代谢途径图，就会看到数量惊人的弧线和直线，连接着各式化学反应中种类各异的产物和中间物。这些途径能产生几乎所有种类的生物分子，比如氨基酸（蛋白质的基本单位）、复合糖、DNA，以及食物的各种分解产物。当然我们会问，这些复杂的代谢通路是否与包裹它们的细胞相关？在这个复杂的生化迷宫中，比起必然，是否还有一些更加偶然的事件也有机会成为"迷宫"的一部分？

然而，在复杂得令人头痛的代谢途径中，也藏着令人惊异的简洁性。三羧酸循环是细胞最古老的几种代谢途径之一，从早期地球的年代起，三羧酸循环就利用当时可利用的化合物，将其分解以产生后续各种通路所需要的反应起始物。许多人都意识到，这类通路的简洁性、参与这些通路的化学物质，以及这些反应的能量特性在各个生物中都十分普遍。[15]这种跨生命的普遍性看上去似乎并不像仅在第一个细胞中发生的偶然事件。

关于其他生化通路的研究为这种普遍性提供了更为有力的支持。糖酵解和糖异生是两种非常古老与保守的生化通路，在细胞中，前者参与糖类的分解，后者是前者的逆过程，负责合成糖类。这两种途径对于细胞结构和能量产生都有着至关重要的作用。来自爱丁堡大学的科学家们测试了几千种其他可能的化学物质和生物途径，最后他们发现现存的生化途径的化合物流量（产生量与代谢量）是最高的。[16]

这些独立的研究结果显示，地球早期细胞中出现的代谢途径转变并不只是侥幸的结果，而是物理学定律下的必然结果，虽然生物体内的信息和组成方式确实会在生物繁衍的过程中留下印记。[17]这些都不能证明代谢途径的产生是偶然的结果，只要在早期产生，就一直存在于所有生命当中。[18]事实刚好与之相反，这些通路都非常灵活，有些途径仅仅需要几个突变就能够改变产生的化合物。如果生命真的想要改变现有的多种途径，它显然有这种能力。

其实细胞中的许多代谢途径在很多方面都是最优的，具有许多我们现在还不能完全理解的深远意义。[19]这表明，如果宇宙的其他地方会产生其他生命，这些生命也会拥有和我们相同或类似的代谢网络，我们可以预测它们的代谢网络大致是什么样子。

在动物产生的30亿年前，微生物——具有自身独特代谢通路的单细胞生物，独自称霸地球。但在外部，物理学定律也在缓慢但不可避免地塑造着它们的外形，如我们在前文所见的鼹鼠和其他所有复杂的生物一样。

人们可能对谈论微生物并没有什么太大的兴趣，这是可以理解的，对于不熟悉微生物的人来说，微生物并没有什么值得一看的价值。然而在微观世界里，它们呈现出各种令人惊异的形状：球体、棒状、螺旋形、细丝状，甚至豆状、星形、正方形……在这个世界上充满着人们想象不到的各种微生物。

当第一批细胞首次离开它们的出生地向外探险时，它们同样也会受到物理学定律的制约。[20]这些物理限制预示着同样的规则也会束缚更复杂的动物的形态。环境对这些新成员施加的第一条重要限制就是它们体型的大小[21]——对于大多数细胞而言，无论它们呈现出怎样的形状，它们的体型都十分微小，并一直保持至今，这是为什么呢？

可能的原因有很多，[22]其中一个主要因素也许是为了减少重力造成的负面影响。一个大的"袋子"很容易在重力拉扯下破裂。[23]细胞的体型越小，所受的重力拉扯也就越轻，细胞的内容物也就越不易外泄。在这个假设里，我们可以看到重力参与了决定细胞大小的过程。

细胞还要面对其他挑战，比如，它需要摄取食物和养分，并排出代谢废物。让我们假设细胞是一个半径为r的球体，球体的表面积为$4\pi r^2$，体积为$4\pi r^3/3$。因此，如果我们增加球体的半径r，球的表面积会以平方级别增长，而体积会以立方级别增长。换句话说，如果细胞不断变大，体积的增长速率将会远大于面积的增长速率。对于细胞来说，这可不是一件好事：如果细胞的内部体积变大，它就没有足够的表面积与外界接触来获取食物和排出废物。所以体型小是有利于细胞的，细胞越小，面积与体积比就越大，它就能越轻松地完成各项重要的物质交换。与此同时，体型小还能使细胞内的各项物质更方便地扩散；而对于大体积的细胞而言，营养物质扩散到各个部分则需要花费更多的时间。[24] 总而言之，维持小体型能给细胞带来诸多优势。

除此之外，细胞维持小体型还有一些其他可能的原因，其中有两项尤其重要：较容易维持形态（不易塌陷）以及保证细胞边界间更有效的物质交换，这两个原因背后都有简单物理定律做支撑。对于细胞大小的探讨引出了一个十分有趣的问题：最小的细胞能有多小？即使体型小有着诸多好处，细胞也不能太小，不然它就无法容纳遗传物质DNA以及其他至关重要的各项系统。理论上细胞的最小直径在200~300纳米之间，刚好能够容纳遗传物质、相关蛋白，以及基础代谢途径。[25] 这个估计恰好与人类发现的最小细菌的大小差不多：比如遍在远洋杆菌（*Pelagibacter ubique*）是一种在海洋中自由生活的小型细菌[26]，直径仅为0.12~0.20微米，长度约为0.9微米。

不过体型小也有劣势。细胞缺乏食物时，也希望体表面积更大，以探索周围环境，摄取更多的营养物质。增加表面积的方法之一是增加体积，不过正如我们之前所讨论的那样，由于体积比面积增长得更快，通过"变大"来获得更大的体表面积对于细胞来说并不是一笔划算的买卖。为了挣脱这个困境，细胞也有自己的应对策略，它们不再以球形作为主要的形状，而是长成了长条形。

让我们想象一个半径1微米、长5微米的圆柱体微生物，如果我们把这个微生物的长度增加至10微米，表面积/体积的比值将会从2.4减少至2.2，下降的8.3%并不是很明显。与之形成对比的是，假设这个微生物一开始是具有相同表面积的球体，然后膨胀为与长10微米的圆柱体表面积相等的球体，它的表面积/体积的比例将会由1.73减少至1.28，整整下降了26%。所以，相比于圆柱体，随着内部体积的增大，球体的表面积更小，表面积/体积的比例下降得更快。也就是说如果生物想要使自己的表面积更大，长条的圆柱体比滚圆的球体更划算。

　　以上推导并不只存在于理论层面。事实上当我们考察实验室和野外生活的微生物时，我们常常发现当微生物处于营养缺乏的饥饿状态时，它们会变成细丝状。用上文描述的简单数学原理就可以解释这种形态的变化，因此，我们可以说物理学原理使微生物长成了长条的形状。

　　不过，这也不是说微生物就不能长大，或是必须长成又细又长的形状。当我们在说某样事物"小"的时候，这种大小总是相对的。[27] 从我们的角度来看，所有的微生物都很小；但是从微生物自身的角度来看，有些微生物是非常大的。费氏刺骨鱼菌（*Epulopiscium fishelsoni*）就是一种巨型细菌，这种生活在刺尾鱼的肠道中的巨大细菌长达 0.6 毫米，用肉眼可直接观察到。那么这种大型细菌的存在和我们刚才提及的理论是否冲突呢？更为细致的研究告诉我们，这种生物的存在并没有逃开物理定律的限制。费氏刺骨鱼菌生活在营养丰富的刺尾鱼肠道，周围充满了食物消化后形成的各类营养物质，这使得该类细菌即使在表面积与体积的比值较低的情况下，也能从环境中摄取足够的营养。与此同时，费氏刺骨鱼菌的表面布满折叠和内陷，这种结构大大增加了细菌的有效表面积，是另一种解决表面积问题的方法。

　　在演化中演变出许多的形状令人惊叹，不少形状的产生及其原理直到今天还是未解之谜。比如某些细菌呈现出的曲线或弧度或许能让它们附着在特定的表面上并形成薄膜，即使水流冲过，它们也不会被冲走。与之相关的物理定律涉及流体的行为以及它们对细菌施加的剪切应力 σ。在高剪切应力的条件下，流动的液体会倾向于将物体表面附着的细菌剥离并卷走。在这个过程中细菌受到的作用力可以用剪切应力公式等来描述：

$$\sigma = 6Q\mu/h^2w$$

在上述公式中，剪切应力 σ 可以由流量 Q、微生物周围的流速 μ、微生物所处的通道宽度 w 以及通道高度 h 等变量计算得出。

在这样的环境里，比起营养需求，流体动力学在微生物的形状和细胞组织中起到了更加直接和重要的作用。[28]

地球上的环境如此多样，可以想象，在各种各样的环境中，某些物理性质或许能起到和流体同样，甚至比流体更重要的作用。许多细菌所处的环境本身就是如糖浆一般的液体，比它们尺度下的水还要黏稠得多。比如前文中的有机物池塘干涸后底部的泥浆，或者在某种动物的肠道中，这些环境中的液体比一般情况下还要黏稠，在某些区域，微生物是不能像它们在河流或小溪中那般随着液体自由流动的。在这些地方，螺旋形会让微生物的移动变得更为容易，它们可以使用旋转推进的方式帮助自己在胶水般的环境中开辟道路。[29]在这个例子里，另一条简单的物理定律——描述颗粒在黏稠液体中的运动方式——控制了生物形状的走向。

虽然微生物只是简单的单细胞生物，但与鼹鼠和瓢虫一样，它们也会受制于相同的简单物理定律，从而演化成一致的形式。尽管从某种意义上来说，微生物的结构要比复杂多细胞生物的结构更易提取与辨别，但无论是细菌还是多细胞生物，它们最终的形态都是物理学原理的必然结果，是可预测的。

在上文的讨论中，我们并没有提及另一项关乎微生物令人惊异的形状的细节：构成微生物外膜结构的脂质具有天然的柔韧性，它们倾向于构成球形，或者没有固定形状的柔软的水滴形。所以为了形成固定形状的结构，生命还需要另一项至关重要的发明。在大多数微生物的膜外面还有一层细胞壁，细胞壁由肽聚糖构成，就像一张由连接的糖类和氨基酸构成的铁丝网。细胞壁为细胞提供了稳定的形状和足够强的硬度，帮助细胞形成各种多样的形态结构。

根据科学家所研究过的诸多形状，我们能够很好地解释细胞壁的由来。这层"铁丝网"也许使某一个未定型的细胞第一次固定了形状。此前，细胞并不能固定自己的形状，虽然它们能活下来，但它们只能漫无目的地、软绵绵地在它们的世界游荡。而一旦某个细胞由于突变或选择压力获得了产生加固细胞膜物质的能力，它们就能够开始拥有球形、细丝形、曲线形等各种不同的形状，这些形状能够帮助这些微生物更好地附着在物体表面、收集食物，或者在黏稠的液体中移动，这些突变和形状也得以保留了下来。我们可以把细胞壁的产生当作是生命对于不同物理学定律的适应，可能是扩散定律、流体力学定律，也可能是描述运动环境黏度的定律。总而言之，微生物需要在不同定律的支配下将自己的生存概率和繁衍的成功率最大化。不同的微生物形状，体现的是以方程式为表现形式的物理学原理和数学模型的影响，它们影响了微生物的行为，以及它们能否适应特定的生活环境。

和瓢虫或其他大型生命体一样，物理学定律在生命内部得以显现出来。但通过突变，演化也为生物提供了各种可能性，让它们得以存活至繁殖的年龄。对于生物而言，这些物理学定律不仅是它们扩大适应性特征范围、提高存活率的手段，更是它们面对生存不可避免的挑战。而且对于这些定律，生命体有各种不同的解答——壁的出现让细胞开始拥有不同的形状，每种都是一种全新的可能，应用不一样的定律增加了自身存活与繁殖的概率。[30]

在纷乱复杂的微生物王国中，有没有概率性事件呢？[31] 如果我们回到演化之初重新来过，我们也不能确定地说地球某种现存的生物结构一定还会再次出现。要知道无论是生活在动物肠道中的巨型细菌，还是动物自身，相对于地球（乃至宇宙）的年龄而言都只是刚刚出现而已。像上两章提到的瓢虫和鼹鼠一般，偶然事件的发生让生物得以探索不同的细节，并做出修改，这也让我们在小尺度的生物中观察到了缭乱纷繁的多样性。只不过这种多样性并不是无穷无尽的，我们现在能够看到的结构必然已经经过了基础物理学定律的筛选，这赋予了我们一定的预测能力。举例来说，我们可以预测在别的外星世界，细胞可能也是很小的；当营养不够的时候，一种可能的解决方案是伸长为棍状或是细丝状；如果这些细胞很大的话，它们需要主动将营养物质泵入细胞内部，或通过折叠表面让表面积达到最大。

也许膜结构的出现本身也是偶然事件的结果。自生命出现以来，它已经增殖了多次，因此有足够多的机会尝试各种各样的细胞膜。

1884年，丹麦细菌学家克里斯蒂安·革兰（Christian Gram）首次发明了革兰氏染色法，这种染色法可以把膜性质不同的细菌染成不同的颜色（革兰氏阳性菌呈紫色，革兰氏阴性菌呈红色），以方便显微镜下观察。革兰氏阳性菌只有单层细胞膜，典型的革兰氏阳性菌有葡萄球菌属，葡萄球菌属的细菌能够引起皮肤感染和食物中毒。在结构上与此形成对比的是革兰氏阴性菌，革兰氏阴性菌的膜结构更加复杂，具有两层膜，中间有细胞壁。

这种具有两层细胞膜的细菌普遍存在，包括沙门氏菌（以发现者的名字命名）。科学家们为此困惑了许多年，这种结构是如何出现的呢？一种可能是通过细菌之间的吞噬。让我们回到细菌称霸地球的时代，当时细菌还在地球上尝试各种不同的可能性，一种细菌吞噬了另一种细菌。被吞掉的细菌在这个过程中没有被杀死，这样它就得到了一个安全温暖的"家"，和偶尔可能从宿主处获得的一些食物；而宿主菌也从被吞细菌处得益，被吞细菌可能通过自身代谢产生糖类，或其他宿主菌需要的营养物质。在这种情况下，一种单层膜的细菌吞掉了另一种单层膜的细菌，形成了一种两层膜的细菌。[32]

这是一种相当简洁的假说，但有些科学家并不相信这种说法，他们提出了另一种假设：双层膜是细菌针对抗生素的一种精妙的防御机制。抗生素是由自然环境中的各种微生物天然产生的，人们认为微生物产生这些化学物质是为了杀死与它们竞争资源的其他细菌，或使竞争者无法移动。[33]确实，结构较为简单的单层膜细菌革兰氏阳性菌往往更容易受到抗生素的影响，所以这第二种假设，即双层膜为细菌提供了一种更好的抗生素保卫机制，也有一定的道理。

在形成细胞膜的脂类方面，微生物世界向我们呈现出了令人眼花缭乱的多样性。构成古菌（一种生活在极端环境、土壤和海洋中的微生物分支）细胞膜的脂类分子在化学构成上与细菌细胞膜相比有本质的不同。[34]在某些古菌中，膜之间由脂质相连，脂质所处的这种非典型的位置被认为能够使膜在高温下具有更高的强度及完整性。

若要研究每一种细胞膜中发现的蛋白质、附着在细胞膜表面的糖类，弄清细胞膜是如何锚定在物体表面，并与其他细菌交流的，我们可能需要经历曲折的研究过程和漫长的研究时间。上文没有提到的一点是，细菌的膜外面还常包裹着黏液或由糖类形成的网状结构，从而为细菌提供进一步的保护。有时细胞膜还能为细菌储存水分，防止细菌脱水死亡，这种性质对于生活在炎热沙漠岩石中的细菌而言尤其重要。总而言之，这层看似简单的膜，实际上充满着巧妙的生物化学原理，并具有令人惊叹的多样性。

这种奇妙的多样性可能让我们自然而然地认为，一旦有了构建膜的基础（存在一道能够包裹细胞成分、提高它们的浓度，并与外界联系的墙壁），那么随机性就很有可能在膜的细节和具体配件的选择或形成中发挥着更大的作用。双层膜、脂质间相连的结构，以及黏液层——所有这些结构都可以在存在膜的前提下进行各种尝试，而在这些不同的尝试中，其中一些可能是演化所采取的随机路线，而不是物理学定律所限定的必需条件。

甚至细胞壁也可能是偶然演化的产物。细胞壁必须由特定的氨基酸和糖类构成吗？我们不知道这个问题的答案。细胞壁的构成可能仅是一个随机事件，在演化的过程中被建立并一直保留了下来。细胞壁的组成成分可能是从多种化学物质中选择出来的，前提是这些化学物质能够为细胞（细菌）提供合适的屏障和一定硬度的外壳。一旦细胞壁构建完成，它就在生物中固定并流传了下来，当然也不排除一些变化的可能性。

如果我们被告知存在一个遥远的外星生命世界，我们是否有信心预测在那里也存在双层膜的生命形式，以及结构与地球微生物完全一样的细胞壁？我猜测，一旦我们对这类结构的生化起源有了更多深入的了解，我们将意识到某些生物结构是不可避免的，换一种情况也很有可能出现。另一些结构可能是在特定环境中具有适应性价值的特殊演化，这些特殊的结构一旦出现，就必定是为了完成它们出现所对应的需求。如果在另一个世界上重演演化的进程，细胞膜的许多附属结构或者复杂的修饰可能会在生化细节上有所不同，但作为生命基本结构之一的细胞膜一定会得到重现。

这些微生物统治了地球数十亿年。然而，在这段时间里，它们并没有自顾自地独立生活，各自为营地覆盖地球。某些细胞的代谢废物可能成为另一些细胞的营养食物。在从食物短缺到捕食者的无数演化选择压力的推动下，这些细胞互相帮助，形成了多细胞聚集体。微生物垫是这种令人惊叹的分工合作的完美体现，这种结构由不同的微生物叠层形成，不同层可能呈现出棕色、橙色或绿色，通常出现在沸腾的火山口的边缘。你或许也曾经在老式建筑物的侧面看到过没那么茂盛的微生物垫。

在这种微生物垫顶端的常常是绿色的光合微生物，它们能够吸收阳光，并利用太阳的能量将二氧化碳转化为糖类。随后，这些美味的有机化合物将会进入微生物垫的下层，在那里，其他厌光的微生物将会暗自进行糖类物质的化学转化。通过这种方式，代谢废物和食物将进行合理的供需循环，每种微生物在这个"小社会"中都发挥着自己的作用。

地球表面与地下的严酷的生活环境迫使着生命要互相合作才能应对压力，这些"城市"就是微生物通力合作的结果。[35]人们往往会把微观世界的微生物与宏观世界的动植物区分开来，因为绝大多数的动植物都拥有多细胞结构。然而，微生物很少单独生活，它们经常与其他种类的细胞共存。就像蚂蚁和鸟类一般，如果我们以群体为单位看待微生物，就会发现它们同样具有复杂的自组织的行为模式，各个部分组合在一起产生了比简单加和更复杂的模式和秩序。这些模式和秩序在微生物移动和聚合时表现得尤为突出，它们能在固定的表面上彼此协作，就像狼群一同捕食猎物一般。[36]在这里，我们可以用方程来预测最小细胞的协调行为，在这些细胞的合作中，平凡的物理学原理同样也在发挥作用。[37]

这种合作并不是偶然产生的，而是当有许多细胞居住在同一颗行星时所产生的必然结果。当它们受限于各种不同的营养和能量来源时，自然而然地，一种微生物的代谢废物可能就会成为另一种微生物能够利用的营养物质。在这样的情况下，微生物就形成了联盟。能够产生糖类物质的光合微生物对以糖为食的微生物来说充满了吸引力，这两种微生物也就更有可能紧密地结合生长在一起，毕竟比起在某些缺糖环境中独自生长，与光合细菌共同生活显然更有利于自身的成长。我们不用把微生物人为圈在一起，更不用刻意设计它们各式各样的协作和互利共生关系，只要把各类微生物放在同一个星球上，它们就会以互利的方式共生。科学家们可以对这种自组织的合作方式建模，并用方程式进行预测或探测。我们猜测，在任何存在生物演化的星球上，都存在着生命的聚集和协作，产生如微生物垫这样的结构。

细胞中关键创新的出现及细胞之间的相互作用使微生物注定要共同合作，它们的核心代谢能力也体现出了同样的趋势。微生物在细胞水平上呈现多样性，比如细胞膜和分子衣被的多样性，但它们也存在普遍的共性：细胞都是独立的物理实体，普遍的生化过程将其限定于一种能够自我复制，不断新陈代谢的生命形式，而这些是由物理学定律所推动的。

在我们结束对生命细胞结构的基本原理的探索之前，让我们再来探讨一个问题。这个问题比之前的问题更加复杂，更具有不确定性和争议性，但它也探讨了生命的一种属性，这种属性受物理定律的制约更大。这个问题如下：微生物是如何实现划时代的转变，成为那些我们称之为动植物的复杂的多细胞聚集体的？这件事是不可避免的吗？这种转变是否也是基于物理学定律？

组成动植物的细胞与大多数形成微生物的细胞完全不同。大型生命体的细胞通常以真核细胞的形式聚集在一起，真核细胞的显著特征是细胞内部的DNA聚集于细胞内一个小小的核（被称为细胞核）中。细胞核是真核细胞特有的细胞器，是细胞内一种微小的亚结构。而我们在前文中所讨论的大多数微生物是原核细胞，原核细胞是没有核的。

除了动植物之外，真核生物域还包括一些单细胞生物，例如藻类，这些单细胞的真核生物反映了细胞生命的革命。[38]真核细胞往往比原核生物大不少，除了细胞核之外，真核细胞还比原核细胞多了其他细胞器。其中就包括线粒体，线粒体是大多数真核细胞（包括人类细胞）的能量工厂，在氧气参与的条件下，线粒体能够分解有机化合物（比如美味午餐三明治中的一些分子），产生能量。

真核细胞是生命早期历史中某种奇怪联合的产物。[39]关于线粒体的产生原因众说纷纭，但一种比较流行的学说认为线粒体可能来源于细菌间的吞噬，一个细菌被另一个细菌吞噬以后形成了线粒体。这种内共生关系要求被吞噬的细菌与其宿主之间达成一种奇特的协议，彼此为对方的生活提供好处和便利。被吞噬的细菌获得了食物来源和温暖的避风港，而宿主则获得了一种更有效地利用氧气的呼吸方式（有氧呼吸）。在单个细胞中，可以有几百甚至上千个线粒体共同产生能量，这就像城市中的集合发电厂一般，带来了能量利用的革命。[40]这种组合将原核生物从能量获取的限制中解放了出来，能量的解放也伴随着细胞结构的演化——真核细胞的基因组开始扩大，复杂性增加，开始出现更加精细的生化网络，而自然选择也就有了更大的作用范围。[41]

因此，动物的出现需要三个不同寻常的事件串联起来。首先，大气中的氧气含量必须升高，促使生物演化出高效有氧呼吸的能力，这是你我都在使用的产能形式。其次，内共生的出现：在某些具有高效有氧呼吸能力的细菌被吞噬后，它们能够在宿主细胞内部建立线粒体"发电站"，使单个生命体的氧气利用率倍增，以一种全新的方式更好地利用新的能源储备。最后，这些细胞协同工作，组成一台"生命机器"，以不可逆的方式分化为各种器官，一起产生有益于"整体"的物质。

在原核生物向真核生物演化的过程中，似乎发生了一系列令人困惑的偶然事件，但在这些事件的背后，会不会存在某些必然性？

其中涉及的物理原因很好解释。氧气含量的上升对于有氧呼吸能力的解放是必需的，而有氧呼吸所产生的能量是无氧环境下的许多倍，因此能够利用氧气的新生物将产生更多的能量和力量。而氧气含量的上升又是光合作用过剩导致的结果。在当时，能够通过光合作用吸收太阳能量并利用水作为电子来源的微生物遍布地球各处，在地球上每个有阳光照射的水生环境中都有微生物在进行光合作用。[42]结果是，它们会不断产生氧气，氧气含量的上升及随之而来的事件也就成为必然。因此我们可以合理地认为，氧气的增加是一个星球探索各种符合热力学的产能反应的演化过程中的必经之路。

生物通过使用线粒体填充细胞来为细胞供能的过程也可以用物理知识进行解释。这种行为为细胞聚集了更多的"发电站"，使单位体积的细胞能够产生更多的能量，并利用这些更多的能量来构建更多的细胞和更复杂的结构。所以含有更多线粒体的细胞会拥有更多的能量来生长和分裂。因此，这种变化似乎同样不可避免。在地球的生命史中，内共生发生过许多次。[43]

那细胞间的另一种联合又该做何解释呢？这种联合让每种细胞变成不同的样子，各自行使专门的功能，在执行任务的过程中表现出超高的效率与各司其职的复杂性。这种现象很好理解：精细的分工合作使整体的工作效率上升，在生存竞争中更具优势。黏菌是一种名字不太吉利的真菌，在不需要食物的时候，它们只会静静地待在角落里；然而一旦需要食物，黏菌的细胞就会聚集在一起，形成黄色的细胞网络共同沿着地面移动，这层细胞网络的形态类似于触须，在森林的地面上不断延伸寻找食物。[44]这类霉菌一共有900多种，尽管它们在整个真核生物域里仅占了偏远的一角，但也显示出多细胞的协作是生物常见的生存策略之一。我们还不清楚到底是哪些具体事件导致细胞放弃了作为单细胞生物自主生活的机会，开始出现不可逆的专一化倾向。[45]但是直到今天，我们依旧能够看到生物圈的生存压力不断迫使着生命进行整合，联合起来共度危机。在任何存在资源竞争和栖息地争夺的星球上，多细胞联合行为都极有可能最终导致真正的多细胞生物的出现。物理学原理为多细胞生物的出现提供了动力，而细胞结构及其伴随的遗传途径为多细胞生物提供了手段。

简而言之，多细胞的出现，即复杂的动植物生物界的出现，是建立在并不复杂的物理学原理的基础上的。[46]我们可以看到为什么细胞会选择合作以利用更多的能量：这种现象本质上可能是由生存竞争推动的，更大的体型或许对捕食者更有利，而猎物也希望变得更大以保护自己。在这场生物军备竞赛中，"变大"也许是胜利的一种重要策略。[47]一旦多细胞动物出现，在这场演化实验中，巨大的多样性也就随之而来。

不过，认为物理定律在各个层面上严格地将生命的形式限制在了某些可预测的范围之内，并不等同于认为演化过程中出现的决定性转折都是由物理学定律决定的必然结果。前者是我在前文中不断证明的观点，而后者则是一个还未得到证明的猜想。[48]尽管我们能够从单细胞生物至多细胞生物的演化史中察觉到一些蛛丝马迹，并理解生命选择这一条演化途径的可能原因（及其背后的物理学原理），然而仅凭我们现有的理解和证据还不足以将这一过程还原成一系列方程式。用方程式来描述从微生物到动物的转变，比描述瓢虫温度的变化要难得多。

但是如果考虑到这些重大转变存在一定的必然性，如果生命有足够的时间在其他的星球上演化，也许生命会走向同样的演化道路，从早期的包裹着分子的脂质形成细胞，到最后聚集成为笨拙的庞然巨兽。[49]无论生命形式起源于何处、去往何方，细胞内部的物理学原理都将贯穿始终。

第 6 章

生命的极限

在风景宜人的维多利亚式海滨小镇惠特比的码头,一位游客正看着海滩边的海鸥啄食着夏日的游客掉落的面包屑或薯片的碎屑。然而他没有看见的是,仅在几英里之外,一只哐哐作响的矿井升降车正飞速沉入地球深处。

如果搭上汽车,从镇上向北行驶,就能看到令人印象深刻的荒废的哥特式修道院,正是这座建筑给了布莱姆·斯托克(Bram Stoker)以灵感,使他创造出吸血鬼德古拉的故事。[1]而在左边则能看到布尔比矿井,第一次看到的游客可能会惊讶于矿井外复杂的结构,那是一片尘土飞扬的灰色建筑群,建筑群的周围环绕着棕色或白色的盐结晶堆,而在建筑与盐堆之间遍布着繁忙的矿井巷道。两座巨型的灰色圆柱塔矗立于众多加工厂和机库形成的建筑群中,像是所有劳动者的教堂——这两座建筑物连接着地上世界与地下迷宫。

参观隐藏的地下王国需要一些准备工作:一件明橙色的连身衣裤,一件供气式呼吸机(以备在发生概率极低的火灾情况下呼吸),一顶坚固的安全帽,一个手电筒,当然还有一个装着试管、无菌铲和电极的背包——这些并不是采矿设备，而是一位在地球深处寻找生命的微生物学家精挑细选的研究工具。

矿工和跟在后面的一小组科学家有序地排成单列，穿过一扇发出巨响的大型金属门，抵达矿井升降机井的顶部，升降车正停在那里等待着他们。升降机井横梁上方的喇叭里不断传来安全员们的嘱咐，比如"不要在升降车里做一些愚蠢的行为"，或是"请在升降中表现得像个成年人"，不得不说这些健康安全管理员真是极为出色，很快我们就被他们的热情所感染，将安全知识记在了脑中。（我自己最多只能想出"安全与科学同行"这样的话。）

在完成了安全教育之后，矿工与科学家们一同进入了升降车，升降车像双层巴士般有两层，在所有人进入之后，铁丝网门猛然关上。升降车微微摇晃了一下，开始向下运行。井内的通风系统使矿井内充满着新鲜的空气，不过矿井内的温度比外界要低一些。伴随着吹在脸上的丝丝凉风，我们开始了长达10分钟的黑暗旅程。在这10分钟内，通过升降车两侧的小孔，我们唯一能看到的景象便是飞速后退的富含盐类结晶的黑暗岩壁。

到达距离地表一千米的矿井底部后，我们看到了熟悉的人造灯光，这些光照亮了盐壁中众多巨型的矩形孔洞。这些盐是2.6亿年前二叠纪的含盐海水的残留物，在这里，矿工们使用巨大的自动采矿机压碎、破坏岩石，来进行盐的钻探和挖掘。开采获得的盐有一部分会用于给冬季的道路除冰，以保护人类及汽车免受冰雪的侵害，而另一部分则会被加工为化肥，增加粮食的质量与产量。这些远离公众视线的矿井底部是人类对抗地表岩层的第一现场，矿工们在地球深处采集着各类矿物与岩石，维持着人类社会文明的运转。

自19世纪70年代以来，运营这个矿井的克利夫兰钾肥有限公司就像蚂蚁挖窝一样挖出了跨越 1 000 多千米的隧道。这些大得足以驾驶货车进入其中的隧道在北海之下蔓延，遍布各个富含盐分的地壳接缝。古老的镁灰岩海曾经是一处令人惊叹的地质奇观，在早期的地球覆盖了一片相当于今天欧洲大陆大小的区域。这片海域不只是盐水池，更是一个巨型的内陆水体。回溯到地球生命的初期，那时三叶虫还在海洋中占据主导地位，恐龙还未出现，陆地上只有早期的四足蜥蜴类动物。在那时，这片广袤美丽的镁灰岩海的银白海面上闪烁着光芒，延伸至遥远的地平线。

在矿工们辛勤工作的时候，科学家们穿过几条隧道前往盐矿另一边的一扇门处，这扇门的外观类似于电影里反派巢穴的入口。不过实际上，在这个入口的后面是一个至关重要的实验室，自 21 世纪初以来，它一直是学界寻找暗物质的研究中心。这个实验室位于地下深处，千米厚的岩石屏蔽了来自太空的各种辐射，使科学家们得以找寻暗物质的些许迹象。暗物质是宇宙中一种很难直接观测的物质，因此只有在将噪声干扰（主要是太阳和宇宙中其他物质放射出的干扰粒子）降低至最低的情况下，科学家们才能进行精密的测量。

地底深处的实验室还有另一群研究对象：生物学意义上的"暗物质"，即在地底深层中生存的微生物，地表以下世界的"居民们"。几十年来，生物学家开始意识到，尽管人类已经逐渐熟悉了地表世界上的各类生物，如树木、爬行动物、鸟类和其他各种生命形式，但地表之下还存在着大量的未知地球生物。很少有动物能够在地球深处存活，但是那里有各种形式的能量正等待着被微生物消耗一空。通过利用这些能量，微生物能够在地底这种类似于冥府的环境中，在各类地壳裂缝和岩石裂隙中繁衍壮大。

在布尔比矿井，许多水坑及渗水口的存在为微生物提供了适宜的自然栖息地，这些微生物以有机碳化合物及稀有的铁化合物为食。矿井中的小水坑对其中的微生物而言是永久栖息地，这些微生物与我们不同，它们乐意安于现状，也没有特定任务的截止日期，像其他所有地下生命一样，它们可能以缓慢的速度分裂。在某些地下栖息地，微生物可能几千年或更长时间才繁殖一次。总之，这是一个在"慢车道"上行驶的世界。

从这个仿佛存在于科幻小说里的布尔比地下研究所出发，我们一头扎进了尘土飞扬的黑暗隧道，目的是采集富含微生物的地下渗水——在将这些渗水采集至无菌采样管并送回实验室之后，我们将提取水中的DNA，分析生活在黑暗地下渗水中的各种微生物。[2]在矿井底部这样条件恶劣的环境里，主要存活的是各类耐盐微生物：这些微生物属于极端微生物，如字面意义一般，是喜爱极端环境的微生物。

有人说，将这些顽强的微生物命名为"极端微生物"表现了一种以人类为中心的傲慢。或许从这些微生物的角度来看，它们会觉得生活在极富氧气的环境中，与各种破坏性的氧化剂接触的我们才是"极端生物"，而它们美好、舒适的地下房屋（通常没有氧气）并不算极端。尽管这种逆向思维非常有趣，但其实并不正确。如果这些地底的居民能够对地表的生活发表意见，它们也许会嫉妒得发疯：人类可以惬意地漫步在热带雨林中，猿猴在树枝间自由摆荡，鹦鹉在树冠上鸣叫，仅是一勺雨林的土壤就富含多种微生物。对地底下的微生物来说，地表的生命就好像生活在酒池肉林间般奢侈。这些"极端微生物"确确实实生活于地球的"极端"，那里的物理和化学条件都已逼近生命可以承受的极限，在生存与死亡的缝隙间徘徊。常规的多细胞生物根本无法在这样的环境下存活，就算是在微生物中，也只有一小部分世代栖息于这些区域的微生物才具有必备的生化本领以生活。[3]

在布尔比矿井的地下，只有能忍受盐水，从中获取极少量碳元素和营养物质的微生物才能存活。虽然这里距离阳光明媚、物产丰富、充满欢声笑语的沙滩仅有不到30分钟的车程，但是两地生物的栖息环境却有着天渊之别。在地下，供水量稍稍减少，水中含盐度稍稍升高，生命体就随时面临着足以致命的生存危机。在这个例子里，我们看到了地球上演化实验的变幻无常。生命并不是不受物理学限制，在无穷无尽的可能性中展开的，而是像动物园里的动物一样，被围栏划定了边界，只在一定的范围内活动。与浩瀚宇宙中种种的可能性相比，这个范围只占微不足道的一小部分，存在的限制实在太多。

那么这些边界在哪里呢？只有地球生命才受到了这些不幸的限制吗？其他星球有没有可能在演化的过程中开辟出全新的难以想象的领域，使生命到达即使是现有的极端微生物也无法生存的空间？

为了回答这些问题，仅从生命自身的构造（如细胞形状及其组成分子）角度思考是不够的，我们还需要考虑生命所处的环境。环境中的物理定律同样限制着生命的极限。

布尔比矿井深达一千米，这个距离虽已不短，但与地球的半径相比，也不过像是一个从地球表面戳入的浅浅的针孔。在更深的地下，所有生命体要面对的首要难题之一便是获取足够的食物。实际上，地底下只有百万分之一的空间存在生物。这些生物生活在岩石中的孔隙和裂缝中，它们不为住房发愁，但急缺能量的来源。与植被丰茂、物种丰富的地表相比，地下深层的物资极为匮乏，不过它们也有自己的生存之道。[4]

如果再往下挖深几千米，就会出现一个更严峻的问题：温度会升高。地球内部充斥着自诞生开始即存在的热量——整个太阳系最初只是一团炽热的旋转气流云团，云团的热量被固定在地球深处，此外，组成地球的放射性元素的衰变也会产生热量。地球中心的热量极高，固态的地核温度高达6 000℃，在固态的地核周围旋转环绕着液态的地核，其中含有金属元素。旋转的液态地核像一个巨大的发电机一般产生了地磁场，并阻挡着大部分的太空辐射，保护着地球上的生命。在灼热的地心与相对温和的地表之间存在着热梯度，即地温梯度，随着生命越来越深入地球，这个梯度是它们必须面对的难关。

深度只要增加一点点，温度就会急剧升高。在布尔比矿井，即使是在距离通风隧道仅数米的洞穴或隧道中，流动的空气也已超过30℃。尽管在地球上不同区域，地热向上扩散的情况存在差异，但通常情况下，在距离地表不到10千米的位置，地下温度就已经超过100℃，而100℃是一个标准大气压下水的沸点。

在这样的温度下，细胞中的各类分子吸收了很多能量。一旦获得了过多的能量，原先将原子结合在一起的各类化学键可能会断裂。温度越高，破坏越剧烈，如果温度上升10℃，化学反应的速率将几乎翻倍。因此，随着生命不断深入地球，温度升高所带来的危险也就越大。生命体必须消耗一部分原本用以生长的能量去修复受损的蛋白质或细胞膜，或者尽快生产新的生物分子来替代损坏的部分。

20世纪六七十年代，美国微生物学家托马斯·布罗克（Thomas Brock）正在研究美国黄石国家公园中的微生物，他想知道在沸腾的火山泉中是否有生命存在。他从不断冒着蒸汽、泛着气泡的火山泉坑中收集泥土带回实验室。在这些毫不起眼的烂泥之中，他惊奇地发现了许多能在70℃甚至更高温度下生存的微生物。[5]更出乎意料的是，这些新发现的嗜热微生物不仅能够耐受高温，实际上还需要高温：一旦将泥土的温度降低，这些微生物就会停止生长。这些振奋人心的新发现在学界吹起了一阵寻找嗜热微生物的风潮，就像吉尼斯世界纪录比赛一样，科学家们不断试图寻找打破温度上限的微生物。他们将注意力从黄石公园沸腾的火山泉转向了海洋深处的热液喷口，海底的压强足够大，可以使水温升至100℃以上。

极端嗜热菌是真正意义上的极端微生物，它们适合生长在80℃之上的环境中。极端嗜热菌的种类十分丰富，其中最高温度纪录的保持者是坎德勒氏甲烷嗜热菌（*Methanopyrus kandleri*），这种细菌生活在不断冒着黑烟的地热喷口，其菌株能够在122℃下繁殖。[6]

所有上述这些耐受高温的微生物都演化出了相应的特性，以应对高温挑战。细胞中，许多蛋白质带有额外的硫键，这些硫键像桥梁一样，能够帮助蛋白质稳定其三维结构，以应对高温可能对蛋白质结构造成的破坏。总之，蛋白质可以通过形成更紧密的结构使自身更稳定。[7]除此之外，微生物还会产生热激蛋白，热激蛋白是细胞受损蛋白质处理网络的重要组成部分，它们能跟踪受损蛋白质，将它们去除或让它们稳定下来。分子伴侣蛋白是一类分子量较小的蛋白质，它们可以帮助高温条件下变性的蛋白质重新折叠。为了获得热稳定性，生命分子必须付出一定代价——细胞必须额外合成上述这些辅助蛋白，并合成许多新蛋白以替代无法修复的受损蛋白。为了修复损伤所必须付出的能量为生命分子能够承受的最高温度划定了极限。

我们并不知道这个上限到底划在哪里。它很有可能高于122℃，一些研究人员估计这个温度大约在150℃左右。[8]考虑到需要耗费能量的细胞过程如此多样、蛋白质和细胞膜具有多种提高耐热能力的方法，以及细胞能够从环境中获取不同种类的能源，我们并不能通过简单的理论推导得出这个温度的上限。但是，有一个基本的原则非常明确——据我们所知，地球上的生命都基于各种复杂的含碳分子，而碳与其他元素之间的化学键强度是一个稳定普适的数值：碳原子与其他原子之间的平均键强度（键能）为346千焦/摩尔。这个数字并不是在地球生命演化过程中随机偶然生成的，无论是在地球还是在某些遥远的星系里，这个数字都保持恒定不变。

我们需要意识到"生物"本身是由含氧、氮等原子的碳原子链构成的，因此，暴露在高温之下，并不只是一个地球生命随机演化适应环境的问题。从化学的角度来看，高温的本质就是破坏碳碳键和其他化学键的稳定性。

在约450摄氏度的高温下，大多数构成生命的有机分子都已被破坏。[9]如果需要耐受真正的高温，碳原子必须以特殊的方式排列。石墨（铅笔笔芯所用的材料）就是一个例子。石墨能耐受很高的温度，但石墨中的碳原子以单一的方式相互连接形成原子层，而组成生命的材料并不能这样排列。如果我们将一些复杂的有机物放入450℃的烤箱中，这些有机物将会变成二氧化碳气体。化学家们通常使用这种加热法去除实验室玻璃器皿中的有机物。所以我们可以假设，生命承受温度的理论上限值介于122℃至450℃之间。鉴于细胞在122℃时已经有些吃力，我们可以认为比起450℃，这个极限温度更接近122℃。

预测这个极限值具体是多少并不是一件特别有意义的事，就我们的讨论而言，这个问题的答案并不是太重要。虽然高温确实为生命设定了限制，但演化中发生的偶然事件很可能会改变这个上限的具体数值：比如在演化过程中，生物发明了某种特定的热激蛋白，使高温边界向上移动了几度。许多类似的演化创新都能做到这一点，或许合成生物学家和遗传工程学家也能在实验室通过人为改造实现同样的目的。

所以这个具体数字并不重要，真正重要的是，我们需要理解这个上限是受到物理定律限制的，达尔文式突变、偶然发生的创新或生命的意外都不能改变这个边界。提高生命可以存活的温度上限，必然可以扩展生命可能存在的区域。以地球的典型地热梯度而言，每深入地心一千米，温度就会升高约25℃。也就是说，如果生命能承受的温度上限提高50℃，生命可能存在的地域就多深入两千米。从微生物的角度来看，这并不是一块小区域，它们能够探索的岩石区域多出了约10亿立方千米。

不过若是以行星的尺度来看，上述温度承受能力的提高可能并不会对生命有着显著影响。以我们前文估计的生命可存活的最高温度下限122℃为例，其对应的生物圈厚度约为5至10千米，仅为地球半径（6 371千米）的约0.1%。由此来看，地球生命所处的范围与其被称为"生物圈"，不如被称为"生物膜"。[10]即使我们假设生命有可能在接近450℃的条件下存活（这是个非常出格的假设），生物圈的厚度增至原来的3倍，这个距离也仅是地球半径的0.3%。生命的存在仅是地球上的一层薄膜，一层由绿色的有机物构成的薄膜，由于热能的限制而无法继续进入地球深处。

现在，让我们从地球的极热转向宇宙的极冷，物理学同样为生命能够承受的低温设定了界限。在绝对零度（–273℃），分子停止了一切运动，当然也就不可能与其他分子互相连接、生成蛋白质或者读取遗传密码。可以想见，在我们日常生活的温度与绝对零度之间，生命可以存活的低温界限　定也是由物理定律划定的。对于生命而言，比起绝对零度，低温极限一定更接近于我们熟悉的温度范围。迄今为止，尚无令人信服的证据表明在零下20℃以下存在可以自我复制的生命。[11]尽管在此温度以下，理论上有可能发生新陈代谢、酶活反应或产生气体。

有机生命体可以在0℃（一个标准大气压下纯水结冰的温度）以下存活，这是因为在某些特定条件下，水能在0℃以下保持液态。向水中加入盐类物质可以降低溶液的凝固点，加入食盐（氯化钠）能够使溶液的凝固点下降约21℃，若是加入一些不那么常见的盐类（例如高氯酸盐），溶液的凝固点可以降到低于零下50℃。实际上，低温条件下缓慢的化学反应速率才是寻找低温活跃生命的难题之一，以现有的技术水平而言，在低温条件下测量生物生长及代谢是一件非常困难的事。

修复受损分子是低温生命必须面对的挑战，对于低温生物而言，所有的化学反应（包括损伤修复反应）都变得极其缓慢。[12]与高温条件下不同，这种破坏并不来源于过剩的热能，而是来自放射性衰变所产生的杂散粒子。不定期产生的电离辐射会穿过细胞，破坏DNA或蛋白质。

辐射无处不在，包括质子及重离子在内的大量粒子从银河系或太阳中流出，尽管它们中的大部分都受到地磁场的作用发生偏转，但有一些仍然会穿过地球，与DNA发生相互作用。

地球内部也会产生辐射。任何行星的外壳或核心中的天然矿物质都具有放射性同位素（如铀、钾或钍），它们会衰变并产生辐射。这种辐射包含各种类型的射线（包括破坏性的伽马射线）。不过这种辐射量很低，不至于对生命产生可见的巨大危害，我们一般可以忽视它的存在，将这种辐射称之为背景辐射。

但是这种背景辐射会损伤生命的主要组成部分，尤其是DNA。[13]背景辐射会使DNA的双螺旋结构发生断裂，或产生具有反应活性的氧自由基，后者也会攻击并损害DNA分子。背景辐射可以破坏任何可能形成生命的复杂长链化合物，而生命不具备简便的方法来屏蔽它。大部分背景辐射能够有效穿透生物材料，对单细胞微生物而言，背景辐射带来的危害尤为严峻。唯一的选择是一旦发生损坏，就立即将其修复。

此外，自然界中的分子原本就存在衰变的天然趋势，即使什么也不做，它们的结构也会发生改变。[14]这些损伤随着时间缓慢而稳定地积累着，直至达到细胞永远无法自我修复的程度。对于在低温区域生存的生命而言，细胞必须累积足够的能量和生化活性来修复这类不可避免的天然衰变；同时，细胞也必须消耗一部分能量用以保持细胞活性，不然它们将无法承受能量储存期间分子所受到的累积伤害。与我们之前所讨论的高温生命一样，我们无法明确地计算出低温的极限。但我们已经知道，细胞可以演化出极其精妙的方式以应对极低的温度。嗜冷菌是一类最适生长温度在15℃以下的微生物，它们开发出了不少抵御寒冷侵害的巧妙方法。

在地球两极的极寒温度下，由脂质构成的生物膜将会冻结成为固体。我们可以把细胞膜比作黄油：如果我们把一小块黄油置于温暖的厨房，很快它就会软化，你可以轻松地把它涂在吐司上；吃完早餐后，我们将这块黄油放入冰箱，约一个小时之后，它就会变硬，成为固体。[15] 南极的冰层类似于上述类比中的冰箱，能够轻易地冻结微生物脂质膜中的脂肪酸。脂质的化学结构中含有长链，这些长链在冷却时以锯齿状紧密地并排排列，仅有极少的自由移动空间。

有一种方法可以增加脂质分子的活动能力：脂肪酸链是由许多碳原子以单键串联而成的，如果在链中引入双键，脂肪酸链就会发生扭曲——它不再是一根长直链，而是从双键处向某一侧倾斜。这种含有双键的脂肪酸被人们称作不饱和脂肪酸，不饱和脂肪酸并排排列并不能堆积成紧密的结构。这些"捣乱"的脂肪酸链让脂肪酸彼此分离，能够更自由地活动，也更难在寒冷的环境中有序地堆积。

我们可以以一种厨房中的常见物品来举例说明：红花油是一种富含不饱和脂肪酸的食用油，它在常温和冷藏条件下都能维持液态。与黄油中的脂肪酸不同，红花油中的扭曲碳链能使分子在低温状态下移动。同理，南、北极的微生物在它们的膜中加入了大量不饱和脂肪酸，提高细胞膜的柔韧性和流动性。即使周围的温度低于冰点，细胞膜也不会冻成固体，而是保持其延展能力，吸收食物并排出废物。[16]

这个例子完美地阐释了生命的美妙：只要将碳链中的单键转换成双键，生命便可以在地球的冰冻荒原上立足。演化利用化学和物理学中的简单技巧，通过原子层面的修改，进军全新的世界。

不过，无论这个简单的发明多么奇妙，它也不能将生命的下限延伸至物理学所设定的严格界限之外。在真正的低温极限，不管脂质膜如何改变，化学键如何调整，生物都逃不出衰败的命运。即使是在能量最丰富的环境当中，各种与生命相关的反应都被困在一条化学的慢速车道上。在这个区域里，反应速度极其迟缓，没有任何生物能够以足够快的速度完成化学反应，以应对不可避免的破坏、分子衰变或解聚。[17]

综上所述，生命被限制在"冷""热"之间，其边界受制于简单原理。虽然生命中的创造发明或随机事件可能会在任何时间地点改变这些极限的具体数值，但这个极限本身划定的范围是非常狭窄的——即使根据最乐观的估计，从生命能耐受的温度范围来看，生命能够触及的区域也只占地球总体积的很小一部分。即使将这个耐受范围扩大几百摄氏度，这个占比也不会改变多少，只会增加约百分之零点几。一旦进驻一颗行星，生命会以顽强而持久的姿态生存下来，不过它们的领土却非常有限。在绝对零度和恒星（例如太阳）内部温度之间，生命能存在的范围仅占该温度范围的0.007%。这个狭窄的限制并不是由演化中的意外事件所导致的，如果再次重演演化，这个限制也不会消失。它是由物理定律作用在化合物上导致的结果，这类化合物虽然只是化学的一个小分支，却非常有趣，那就是我们称之为生命的有机化合物。

在广袤的宇宙之中，即使是如地球这般微小的行星，生活于其上的生命也会受到数不清的限制。那么温度限制是否只是一个反常的例子呢？其他的极端情况是否也会缩小生命能够存在的范围？

在墨西哥西海岸南下加利福尼亚州的格雷罗内格罗坐落着世界上最

大的制盐厂，其盐田占地 33 000 公顷，位于海岸边广阔的平原区域。每天，大量海水从这片区域蒸发，留下的海盐被精心制成白色盐饼，在阳光下闪闪发亮。每年，格雷罗内格罗制盐厂能够生产约 900 万吨盐。

同布尔比矿井深处的盐水池一样，这里的生命也面临着巨大的挑战：渗透作用。由于渗透作用，高盐环境会无情地夺取细胞内的水分子，使细胞皱缩。随机演化很难产生出避免这种现象的简单生理机制。然而，渗透作用无处不在，为了存活，生命必须寻找适应的方法。

不出意外，地球上存在着适应高盐环境的微生物，就像嗜热菌一般，它们的生长甚至依赖于高盐环境。[18]嗜盐菌是某些在 15% 到 37% 的盐浓度下才能生长的微生物，格雷罗内格罗和布尔比矿井中都有它们的"身影"。在大多数生物望而却步的高盐水环境中，只有它们才能繁衍生息。

渗透作用不会凭空消失，其效果持续存在。只有通过施加一个渗透压才能将其抵消，渗透压（π）的计算公式如下：

$$\pi = imRT$$

在这个公式中，m 为每升物质的摩尔数（摩尔浓度），R 为理想气体常数，T 为温度，i 为范特霍夫因子。范特霍夫因子是已溶解物质所产生的实际微粒浓度，只能通过实验得出。

不幸的是，假设细胞内是纯净水，为了抵消其在海水中的渗透压，我们必须施加约 28 个大气压大小的压强——这真是一个令人心碎的数值。

失水会对细胞造成可怕的伤害，对此，生命演化出了两种有效的应对方式，[19]其一是通过吸收外界离子，提高细胞内的离子浓度。采取这种应对策略的微生物被称作盐溶微生物，它们放弃了"对抗"渗透作用，而是选择加入它，通过在细胞内积累钾离子以平衡细胞内外的渗透势，使细胞正常运作。不过这种应对方法也有副作用——细胞内部累积了高浓度的盐离子，盐离子会破坏化学键、干扰蛋白质折叠，并改变可利用的水的数量。

对这个问题，演化交出了一份绝妙的答卷。许多蛋白质都含有疏水序列，由于盐离子取代了一部分水分子，在水分子被数量增加的盐离子排开的同时，蛋白质疏水区域互相之间的结合将会变得更加紧密。这种吸引力的增加会带来问题，因为蛋白质单元间可能会黏合在一起，无法正常行使功能。为了解决这一隐患，在演化过程中，蛋白质疏水区域的接触面积逐渐减少，相互作用变弱，从而抵消了盐浓度增加所带来的负面影响。这一微妙的改动使蛋白质功能恢复正常，而其他适应性的改变，如关键蛋白质带电性的改变和化学键的修饰同样会出现在高盐环境的生命当中。

不过，有些生命完全不能耐受盐分，所以为了保持渗透压平衡，它们必须主动产生某些类似于盐的化合物，这类主动产生的化合物对细胞较为温和。类似于海藻糖的糖类或某些氨基酸能够在不产生破坏性的盐离子的情况下，增加细胞内化合物的浓度，维持渗透压与外界平衡。这类微生物被称为盐析微生物，它们十分常见，在格雷罗内格罗的盐结壳与布尔比的盐池中随处可见。

当盐浓度足够高的时候，问题就不仅在于强烈的渗透压，而在于细胞处于完全缺水的状态。水是生命必需的溶剂，维持着生命最基本的生化反应，在严重缺水的状况下，细胞无法维持生命机器的工作。

细胞存活所必需水量的下限是由水活度（a_w）确定的，水活度的大小衡量着水分子的可用性。更确切地说，水活度是盐类物质表面水的饱和蒸气压与纯水的饱和蒸气压的比值。水活度越小，可用的水分子也就越少。纯净水（蒸馏水）的水活度为 1，饱和盐溶液（比如布尔比矿井的盐池）的水活度约为 0.75。大多数微生物的生存需要约 0.95 或更高的水活度，如果水活度低于此值，再加上渗透压所带来的负面影响，生命分子将会停止运作。不过，嗜盐菌和许多其他能够忍受干燥环境的微生物可以将这个极限值降至 0.75 以下，一些真菌的水活度甚至可以低于 0.6。

　　除了温度极限之外，科学家们同样痴迷于确定生物体内的水活度极限。[20] 随着搜寻范围的逐步扩大，越来越多生活在极端环境中的生物被人们发现，水活度的极限值也随之逐步下降。不过从本书的角度来看，更重要的是从概念的角度理解水活度对于生命的限制，而不是追究具体数值能有多低。液态水是生命存活的最基本需求，一旦水的可用性（水活度）降低至 0.6 以下，可存活的生物种类就会大大减少。而在约 0.5 的水活度下几乎不可能存在任何活跃的生物。[21] 这一切仅仅只是由于没有足够的液态水。蜂蜜是一种常见的低水活度日常厨房用品，其水活度往往低于 0.6。因此将蜂蜜置于常温并不会发霉，因为微生物无法在这片缺水的"沙漠"中生存。

　　蜂蜜的例子告诉我们，不是所有含有液态水的地方都适合生命居住。人们往往习惯性地认为任何有水的环境都适宜生命生存。我们常听到行星学家说，寻找外星生命就是寻找水源，人们也常把"水是生命之源"挂在嘴边。这些说法来源于我们对于日常生活的观察，我们认为水对一切生物都至关重要，但是，这个说法不是百分百准确的。

　　除了蜂蜜之外，还有许多物质的水溶液不适宜生命生存。在 25℃ 的情况下，饱和氯化镁溶液的水活度为 0.328，远低于生命的适宜值。这些低水活度的水溶液还会造成生物分子的功能紊乱。[22] 即使是在地球上，我们也能轻易找到不适宜生命存活的氯化镁环境，比如地中海深处的卤水。微生物学家发现这些卤水的浓度位于生命存活的极限。[23]

在布尔比矿井的深处，水流四通八达。水在流经各处的同时，溶解了氯化钠和硫酸盐。整个矿井内几乎所有的盐水中都有活跃的生命存在，这些嗜盐微生物仅靠着贫瘠的资源维持生活。有时，盐水的溪流会流经氯化镁矿脉，在这种情况下，随着氯化镁浓度的升高，水流的水活度直线下降。所以，在这类水流里没有生命存活的迹象。在经过氯化镁之前，我们的溪流已经旅行了很长的距离、流经了许多盐矿，但一旦其流过少量的氯化镁，哪怕是嗜盐微生物也无法在这样的水环境中存活。

同样，在南极洲麦克默多干谷有一个乍看之下毫不起眼的小池塘。这个池塘被命名为唐胡安池，人们一度认为该池塘中没有活跃的生命存在。自20世纪70年代以来，这个罕见的水池一直吸引着科学家。唐胡安池由高浓度的氯化钙水溶液构成，其水活度低于0.5，理论上没有任何生命能在其中存活。不过，在对从池水中提取出的样本进行培养后，微生物学家们得出了好坏参半的结果：尽管池塘里确实没有活跃生命，但科学家们同时观察到，从池塘里捞出的微生物可以在池塘外存活。[24]只要把某些微生物从池塘中分离，并铺在琼脂平板上，在较为温和的实验室条件下，这些从唐胡安池而来的微生物就能够生长。对于这种现象，人们提出了一个较为合理的解释：在春季，南极洲的积雪融化流入池塘，在水池的上层形成淡水层，该水层的水活度高于生命能够存活的极限值，在这种情况下，生命获得了短暂的喘息，得以繁衍生息，直到上下水层混合，总的水活度又让它们无法活跃下去。

这些有水却无生命的栖息地向我们揭示了一条深刻且重要的道理。水确实是生命必需的，但即使是在地球上，也存在着拥有大量液态水但不足以支持生命的环境。而这不仅仅是由于外在环境十分干燥——比如在下加利福尼亚，毒辣的阳光使盐田的水分蒸发，形成固态的盐壳。事实上，即使处于液态，某些盐溶液的性质依旧会导致它们无法释放足量的水分子。即使不去其他星球寻找极限情形，人们依旧能够确定其极限值——演化中发生的任何偶然事件都无法跨越盐度的障碍。在过去的35亿年中，虽然演化一直在尝试各种各样适应环境的方法，然而，在低水活度的条件下，即使是演化也无能为力。就算我们在饱和氯化镁或氯化钙溶液中加入足够的营养物质、有机材料，或者任何已知的能量来源，该水环境一样无法支持细胞繁殖。

　　思考这些限制让我们想要继续探索生命的极限，讨论还有什么条件可能会阻止生命的前进。同时，这些探索能够帮助我们更完整地理解物理学对于生物圈的限制。在西班牙南部有着精美建筑的古老小镇塞维利亚附近，有一条明亮的橙红色河流——力拓河。力拓河横穿整个伊比利亚半岛，总长一百多千米，穿过了一条富含硫化物的岩石带。这些硫化的岩石会发生氧化反应，遇水成为硫酸，于是，力拓河成为一条强酸性河流，河水的平均pH值仅为2.3。不过，与加利福尼亚州艾恩山的情况相比，力拓河的酸度不过是小巫见大巫：在艾恩山，类似的酸性河流的pH值可低至0~1，接近蓄电池中的酸液。在这种极端的化学条件下，人们或许会认为这已经接近，甚至超过了生命所能容忍的极端条件。

　　然而实际上，在这些环境中，生命仍旧欣欣向荣。[25] 水溶液的pH值反映了溶液中的质子浓度，游离的质子浓度越高，溶液的酸性越强。对于生命而言，质子并不是一种有害物质：在细胞内，质子在细胞膜间频繁流动，其形成的质子流是生命能量收集的基础。不过过量的质子也会积累过多的电荷，对蛋白质或细胞的其他关键部位造成损害。住在力拓河和艾恩山的嗜酸微生物必须想办法使体内的质子浓度不至于过高。[26] 为了实现这一目的，它们把质子泵出来，以维持细胞内部质子浓度的恒定，其体内的pH值几乎保持中性。可见，"嗜酸微生物"这个名称在某种程度上不太恰当，因为这些微生物只是通过演化获得了防止其内部变酸的各种机制。不过也正因为它们竭尽全力在强酸性环境下维持体内的质子浓度，它们已经充分适应了这样的生存条件。如果把它们置于酸性较弱的环境中，许多都会死亡。

而另一类微生物——嗜碱微生物则站在 pH 的另一个极端，它们能耐受高 pH 值（强碱性）的生存环境。加利福尼亚州死亡谷以北的莫诺湖是嗜碱生物的天堂，在这里，造型奇异的管状碳酸盐岩丘（被称为"石灰华"）从湖面穿出，湖的四周同样分布着很多岩柱，这样的场景仿佛只会出现在某些诡异的外星球上。[27]这些烟囱似的岩柱由湖水中的矿物质沉积而成，湖水的 pH 值高达 10，含盐量是海水的 3 倍。如此之高的 pH 值并没有阻碍生命的诞生，不仅微生物能够在湖水中生长，还有碱蝇（*Ephydra hians*）沿着湖岸线漫无目的地飞行，丰年虾（*Artemia monica*）愉快地在盐水湖中游动。在莫诺湖，即使是动物也可以繁衍生息。碱蝇幼虫就在湖水中生活，它们具有特殊的器官，能够将碱性的湖水转化为碳酸盐矿物，这些矿物质将会包裹在幼虫周围，使幼虫免受碱性物质的毒害。通过这种聪明的办法，碱蝇幼虫将水中的离子转变为细小的矿物颗粒，使其变得无害。

莫诺湖存在许多未解之谜，是许多科学家集中精力研究的实验对象。然而，它并不是世界上碱性最强的湖泊。其他比莫诺湖碱性更强的湖，比如东非大裂谷中的马加迪湖，其湖水的 pH 值超过 11，而湖中同样存在着生态系统。

迄今为止，在自然情况下，所有人类已知的极端 pH 值环境都无法阻止地球生命的定居。这是物理定律限制生命的一个例外吗？也许并不是，让我们从物理事实的角度来重新看待这个观点。如果不断提升温度，最终一定会上升至生命无法承受的程度。因为在这样的极端情况下，生命分子的化学键中被注入了巨大的能量，破坏了生物分子的基本结构。脆弱的碳基生命无法在 1 000 ℃的高温下让分子内的原子依旧结合在一起。所以，我们可以轻松地推断出生命极有可能存在温度的上限，虽然关于具体这个上限是多少，以及在极限温度下分子到底是如何解体的还有待研究。盐浓度的极限也是同样的道理。简单来说，盐浓度，或者生物对干燥的耐受程度的极限由可用水的数量来决定，在完全脱水或加入过多盐使水分子完全不可用的情况下，生命就失去了反应所必需的溶剂。由此，我们可以轻松地推断出盐浓度存在极限，就其本质而言，可用水的多少必定会为生命划出一道界限。

而对于 pH 值，没有哪个内在的本质原理能够完全限制生命的产生。只要细胞具有足够的能量以及功能完善的离子泵，根据具体情况泵出或泵入质子，细胞内部的 pH 值将始终保持在中性左右，不受外界极端 pH 值的影响。只要离子位于细胞外，它们是不会对生命造成致命威胁的，所以也许不同 pH 值环境下都存在生命这一点并不奇怪。

但是，这并不意味着 pH 值在所有情况下都无所谓。在与其他极端条件（如高温或高盐）同时存在的情况下，极端的 pH 值无疑是雪上加霜，细胞需要更多的能量以应对多种困境。在地球上，虽然在大多数极端环境下，只有一种极端条件占主导，但环境中仅存在一种极端条件的情况非常罕见。[18]深海中低温高盐，而火山池往往高温强酸。人们已经发现多种可以同时应对高盐、高温、高 pH 值的微生物。[29]在任何环境中，应付一种极端情况就可能足以榨干细胞的所有能量了，而第二种，甚至第三种极端条件将成为压倒细胞的最后一根稻草。不过就 pH 值本身而言，它似乎并不是地球自然环境中对生命的一种基本限制。

除了 pH 值之外，还有其他我们未能确定极限的限制因素。[30]在地壳和海洋深处，巨大的压力压缩并限制着细胞内的分子。不过出乎意料的是，在海洋深处约 11 千米的马里亚纳海沟底部，人们发现了生命的存在，在那里，物体受到的压强是海平面压强的 1 000 倍。同样，在地壳深处也有生命蓬勃发展。为了应对高压，生命演化出了一系列适应机制：通过在细胞膜上排布气孔及转运蛋白，细胞能更轻松地排出废物并吸收营养；[31] 同时，这些嗜压微生物的蛋白质都经过了修饰，能够更好地适应高压环境。深入地壳，温度可能在压力之前率先达到生命的极限：由于地热梯度的存在，在细胞被压力限制至无法移动之前，它们就已经被巨大的热量破坏了。

对于压力问题，我们的认识还相当有限。在没有温度干扰的情况下，生命会受限于某个一定的压力极限吗？压力的问题比一般的极限问题更为复杂，因为压力会间接影响许多其他因素，例如气体的溶解度和流体的行为。所以，对于高压情况下达到极限的生命，我们无法确定这种影响是直接来源于压力，还是由于极端压力间接改变了外在环境，让生物无法从环境中获取足够的营养或能量。

许多极限都会阻碍生命的存活，但有一种极限条件对生命的限制尤为严峻——电离辐射。电离辐射类似于高温，会将能量传递给生物分子，对它们造成不同程度的破坏。生命能够在一定程度上抵御辐射所带来的负面影响：DNA 等分子可以自我修复受损链，蛋白质可以重构，某些色素（如类胡萝卜素）能够"浇灭"辐射与水瞬间反应时产生的活性氧。生命具有一系列应对辐射引发分子损伤的机制，哪怕只是一个小小的单细胞微生物都装载着全套防护体系，令人不得不感叹生命的奇妙。

拟色球蓝细菌属（Chroococcidiopsis）是一类居住在沙漠岩石中的蓝细菌。[32] 尽管看上去并不起眼，但它们可以耐受约 15 千戈瑞①的辐射剂量，约为人类致死剂量的 1 000 倍。在"抗辐射榜"上同样榜上有名

---

① 戈瑞是电离辐射能量吸收剂量的法定剂量单位，1 千戈瑞 = 1 000 戈瑞。——译者注

的还有耐辐射奇异球菌（*Deinococcus radiodurans*），它通过自我修复及减轻损害，至少能够承受10千戈瑞的辐射剂量。[33]

生物对于辐射的耐受必然存在上限。如果攻击细胞的辐射能量过大，细胞自身修复与制造新分子的能力将无法跟上细胞遭到破坏的速度，这种破坏的原理与高温所造成的破坏相似。在我们的星球上，只有极少数的生命环境（无论是自然的还是人为的）存在持续的高剂量辐射。所以，生命遭遇极端辐射的情况并不如遭遇极端温度那般常见，与之相关的演化也较少。但是，我们依旧可以想象有着一条这样的边界。

整个生物圈就像一个被围墙包围的动物园。在围墙之内，各种生物，无论微小还是巨大，都在某些法则的引导下演变成为可以预测的形式。尽管这些规则具有限制性，但在它们允许的范围内，生物能够尝试各种各样的可能性。正是这样的自由度造就了生物圈的复杂性，使生物在细节上极为多样化。不过，动物园高高的围墙严格限制了整个生物圈演化的潜力。其中，某些限制可能是普适的，无论演化的色子掷出怎样的结果，地球上也不会出现不需反应溶剂或不受任何温度限制的生物。不过更具体的细节，如具体某种蛋白对温度的敏感度，就存在着较为灵活的变化空间，可能会随着具体生命（甚至整个生命群体）的生死而发生微调。不过，若从更为广阔的角度来看，物理学定律为生命的边界砌起了一座不可逾越的牢固高墙，任何生命都受到这座高墙的限制。

这个动物园并不能随心所欲地"扩建"。[34]人们在初识地球上多姿多彩的生物界时，很容易将生命的多样性想象为无穷无尽——确实，如果考虑到生命之间所有微小的差异，我们可以认为这种变化"无穷无尽"。但是，地球生命处在的行星尺度，及它们能够适应的物理、化学环境条件，相比整个已知宇宙实在太过渺小。我们只是生活在一个由常规的极限所限制的袖珍泡沫中，在泡沫里我们只能沿着有限的演化轨迹前行。

第7章

生命的编码

"我们发现了生命的秘密!"

在发现遗传密码DNA结构的那一天,英国剑桥市自由学校路上的老鹰酒吧里传出了这句流传后世的欢呼。

我强烈怀疑这句话是后人杜撰出来的,实际上的对话可能是:"嗨,吉姆,来点儿什么吗?""来一品脱拉格啤酒,弗朗西斯。""好的。请给我一杯拉格和一杯吉尼斯,再来两份脆猪皮片。"这样的对话也许更有可能。

好吧,也许我不该再继续破坏人们的浪漫幻想。1953年2月,借助罗莎琳德·富兰克林(Rosalind Franklin)拍摄的X射线照片,詹姆斯·沃森和弗朗西斯·克里克发现了DNA的结构。毫无疑问,这是生命科学史上一道里程碑式的发现,是人类在探讨生命本质的进程上迈出的至关重要的一步。DNA就像一本指导地球生命如何构成的说明书,是名副其实的细胞密码。

在DNA结构被解析后的许多年内,人们都将DNA视作演化在偶然中产生的特殊产物。在地球之外的其他星球上也演化出类似结构并不是完全不可能，但这种概率也低得惊人。在讨论遗传密码演化的早期论文[1]里，克里克将DNA的出现称作生命诞生过程中一次"被冻结的意外"，这种结构自出现就立刻被"冻结"，牢牢固定在生命的基石之上，一旦失去这种结构，细胞就会受到毁灭性的打击，有很大概率会死亡。所以，一旦这种关键的编码机制及其结构的构建完成并开始行使功能，任何微小的错误或改变都将是致命的。不过，尽管上述这种看法非常具有说服力，但如今，越来越多的发现表明这种看法也许是错误的。

在这个章节里，我们将会把目光聚焦于生命的下一层级，不再讨论细胞本身，而将重点放至编码并制造细胞形式的分子之上，从更加微观的角度考察演化中的选择。在这个过程中，我们同样也会看到物理学原理在其中起到的不可磨灭的作用，它们通过生命的化学作用将生命密码引导成为一座恢宏的大厦，远远超脱于单纯的偶然性产物。

DNA分子具有双螺旋结构，如果将螺旋平整展开再放大，就能看到两条DNA骨架。DNA骨架由多个重复的磷酸与脱氧核糖（一种单糖）单元构成，这两种化学物质组成了DNA"梯子"的竖杆。在两条骨架之间则是记录着遗传机制的信息，它的结构类似于梯子的横档，组成遗传密码的"字母表"包含4个"字母"，分别为腺嘌呤（A）、胸腺嘧啶（T）、胞嘧啶（C）和鸟嘌呤（G），它们被称为碱基，沿着两条骨架依次排列。这4种不同的碱基的串联排列有无穷多种方式，正是这些排列方式"拼"出了细胞生长、修复和复制需读取的各种信息。

这4种小分子具有一些特殊的性质，比如它们能够与组内的其他成员发生特定的结合：在正常情况下，腺嘌呤A只能与胸腺嘧啶T互相结合，而胞嘧啶C只能与鸟嘌呤G互相结合，这种结合形成了DNA碱基对。由于这种碱基配对的特异性，如果DNA骨架的左侧是一个腺嘌呤A，那么右侧就必定是一个与之互补的胸腺嘧啶T；依此类推，胞嘧啶

C与鸟嘌呤G也是同样的道理。这两类碱基对（A—T和C-G）遍布于DNA分子中，其两端与DNA骨架相连，沿着双螺旋的轴心向下旋转。

我需要指出，这是一种不寻常的特性。在自然界中，只有很少种类的分子会以很高的特异性相结合，形成某类小而紧密的结构。这看起来像是一种偶然的巧合。

沃森和克里克并没有放过这个显而易见的奇怪特性，在描述DNA组装的论文中，他们这样写道："我们立即注意到，我们推定的这种碱基配对的特异性表明遗传物质可能具有复制机制。"[2]试想我们将一条双链DNA从中间分开，基于碱基互补配对的原则，任意一条单链DNA都能作为模板重新合成另一条单链DNA——A的配对碱基一定是T，C的配对碱基一定是G。由此，这两条单链能够制造出两条双链DNA分子。

遗传密码的核心是A、T、G和C这4种化学分子。为什么是4种？这个数量是随机的吗？为什么不是2种、6种或8种呢？[3]

一部分科学家认为，在生命出现的很久以前，世界上并没有DNA，只有DNA的近亲——RNA。在今天，RNA是DNA（遗传密码）与蛋白质（行使功能的最终产物）之间的媒介。与DNA相比，RNA分子的反应活性更高，化学性质更不稳定，因此RNA分子有许多非凡的能力：它们能够自我折叠，能够形成活性分子（如蛋白质）催化化学反应，甚至能够自我复制。这些科学家们推测，40亿年前的世界是一个"RNA世界"，占主导的具有自我复制能力的分子是RNA，它与蛋白质结合或发生反应。[4]最终，通过某种尚未明确的机制，RNA中的字母序列被编码至更稳定的DNA，而DNA分子取代RNA分子成为如今细胞中存储信息的遗传物质。

设想遗传密码仅由两种字母构成（例如只有C和G），整个密码就会像一串很长的莫尔斯码。在RNA世界中，RNA分子能够像今天一样互相结合形成C—G碱基对，因此可以折叠形成能够复制、发生化学反应的复杂结构，但是，由于RNA分子是单链，这种配对在形成高级结构的层面上，并不具备很高的特异性：某个C可以结合链上任意一个G，假设RNA单链上出现G和C的概率相同，某个碱基可以与整条链上高达50%的碱基相结合，这就大大增加了结构的非特异性。与此相对，如果加入另外两类碱基A和U（U是尿嘧啶，RNA特有的碱基，它取代了DNA中的胸腺嘧啶T，与A配对），将碱基的种类增加为4种，更为复杂的结合法就包含了更多的信息，让RNA分子更复杂。同时，增加的碱基种类显著降低了每个碱基的错配率（由50%下降至25%），提高了RNA结构的精细程度。本质上，碱基的种类越多，相同长度的分子能携带的信息就越多。换句话说，在信息载量相同的情况下，碱基的种类越多，遗传分子的长度越短。

不过，如果碱基的种类超过了4种，比如有6种或8种，尽管理论上我们能够在相同条件下编码更多的信息，但是新的问题也会随之而来。在碱基种类增加的同时，由于复杂度的增加，分子复制时寻找配对碱基的难度也会随之上升，这同样会导致配对错误率的提高，增加复制过程中出错的概率。计算机建模的结果表明，对于早期存在的分子复制而言，4是一个恰到好处的碱基种类数目。

其他证据也得出了相同的结论。科学家们使用计算机模型模拟RNA分子的繁殖和演化，研究结果表明，在所有可能的碱基数量中，使用4种碱基能在最大程度上保证RNA分子的稳定性与演化能力。

所有这些想法都有一个同样的困境：我们并没有时间机器，不知道过去的情况究竟是什么样的。在地球早期，分子的复制是否与我们想象的情况相同？RNA世界是否存在？存在的话是否如我们设想的一样？一切都没有定论，但这些模拟试验从未得出与地球生命的客观事实差异较大的结果。我们没有找到某一个使得生命或演化更有效率的碱基数目，我们的发现告诉我们现有的生物学结构已经是最优化的结果了。[5]

上述结论并没有排除克里克提出的"冻结意外"理论，即认为某条偶然发生的演化路径在早期生命结构中被固定，再也无法被轻易改变的理论。此外，上述推论是基于"RNA世界"的假设，而这个理想中的RNA"全盛期"位于一个遥远而模糊的时间段。虽然存在这些认识上的局限性，但研究结果表明，遗传密码的结构和读取方式并不是一个偶然。相反，在众多路径、方向、反复试验中，生命产生了符合物理学定律的、可预测的结构，而我们正在开始逐步理解这些定律。

数字"4"本身可能具备了一定的意义，但是任意4种化学物质就能组成生命密码吗？无疑，现有的碱基一定有什么特殊之处，使得只要将它们以不同的组合简单排列成链，就可得到可供识别的字母代码，用以构建生命形式所需的各种要素。

自21世纪初以来，人们在修改自然遗传密码的方向上已经取得了非凡的进展。合成生物学家们试图创造出A、T、C、G之外的遗传密码，以扩展生命的"字母表"。[6]引入更多种类的字母可以让遗传密码装载更多的信息（虽然复制错误率也会随之增加），利用这种方法，或许可以制造出能够生产新药或其他有用产物的细胞。为了达到以上目的，合成生物学家们首先需要理解遗传密码结构的演变过程，并思考有没有其他的化学物质来实现它们的功能。在几乎无穷的物质世界里，遗传密码是否还存在其他选择呢？

实验研究结果表明，有一些化学物质可能可以代替碱基，它们具有与碱基相似的化学结构，不过在原子排布方式上略有不同，比如黄嘌呤核苷和2,4–二氨基–嘧啶，这两种碱基类似物也能相互配对；[7]再比如异鸟嘌呤和异胞嘧啶，它们的分子式分别与鸟嘌呤（G）和胞嘧啶（C）

相同，只是其中的一些原子翻转到了不同的位置。研究者甚至将一定量的异鸟嘌呤和异胞嘧啶掺入了活细胞中，细胞误认为这些碱基替代物是普通的碱基，在DNA复制的过程中将它们掺入了核酸链。[8]

此类实验告诉我们，自然界可以使用不同的基础密码。但为了进一步回答为什么自然界选择了现有的碱基，研究人员需要系统地尝试各种不同的化学物质。许多机构的科学家都在煞费苦心地研究RNA中的碱基替代物，从美国的斯克里普斯研究所、哈佛大学到瑞士的苏黎世联邦理工学院。[9]这种研究工作就像是在整个化学物质的领域"旅游"，尝试各种方向并试验其是否会对碱基配对造成影响。

一些科学家试图用六吡喃糖构成的碱基构造RNA，六吡喃糖与我们熟悉的碱基在化学上具有相似性，只不过六吡喃糖含有6个碳原子组成的碳环，而非5个碳原子组成的碳环，因此体积比现有的碱基略大。较大的体积将会阻碍六吡喃糖形成合适的碱基对，所以，仅当某个化学基团（—OH羟基基团）从某个碳环上被除去时，六吡喃糖才能发生碱基配对。六吡喃糖并不是天然存在的遗传密码，这项研究表明生命所选择的4个字母并不是随机的，原子的排列与构成在遗传密码的组装中起到了重要的作用。如果化学分子太大，它们将无法配对。

化学家们艰难行进，开始尝试更多的可能性。他们开始制造RNA的同分异构体，同分异构体指拥有相同分子式，但化学基团的位置不同的分子，例如戊吡喃糖基–2'变成戊吡喃糖基–4'。通过制造同分异构体，研究人员发明了全新的有效碱基对。有趣的是，某些配对的强度甚至超过了天然RNA中的碱基配对，这是否表明，这类新碱基是一种未被发现的、优于现有碱基的化合物，在一成不变的核酸世界外，为人们提供了一种更加合适的基因密码？

核酸的一个重要特征是灵活性，碱基对必须能够灵活地"开关"，以复制遗传密码或读取它们形成蛋白。在我们假想的 RNA 世界中，碱基对不仅需要足够坚固，以维持正确的折叠结构，还不能太过坚固，以让它们保持一定的灵活性，能够实现折叠。所以，如果合成碱基间的结合力强于天然 RNA，这些分子可能就不能提供生命活动所必需的灵活性。由此看来，使用合成碱基也许并不能优化现有的 RNA。自然界中现存的结构也许并不是配对结合力最强的结构，但一定是优化之后的产物。

合成生物学家对遗传"字母表"选择的研究当然不止于此，我们相信他们的研究最终将会告诉我们，在生命信息存储系统构建的过程中，演化做出过哪些基本的、年代久远的选择。不过，就目前的研究结果而言，我认为，承载遗传信息的化学物质的选择过程受到了简单物理定律的制约。

让我们接着探究读取遗传物质的过程。在把遗传密码转换成某些更具有功能性的物质的过程中，偶然事件的影响会不会更大呢？读取遗传密码的第一步是生成碱基与 DNA 互补的 RNA 链，这条 RNA 链被称为信使 RNA。"信使"之称得名于其功能，信使 RNA 与长链 DNA 互补，携带遗传信息并将其转化为蛋白质。合成信使 RNA 的是 RNA 聚合酶，RNA 聚合酶是一种大分子生物酶，它沿着 DNA 链滑动，与碱基相结合，新合成的 RNA 链像触手一般从原有的 DNA 链旁伸出。

信使 RNA 还能与另一种 RNA 分子互相结合——转运 RNA。转运 RNA 像一辆辆小车，携带着氨基酸——氨基酸是构成蛋白质的基本单元。每种转运 RNA 各自携带特定的氨基酸，与信使 RNA 上的序列特异地结合。

每个转运 RNA 与信使 RNA 上的 3 个字母结合，这 3 个字母被称为遗传密码子。当转运 RNA 以 3 个碱基为一个单位沿着信使 RNA 链排列时，它们所携带的氨基酸彼此接触、结合、形成氨基酸链。上述整个过程都在核糖体内进行，核糖体是一种巨大的RNA复合体，新合成的氨基酸链从核糖体的内部穿出，就像一条蛇从洞里钻出来一样。一旦整条氨基酸链与核糖体分离，这条长链将自发地折叠在一起，形成复杂的高级结构。蛋白质就这样生成了。这些新生的生物分子已经具备足够的能力去进行化学反应、参与生物膜的构建，或完成生命自我复制过程中的某项任务。

从DNA到RNA再到蛋白质，从一方面来看，生命的读码是一个简洁的过程。首先，DNA的4种碱基被信使RNA读取成一条消息，然后转运RNA制造出了一串氨基酸链，即蛋白质。另一方面，生命的读码又是一个极为复杂曲折的过程。仅4种能够互相配对的化学分子就组成了能产生环境中数百万种天然物质的生命密码。生命密码产生的蛋白质仅由20种氨基酸组成，而自然环境中存在的蛋白质却多得难以计数。

让我们回想一下，构成生命信息的"工具箱"中有哪些必需的东西：在RNA和DNA中，有5种主要的碱基（DNA中的A、T、C和G，以及RNA中的A、U、C和G），由磷酸基团及核糖构成的骨架，一些转运RNA（至少需要31种）和20种氨基酸。一些细胞会使用另外两种氨基酸——硒代半胱氨酸和吡咯赖氨酸，这使得生命能够使用的氨基酸总数增至22种。综上，我们所拥有的完整的信息存储系统——从编码到解码——由不到60种功能分子组成。我们可以从两个完全不同的角度看待这一事实：这个系统的产生要么是概率极低的偶然事件，生命有千百种其他的途径；要么是有选择性的，只有几条，甚至一条定向的途径。这60个左右的分子到底是不是宇宙中特殊的存在呢？这个问题可能是破解遗传密码之后，生物学家们所面临的最有研究意义的挑战之一。它的答案将会决定生命代码及其产物的结构到底是纯粹的偶然产物，还是由更深刻的物理学原理塑造的。

在上文中，我们提到了生命的编码由 4 种碱基构成，那么，下一个问题就是：我们该如何给不同的氨基酸分配对应的代码？每个氨基酸由 DNA 上的 3 个连续碱基编码，每个位置上的碱基存在 4 种可能性：A、C、G 或 T。所以，氨基酸密码最多有 $4 \times 4 \times 4 = 64$ 种可能的组合。然而，在大多数情况下，生命仅需要 20 种氨基酸（少数情况下需要 22 种）。这说明，每种氨基酸对应的代码不止一种。这种代码的冗余现象被称作遗传密码的简并：在氨基酸密码的对照表中，64 种字母组合被分配至 22 种氨基酸上，不同的字母组合能够编码获得相同的氨基酸。除了常规的氨基酸外，遗传密码子中还有两个特殊的"标点符号"——起始密码子和终止密码子，这两者分别标志着翻译的起始与结束，定义着基因的起点与终点。每个基因编码一整个蛋白质或蛋白质的某一部分。

这张氨基酸密码表揭示了氨基酸与三联密码子的关联，它类似于罗塞塔石碑，帮助人们理解 DNA 这种"语言"。[①] 尽管在细节上存在些微差异，但氨基酸密码表的基本布局普适于各种生命。这暗示着地球上的生命可能存在一个使用该套密码系统的共同祖先，该祖先在演化过程中将这套系统遗传给了之后的所有后代。这套密码表最初是如何出现的？是不是某种偶然事件最终导致了该系统的产生？科学家们一直试图探究这些问题的答案。虽然事实还不明朗，但科学家们内心大多相信这张表的诞生并非随机事件，而是在特定条件下被选择出来的。

在读取遗传密码时，减少错误率是一个不可忽视的要素，无论是在密码的复制还是在密码转化为蛋白质的过程中。将一种氨基酸和多种密

---

① 罗塞塔石碑是一块制作于公元前 196 年的石碑，刻有古埃及法老托勒密五世诏书的三种不同语言版本，考古学家正是通过对照这块石碑上的各语言版本的内容，才解读出了失传的古埃及象形文字。——译者注

码子相互配对或许是为了降低错误率。[10]

有趣的是，相同氨基酸的密码子往往非常类似。比如丙氨酸的密码子是GCU、GCC、GCA和GCG，只有密码子的第三位不同。其他氨基酸，例如甘氨酸和脯氨酸也符合同样的规律。这种编码机制能够增加密码读写的容错率，哪怕在代码中存在一些微小的错误，也不会改变氨基酸，蛋白质的功能也不会受到影响。代码中出现的意外改变可能源于代码自身的突变（辐射或DNA上的化学修饰都可能诱发突变），也可能源于信使RNA在被翻译时产生的错误，密码子的多对一在这几种情况下都能有效减少错误产生的危害。同时，化学性质相似的氨基酸也更倾向于具有相似的密码子，可以预见，这更进一步地降低了DNA突变或错读对于蛋白质产物的负面影响。[11]

如果我们用计算机模拟可能产生的密码子–氨基酸对，我们就会发现自然界中的密码子是多么非同寻常。在上百万种可能的组合中，我们所拥有的密码系统能够在最大程度上减少翻译错误带来的后果。[12]

对于大自然为什么选择这样的代码表，背后还有着另一条引人遐想的线索。科学家们发现精氨酸恰好也能够结合编码精氨酸的密码子（信使RNA上的三碱基），在通常情况下，精氨酸的转运RNA才是精氨酸密码子的结合对象。同样的结合也在异亮氨酸中被发现。一些研究者认为，密码子表可能起源于氨基酸和某些短链RNA的相互吸引——甚至在转运RNA作为中介物出现以前，这样的机制可能就已经存在了。或许当时的氨基酸就直接与信使RNA相结合，无须今天的这些复杂机制。正是这种互相吸引为RNA解码成蛋白质的过程奠定了基础。

在考虑问题时，人们或许很容易陷入非黑即白的误区，不过，在考虑所有可能的情况时，我们不妨想想是否所有的假设能够同时存在。[13]我们可以合理猜想，最初，某些氨基酸能够与特定的RNA片段结合，形成了第一个密码子，这种相互作用能够较为合理地解释为什么特定的密码子编码了特定的氨基酸；与此同时，演化也会倾向于选择能将错误影响降至最小的代码，这种影响至少需要减少到不至于妨碍正常的生育繁殖。错误越少，后代就更有可能存活，这样的系统也就更容易被保留下来。随后，突变的发生将会导致密码表的重新分配，为代码表的进一步优化创造可能。

这种看法似乎存在着一些自我矛盾。如果这张密码表真的如此重要，作为遗传、翻译机制的核心部分，它应该完全被固化在早期的生命体中，很难再发生改变才对。用克里克的话来说，即成为一次"冻结的意外"。不难想象，在这套信息系统产生之初，它还存在着不少问题，是一套"个人色彩"强烈的早期不成熟系统；同时，由于它在生命过程中不可或缺，对该系统的改变又会导致生物的死亡。这听上去不太合理。确实，合成生物学家们发现，他们在实验室中可以人为地将密码子重新分配给全新的氨基酸，所以生命可以试验的选项比我们想象的更多，存在灵活变化的空间。在自然环境下，哪怕是在遗传密码的基本体系结构建立之后，也有许多方法能够改变密码表的组成。比如某些细胞可能会停止使用某个密码子——这可能是由于产生对应转运RNA的基因发生了突变，所以细胞不再能够产生该氨基酸。不过，之后细胞却能复制另一个转运RNA的基因，并通过突变修改该基因，使之达到与缺失基因相同的效果。由此，全新的密码子表出现了，通过这种"重分配"，遗传密码就发生了改动。就像新陈代谢途径一般，生命能够在不同的途径间转换，进行新的试验。

生命中的生化反应能够调整变化，这一事实有着更为深远的意义。像掷色子一般的随机事件可能并不会像"冻结的意外"一样突然出现并不可动摇地固化在生命历史之中。如果生命具有改变自身分子机制的能力，那么生命就能够依照物理学定律自我调整，甚至是在物理学定律的作用下优化。自生命出现之始，它就没有完全受分子机理的约束。

不过有一个问题依旧存在：生化反应的可变区间到底有多大？如果有一群完全不了解地球，但具有一定基础生命科学知识的外星人对地球上的生命进行预测，他们是否能够先验地预测出地球生命的现状——使用4种碱基，并有一张对应的密码翻译表？

为了回答这个问题，我们还需要知道更多关于遗传密码的知识，包括但不限于遗传密码可灵活变化的区间及其演化史。合成生物学家们的研究或许能使我们更接近问题的答案，不过我认为，遗传密码不仅是一场不会在其他地方重演的历史偶然。四碱基的密码系统有着充分的存在优势：在一众化学物质中，这4种碱基具有某些特性，能够优化遗传信息的储存、可变性及复制能力。除此之外，密码子表的分配也不是随机的。尽管我们至今仍无法完全阐明产生如今遗传密码子表的确切历史事件或选择压力，但产生密码表的许多条件——从氨基酸对RNA的亲和力，到最小化错误率的倾向性——都表明这一切不是偶然，必然有着物理化学原理的支撑，而化学原理本质上又与原子物理相关。

与生物学中的绝大部分研究一样，在对生命系统获得基础认识之前，预测遗传密码的形式几乎是一件不可能完成的任务。[14]在DNA结构被发现之前的1950年，没有人能够预测遗传物质的细节。一些科学家认为这种特性是生物学和物理学之间的本质区别之一，即物理学具有一些能够用于预测的定律和方程式，而生物学却没有，生物学必须基于一定的事实才能做出判断。事实上，这种比较并不公平。在对生命做出预测之前，我们确实需要了解遗传密码及其化学性质，这些知识都是新近获得的。但物理学家们同样需要先了解一些基本现象（如气体在不同温度和压力下的反应）才能构想出与之相关的物理定律（如理想气体方程）。基于对遗传密码的初步认识，人们已经能够建立相关的计算模型，通过计算机模拟预测不同情况下遗传发生的错误率，判断并比较不同密码表的优劣。通过将计算机模拟与实验相结合，科学家们能够切实地探索、预测并验证遗传密码的效率。合成生物学的研究内容是设计新的密码，并将它们整合到生物体之中，因此它很依赖预测能力。合成生物学的成功与否，取决于研究者能否精准地预测新产生的化合物或生物。

遗传密码的复杂性可能远高于简单的气体模型（比如一个装有氢气的盒子），这种复杂性提高了使用模型或简单方程进行预测的难度，将这类研究与之前的许多研究区分开来。然而，这种复杂性并不意味着遗传密码脱离了物理定律，也不能表明遗传密码是发生概率极低的偶然产物。毫无疑问，比起研究遗传机理，物理学家在研究气体性质时受到的物理限制更明显，但这并不意味着这两类研究是两种截然不同的类型。随着人们认识的不断加深，遗传密码其实能用一些比人们预想的更简单的物理、化学原理进行解释。

接下来让我们把目光聚焦到基因编码的最终产物——蛋白质身上。在蛋白质生成的过程中，我们同样能够感受到定律的作用。遗传密码解码的最后一步是将 RNA 转换为氨基酸长链，这条长链将会折叠成蛋白质，作为生命真正的功能分子：构成细胞的酶或结构单元。[15]

好奇的研究者一直想知道，蛋白质中氨基酸的数量和种类是不是随机的。[16]毕竟，在非生物领域，存在着数百种氨基酸。对于这个问题，一开始的研究认为，给定一些随机的变化，生命不一定会预先选定20 种氨基酸，但也有一些结果表明演化是非随机的。[17]然而，2011 年，盖尔·菲利普（Gayle Philip）和斯蒂芬·弗里兰（Stephen Freeland）在《天体生物学》上发表了一篇精妙的研究论文，在论文的开头，他们提出，在所有决定蛋白质结构的氨基酸性质中，有三种性质特别重要。[18]

　　首先，氨基酸的大小将在很大程度上决定氨基酸长链的折叠，以及它是否能够正确缠绕成为活性分子。其次，氨基酸的带电性也十分关键，带负电荷与带正电荷的氨基酸能够相互吸引，形成一种"桥梁"加固蛋白质结构。在整个蛋白质中有无数这样的"桥梁"，它们是氨基酸链形成清晰、有序的结构，能够正常执行功能的重要保障。最后一种性质是氨基酸的疏水性。由于不同蛋白质所处环境不同，有些蛋白质可溶于水，而有些则处于几乎无水的细胞膜中，根据不同情况，蛋白质需要对水分子表现出不同的亲和力。氨基酸的亲疏水性将会改变蛋白质间的相互作用，也会决定蛋白质是否会被吸引到某些缺水的细胞环境中，例如细胞膜的深层内部。

　　菲利普和弗里兰首先选取了一些氨基酸，然后通过计算机程序从中再选出一种组合，选取的标准是该组氨基酸需涵盖各种不同的大小、电荷以及亲疏水性。除此之外，各种参数需均匀分布于整个范围内，防止生化属性处于某个特定区段的氨基酸过多重复。菲利普和弗里兰认为这种分布模式对生命而言是最佳的。均匀的分布使得生命可以方便地找到任何足够接近理想产物的氨基酸。举个现实生活中的例子，这些性质多样的氨基酸就像工具箱中各种尺寸的螺丝刀。我们肯定不希望它们全是大号或小号。相反，我们希望从大到小每种尺寸都有一把，这样才能大概率保证在你想要拆下一扇旧门的门闩的时候，工具箱有你需要的尺寸的螺丝刀。

　　菲利普和弗里兰在这项有关"覆盖率"（此处指广泛、均匀分布的性质）的研究中所使用的第一组氨基酸是从默奇森陨石中发现的氨基酸。之所以选择陨石中的氨基酸，是因为我们可以假设在生命出现之初，有大量氨基酸从天外落到地球上。在陨石中，人们一共发现了50种氨基酸，其中有8种是生命真实使用的氨基酸，其余42种至少据我们目前所知并不存在于生物体内。菲利普和弗里兰试图从这50种氨基酸中选取一种组合进行测试，在选取时，他们排除了一些具有分支结构的氨基酸（共16种），这些支链氨基酸体积过大，理论上会阻碍蛋白质形成。

他们的发现令人震惊。

他们将生命中实际使用的20种氨基酸与陨石中50种氨基酸的100万种随机组合进行了比较，发现真实氨基酸在三个关键因素方面的覆盖率比任意一组模拟氨基酸都高。这说明，生命对于氨基酸的选择绝不是随机的，相反，氨基酸的种类很有可能是通过演化选择得出，以获得对蛋白质有利、广泛、均匀的分布模式——就像人们更愿意购买工具种类更多、更灵活方便的工具箱一样。

不过，人们在陨石中仅发现了8种生命所使用的氨基酸，事实上，其余12种氨基酸都是这8种原始氨基酸的衍生物。也就是说，起初生命中可能只有8种原始氨基酸，随后，细胞中一些新生成的合成途径产生了其他的衍生氨基酸。因此，研究人员重新进行了分析，这次他们仅搜索了陨石中任意8种氨基酸中的最佳组合。在这些组合中，只有不到1%的组合覆盖率优于真实生命中使用的8种氨基酸，且三种特性都更好的组合少于0.1%。这个结果同样不可思议。

我们注意到，有0.1%~1%的氨基酸随机组合在覆盖率上超过了天然的氨基酸，这是否表明，可能有更好的氨基酸组合存在？确实，生命对氨基酸的选择有一定的非随机性，但是，如果仅考虑8种氨基酸的组合，是否还有别的演化选择分支？这类问题需要谨慎回答。菲利普和弗里兰自己也强调，他们只选择了氨基酸的三种特性进行分析，但氨基酸还有其他重要的特性，例如它们在蛋白质链中的灵活性，这取决于氨基酸的空间结构。

在实验的最后，研究者们扩充了用以选择的氨基酸范围。在50种陨石氨基酸外，他们还增加了陨石未包含的12种生命编码氨基酸，和细胞在合成那12种生命氨基酸过程中作为中间产物的14种氨基酸。从这76种氨基酸中，研究者再次随机选取20种氨基酸进行组合——在百万种可能的组合里，还是没有一种能够优于天然的氨基酸组合。

菲利普和弗里兰的研究结果令人振奋，不过还有更多的问题有待解答。在地球早期，生命诞生之初，哪些氨基酸含量较高？除了上述的三种特性之外，在决定编码氨基酸时，还有哪些重要的特性需要考虑？毫无疑问，随着人们对于早期地球与蛋白质的认识不断交叉加深，这两种知识互相融合，我们能够更加接近这些问题的答案。不管如何，菲利普和弗里兰的研究确实有力地展示了编码氨基酸选择的非随机性，除非发生了某种奇怪的巧合，或者他们不小心跑错了程序。这20种氨基酸由于广泛、均匀的分布脱颖而出，从生命出现的早期就开始肩负起构建海量蛋白质的重任。

近年来，合成生物学家们已不只满足于从DNA层面上改变遗传密码，他们已经成功地将新型氨基酸掺入细胞中的蛋白质内。[19]在现代分子生物学工具的帮助下，人们希望可以通过引入某些非天然氨基酸，开发出全新的疾病疗法。这些掺入非天然氨基酸的人为设计蛋白展现出科学研究上的无限潜力，也引起了对伦理问题的关注。

在我们研究这些新奇的人造产物时，我们或许会觉得它们从某种角度证明了生命的化学反应存在一定的可变区间，生命中现在使用的氨基酸或许只是某次随机产生的"冻结意外"。毕竟，如果某些新氨基酸能够加入现有的生化反应，就意味着或许生命并不是不能加入某些氨基酸，只是那些新的氨基酸会打乱现有的配置。[20]也就是说，如果能让演化从头来过，生命或许会选择另一批全新的氨基酸，这些氨基酸可能将会表现出与现有氨基酸完全不同的、激动人心的生化性质，其中可能就包括了今天合成生物学家们所使用的某些氨基酸。

　　然而，自然演化与合成生物学家之间存在着一个本质的区别。科学家的研究是带有目的性的，比如寻找具有特定用途的生化性质用来制造高效药物或应用于工业用途。由于合成生物学家能在一定程度上预见产物，所以他们会选择特定的氨基酸装配入细胞以达到预期效果。然而，生命希望其所选取的氨基酸通用于多种蛋白质，并在其过程中将能量的需求最优化。假设生命有10组、每组20种氨基酸可用，每组氨基酸各自行使一些功能，那么生命所耗费的材料和能量就比使用一组要多得多。在复制、增殖过程中，细胞使用的各种生化途径的能耗更少，它们就能在环境中占据更有利的优势。这个道理同样也适用于遗传密码的扩展。我们可以在遗传程序中人工添加代码，在实验室里，科学家们已经能够制造出使用较为稳定的包含更多"字母"的遗传密码的微生物，但这一切并不意味着这些扩展的密码子能为使用它们的"新生物"带来长期的优势，要知道，现存地球生命中的四密码子系统可是历经了自然环境数百万年的考验，是在食物、资源的可怕竞争中留存下来的最后胜利者。

　　菲利普和弗里兰的研究表明，面对压力，生命更有可能采用小型的通用"氨基酸包"，这些氨基酸具有分布广泛且均匀的生化性质，从而在限定条件下赋予生命最丰富的创造可能。这种动机与合成生物学家的动机有很大差异。在实验室里，生命在合成生物学家的引导下使用更多的氨基酸来构造蛋白质，并不能说明完整的生物体在真正的环境和选择压力下也会采用这些氨基酸。生命需要在所有情况下选取最具多样性的最少组合。

　　当然也有一些小的例外，例如我们能在一些蛋白质中找到硒代半胱氨酸。硒代半胱氨酸是一种非常见氨基酸，其中的硒原子似乎能够增强蛋白质应对抗氧化剂的能力。[21] 另一种非常见氨基酸是吡咯赖氨酸，存在于一些产甲烷微生物中。[22] 这两种化合物将生命使用的氨基酸集合扩展至22个。这表明当面对某些特定的生化要求时，构建蛋白质的氨基酸库可以随之扩大——生命完全有能力做到这一点。

遗传密码——碱基的数量与类型、决定氨基酸编码的密码子表、氨基酸本身，这三者显然都是有限定的、非随机的选择。但是，可能这些非随机性都不重要，只要有20种不同的氨基酸，我们就拥有了无穷的创造潜力。假设我们有一个由300个氨基酸组成的蛋白质，链中的每个氨基酸都有20种可能，当我们考虑整个蛋白质时，整个分子的氨基酸排列一共有 2×10^{390} 种不同的可能性！这个数字已经大到超过了宇宙中所有已知的恒星数目。也就是说，仅凭有限的氨基酸，生命就有无限的可能性，可以尝试各种多样而奇异、毫无限制的设计。当然，氨基酸链最终还会折叠形成一个分子，分子的折叠同样充满偶然性。如此程度的多样性是否能让生命摆脱物理极限的束缚，翱翔在可能性无限的分子世界里？

当生化学家们最初开始研究这些迷人的蛋白质时，这些庞大的数字令人望而生畏。哪怕一个仅由300个氨基酸构成的蛋白质都有 2×10^{390} 种不同的序列可能，如果一个一个研究，恐怕要好几个世纪才能弄清现实世界中存在的所有蛋白质分子。不过，当人们解析出真正的蛋白质分子，读取了氨基酸序列、研究了折叠规律后，人们发现，显然无论氨基酸排列如何，蛋白质中真正能够折叠成型的结构是非常有限的。[23]

若是将蛋白质拆解为小单元，我们将会发现蛋白质折叠的基本结构非常有限。螺旋（被称为α–螺旋）[24] 是一种右手螺旋结构，每3~4个氨基酸组成一层螺旋，竖直方向上每个氨基酸氨基上的氢原子与邻层螺旋氨基酸中的氧原子形成氢键。折叠结构往往被称作β-折叠，由氨基酸长链通过氢键折叠形成片状结构。

这两种结构可以随意串联组合形成各种不同的结构。许多蛋白质都是由α-螺旋和β-折叠组成的，不同的氨基酸排列形成了各种各样的结构组合。在一些特殊的蛋白质中，这两种折叠结构有序地成组出现，人们将这些特定组合的亚结构重新命名，如磷酸丙糖异构酶折叠桶、三明治结构或卷筒结构。细节不考虑，但是我们要记住蛋白质的折叠结构是有限的。

是什么导致了这种有限的选择？一个解释是，可能在生命早期，当生命发现几种折叠就已经足以组装所有一切时，它就不再有演化出更多形式的动力，而有限的折叠方式就被一直保留了下来。打个比方，就像在盖房子时，我们并不会用到建材商店里所有种类的砖，我们只会选择几种，就把房子盖好了。生命也是如此，在我们遥远的祖先选定了几种折叠模式后，它们的后代就将这些选择继承了下去。

尽管这种说法看上去似乎很有说服力，但其实有更为基础的原理选择了蛋白质的排列折叠方式。氨基酸链通过折叠达到低能量态，即折叠由热力学原理驱动，帮助蛋白质形成更稳定的状态。每个部分的折叠并不是独立的，各个区域的折叠之间互相影响，而折叠完毕后的终产物一定是热力学意义上最稳定的结构。[25] 由此，折叠方式一定只有少数。无规则的氨基酸折叠形成有序的蛋白质，这是否违反了热力学定律？答案是没有。在氨基酸连接成链的同时，水分子从结构中被挤出，进入外界混乱的水环境，如果将溶液与蛋白质视为一个整体，整个系统的混乱程度并没有减少。

尽管有时候生物学与物理学之间看起来有天壤之别，但在这里，我们再次看到了两者之间美丽的协同。有些人可能觉得生物学原理具有极为矛盾的特质，一方面，有些原理十分简单，能够用于预测，而另一方面，演化的达尔文视角又不存在任何预先决定的定律，生命在广阔的可能性里变化并被选择。不过实际上，这两种特点不仅兼容，而且不可分离。在达尔文的进化论中，基因突变与自然选择确实能够造就无穷的可能性，但是这些可能性依旧需要符合物理学定律，在任何尺度都严格受到普适原理的制约。[26]以蛋白质为例，达尔文观点的演化能够产生功能多样、结构各异的各种蛋白质，再通过自然选择筛选出最适宜的蛋白质。但是，热力学定律严格地限定了可选的蛋白质折叠方式，大大减少了最后能够成型参与筛选的蛋白质数量。

遗传密码及翻译系统让无数科学家为之着迷。有些人钟情于DNA，有些人沉醉于蛋白质，还有一些人在早期地球奇幻的生物界流连忘返——也许在那时，RNA才是主导生命与化学反应的物质基础。还有一些人在整个生物化学的学科内遨游，并不局限于哪个课题。在过去的几十年里，无论是哪个研究对象，生物科学的研究者们都正在逐渐摆脱偶然性，为之前被视作奇迹的许多生命机制找到了合理的、非偶然性的解释。生命曾被认为同时具有分子上的复杂性与功能上的简洁性，许多机制看上去都像是生命偶然选择的结果，但实则物理与化学原理的限制已经为它们铺设了一定的路障，只有特定的几种方向可供选择。如今，借助强大的计算机模拟，我们可以比较各种可能性，揭开笼罩于选择航道上的迷雾，看清生命选择的真正原因。

第 8 章

三明治与含硫化合物

当我在爱丁堡工作楼中的咖啡馆里吃饭的时候，我并不会觉得嘴里塞着的三明治是一捆打包的美味的电子——由生菜、鸡肉、番茄味的亚原子构成的颗粒组合。

是的，一句话就能概括大学食堂中随处可见的三明治中的能量奥秘——它们只不过是一种消耗电子的方便的方式。在整个多样化的生物界，从最微小的细菌到巨大的蓝鲸，生物获取生长与繁殖所需能量的方式具有惊人的一致性。由于这种方式不仅普遍、简洁，且其背后的原理十分基础，人们不免假设宇宙中其他地方的生命也会运用同样的方式来获取能量。正是通过对该种机制的探究，我们才得以一窥生命的构造，探寻生命物理进程的基础。在探讨了生命的遗传密码与构成生命的基础分子之后，我们将在这章将目光转向生命分子机制的另一个重要部分，探究生命是如何从环境中获取生长、繁殖所必需的能量，推动整个生物圈的蓬勃发展的。

早在20世纪60年代，一位杰出的科学家——彼得·米切尔（Peter Mitchell）就已经开始思索生命从环境中获取能量的基本机制。之所以思考这个问题，是因为他认为这个问题非常重要。根据热力学第二定律，宇宙不可逆地向无序，即熵增加的方向演化。[1]这是一条生命也必须遵守的定律。构建可以生长并繁衍的生命机器需要消耗能量以维持这种对抗热力学第二定律的有序结构。如果按照该定律，类似生命机制的结构应该自发解构，将其中含有的能量与构成物质分散至周围的空间之中。因此，研究生命从环境中获取能量的过程不仅是为了理解生命与环境之间的相互关系，对我们理解生命如何在宇宙定律的限制下施展拳脚也至关重要，而热力学第二定律正是世间寥寥几条最基础的定律之一。地球上的能量主要来源于太阳以及地球自身产生的初始热能，这些能量让地球得以成为生命暂时的温暖家园。不过生命是如何聚集能量，形成复杂生命体，并坚持不懈地将生命散布到全球乃至地下的呢？

米切尔对生化原理的敏锐洞察力使他获得了1978年的诺贝尔化学奖。与许多重塑人类世界观的研究一样，在后世之人看来，这些认识似乎是显而易见的，但在一切还只是一片空白时，只有真正富有创造力的天才才能将这些现在被视作常识的认识从零开始一点一滴地构建出来。对于能量问题的解答成了我们理解生物学的另一大基石，这份答案表现出了极强的普适性，成了另一个暗示宇宙生命共性的源于物理学的基本原理（假设地外生命确实存在）。

让我们再回到开头提到的三明治。在我们把这块三明治吞下肚子之后，这些吃下去的东西去了哪里呢？它们在我们体内被分解成了糖、蛋白质和脂肪。其中的某些物质会与氧气发生化学反应释放能量，而另一些则不能被人类消化。在中学里，我们就已经学习了有氧呼吸，甚至可能在当时，还被要求背诵有氧呼吸的化学反应式。不过请容许我在这里再次写下这个方程式，并向读者阐释这个方程式描述了一个何等美丽的过程，这可能是你的中学老师没有告诉你的。

$$C_6H_{12}O_6 + 6O_2 \rightarrow 6CO_2 + 6H_2O + 能量$$

等式最左侧看上去较为复杂的$C_6H_{12}O_6$是葡萄糖的化学分子式，但它可以换成任何复杂的含碳化合物，如三明治或香肠中的成分。我们通过呼吸作用吸入氧气后，氧气就会与通过食物摄入的含碳化合物相互接触，发生化学反应产生能量，并产生等式右边的水（H_2O）与二氧化碳（CO_2）。

类似于上述糖类物质的有机物质内部带有电子。每个电子都在其原子内部的模糊轨道上运行。生物从化学反应中获取的能量正是来源于这些电子。那么，这是怎么做到的呢？

宇宙中的所有原子都会有失去电子的倾向，只是程度不同。在这些原子中，一部分都是电子给体，更倾向于失去电子，另一部分则是电子受体，更倾向于接受电子。许多条件都会影响原子是接受电子还是给出电子，比如压力、温度或pH值，但这里我们可以暂时忽略这些条件。在一般的生理条件下，大多数有机物（包括三明治）都是良好的电子给体。

在细胞膜或细胞器膜（如线粒体膜）上，充满着随时准备结合电子给体的分子。[2]在这些膜上，食物分解出来的有机物上的电子开始了它们的第一段旅程——我们可以将电子的传递想象成接力赛中接力棒的传递，电子由三明治的分解产物传递到了细胞膜表面的分子上。

不过，在刚获得电子的分子旁边是另一个对电子的吸引力更强的分子，于是电子开始在细胞膜表面的各个分子之间迁移。最终，电子会到达最后的电子受体，它会抓住电子，把电子消耗掉。在人体内，这个最后的电子受体是氧气。这个电子受体极为重要，因为一旦我们不能及时消耗体内的电子，整个电子传递链就会发生堵塞而停止运作。这从一个角度向我们显示了呼吸作用的重要性，我们的体内必须含有足够的氧气才能使能量传递机制不至过载。

电子在膜上移动时，它的能量被逐级释放，细胞必须能够收集这些能量才能加以利用。米切尔创造性地揭示了这一过程是如何完成的：当电子通过时，每个分子会利用电子所释放的微小能量将另一种亚原子粒子——质子由膜内部移动到膜外部。[3]

由此，我们将会得到一个质子梯度：膜外质子浓度高，膜内质子浓度低。为了平衡梯度，细胞膜外的质子想要通过渗透作用回到细胞膜内。

假设我们把一个葡萄干放入清水中，葡萄干将会吸水膨胀，这是由于葡萄干内部的盐与糖的浓度都比外界清水中更高。这就是渗透作用，水将向能使葡萄干内外浓度一致的方向移动。同理，由于膜外的质子浓度高于膜内，质子将会向着膜内运动，以消除内外的质子浓度差。

膜外的质子具有两种特性：第一，浓度较高；第二，带有正电荷，写作H^+。膜外的电荷浓度更高（写作$\Delta\Psi$），质子本身的浓度也更高（写作ΔpH），两者同时产生了强力的梯度。我们将这种梯度称作质子动力势（Δp），其公式如下：

$$\Delta p = \Delta\Psi - (2.3RT/F)(\Delta pH)$$

其中，R是理想气体常数（8.314 J/mol/K），T是细胞的温度，F是法拉第常数（96.48 kJ/V），质子动力势的大小通常在150至200毫伏左右。

由于动力势的存在，质子具有向细胞内部移动的趋势，只不过，质子并不能在膜的任意一处随意扩散进入膜内，因为在通常情况下，质子是不能穿过细胞膜的。质子的回流需要通过一个复杂的小装置——ATP（腺苷三磷酸）合酶，ATP合酶能够制造能量货币ATP。

当质子通过ATP合酶向膜内回流时，整个合酶装置的各个部件开始转动。[4] ATP合酶由至少6种不同的蛋白质单元组成，通过部件转动改变形状，它将磷酸基团[5]带至与腺苷二磷酸（ADP）接近的位置，并促使其合成ATP。由此，电子传递链上的能量被转换并储存于新形成的磷酸键内。

经此产生的ATP分子将会被运输至细胞各处，ATP中的磷酸键可被分解，以释放能量。[6]这个过程可以发生于任何需要能量的过程之中，如蛋白质合成、蛋白质修复，甚至新细胞的生成。千万不要小看这个过程，人类的身体每秒会产生1.4×10^{21}个ATP分子，仅阅读本书的这一章，就会耗费读者约2.5×10^{24}个ATP分子。[7]

回顾整个能量传递的过程，其中的许多步骤实际上非常复杂：收集电子需要许多各异的分子参与，ATP生成的机制极为精巧，甚至小分子ATP本身使用磷酸键捕获能量的方式也很巧妙。

然而，这整个过程的核心思想却又十分简洁。我们从食物或外界的其他来源获得电子，使用其中的部分能量形成膜内外的质子梯度。在渗透效应的基本原理作用下，质子回流推动微型装置的旋转。微型装置在旋转的同时生成一种分子并将能量储存于该分子之中，这种分子能够在细胞内移动，且在需要能量的地方将能量释放。整个过程有一种迷人的简洁和优雅。

在学界，有一种看法认为这个收集能量的系统是高度特异化的。虽然事后看来，它的构造非常简单，但在其他地方产生的生命是否也会使用这套系统呢？或者说，如果我们给一位工程师一张纸和一支笔，请他设计一种从环境中收集能量的系统，他会得出一样的构造吗？

　　以我的观察结果而言，工程师们会设计出与生命机器几乎相同的东西。比如水力发电：水力发电被广泛应用于世界上超过150个国家，若想用水来发电，首先需要在水的上游建造堤坝蓄水，随后使高处的水顺坡流向低处，在这个过程中运用水的运动带动涡轮发动机里的涡轮旋转，从而发电。在细胞之中，尽管细节上可能存在差异，但基本思想是一致的：生命将质子"蓄"在膜外，膜充当阻挡质子"流"的大坝；渗透梯度使质子由"高处"流向"低处"，推动ATP合酶的旋转（类比于水力发电中的涡轮发电机）；这些细胞内的涡轮机并不发电，而是利用转动合成ATP。不过，ATP也可以类比成储存在电池中的电力，在别的时间地点发挥作用。细胞中没有水力，但有质子动力。

　　让我们假设一种理想中的情景：人们对于生物化学领域内的知识一无所知，但是他们出于某种原因知道细胞膜具有不可通透性。在这种情况下，如果我们再让一位工程师使用纸笔来设计能量收集系统，那么他们极有可能设计出一种类似于水力发电站的模型系统，利用电子产生某些具有对应微型泵的离子梯度，离子梯度驱使离子回到细胞内，推动旋转装置产生电能或某些含有能量的化学物质。

　　上述由米切尔最初提出的能量传递理论被称为化学渗透论。该理论看上去非常合理，不过人们依旧好奇，为何电子形成的是质子梯度？电子在蛋白质间的每次传递都会释放极少量的能量，为了收集所有这些能量，使用质子作为梯度媒介是一种非常精妙的选择：因为每次电子的转移都会造成膜外质子梯度的变化，最后的总梯度即为所有电子运动的累积产物。随着电子的转移，最终我们将会获得大量累积的质子，就像山顶水库里蓄的水一般。累积的质子通过流经的唯一机器，而该机器将会捕获蕴含在质子流中的能量。

　　在本书中，每当我概述完一种机制，我都会问同一个问题——这种机制是偶然出现的吗？它是历史中偶然性的产物，还是由于某些原理，其实被限定在有限的范围之内，存在某种必然性？[8]

对于能量的生产机器，人们已经发现，它在细节上存在可变的空间。[9]某些微生物可以使用钠离子（Na^+）来代替质子产生梯度。在一项巧妙的研究中，来自德国的一个研究小组使用化学物质在伍氏醋酸杆菌（*Acetobacterium woodii*）的细胞膜上打孔，使质子能够自由出入膜内外。在质子梯度被人为破坏的情况下，伍氏醋酸杆菌依旧能够通过电子传递链的能量传递来利用咖啡酸酯。然而，一旦钠离子被允许自由通过膜两边，该微生物就无法正常合成ATP。在这个例子里，该微生物能通过钠离子代替质子合成ATP，这证明了能量传递的装置存在着改变的可能性。不过，使用质子作为跨膜梯度依旧是绝大多数生物的选择，选择质子并不是巧合，这种选择深深根植于生命的起源中。[10]

更不同寻常的是，生命中的这种能量提取装置还具有更多的可变空间。

生命并不绝对依赖于三明治或氧气——我们还可以使用不同的电子给体或受体，形成截然不同的生命形式，它们可以利用宇宙中的其他事物生存。人类需要氧气完成呼吸作用，但是氧气并不是唯一一种能够从细胞中带走电子的化学物质。许多微生物使用含铁或硫的化合物代替氧气攫取电子。厌氧生物（能够在无氧环境下生存的微生物）就是这样一类微生物。厌氧生物常见于地底深处，或在腐烂的泥泞水塘之中，它们也可以在岩石、沼泽或火山深处的硫黄池中生长，终其一生都不接触任何气体。这些生物的呼吸作用借由丰富的铁、硫等元素与其化合物来实现。由此可见，仅是改变电子受体就能将生物的栖息地扩展至人类无法到达的全新领域。

生命的潜力不止于此。我们不仅可以将氧气换为其他电子受体，还可以选择其他电子给体，来替代类似于三明治的食物。一种电子给体的替代物是氢气，人们发现一种微生物能将地底深处的氢气作为食物来源。这类微生物被称作化能无机自养生物（chemolithotrophs），从字面意义上来看，是指能够将岩石内的物质转化为化学能的微生物。与人类相比，化能无机自养生物具有许多优势：它们并不需要有机物质，因此它们的生活并不依赖于生物圈内的其他生命，而且它们甚至不需要光照，能够生活在完全没有光照的地下。

使用有机物质（包括三明治）作为食物来源对生命而言存在局限性，因为这些有机物质必须得来自其他微生物、植物和动物。不同种类的生命之间相互依存，形成了食物网，包含了地球生物圈的绝大部分：食草动物以植物为食，食肉动物以食草动物或其他食肉动物为食。从分子生物学的角度来看，这个看似复杂的生物网络无非就是一团电子从一种生命形式转移至另一种生命形式的过程。但是，通过直接以氢气作为电子给体，化能无机自养生物却能绕开有机物质的食物网络，仅以构成地球结构的原材料为食。天体生物学家对化能无机自养生物的兴趣尤为强烈，因为这类自养生物的存在证明，生命可能生活在其他行星地下的宜居区域。[11]

通过改变电子受体与电子给体，我们能够运用多种化学物质产生能量。例如，产甲烷菌（能够产生甲烷的微生物）就将氢气作为电子给体，将二氧化碳作为电子受体。氢气的来源能够追溯至相当古老的时期，它可能在行星形成的过程中被锁进行星内部，或者在蛇纹石化①的过程中由某些矿物质与水发生的反应产生。[12]氢气在岩石裂缝间渗漏，驱动着整个生态系统的运行。在黄石国家公园内多个沸腾的火山池之中，生活着

———————————

① 蛇纹石化是中、低温热液与含镁岩石产生蛇纹石的地质作用。——编者注

许多以氢气作为主要电子给体的微生物群落。在这些休眠的超级火山深处，炙热的岩浆肆意流淌，而氢气就产生于此处。[13]

同时，产甲烷菌的电子受体二氧化碳含量也很丰富。二氧化碳约占大气组分的万分之四，尽管这只占整个大气的一小部分，但其含量已足以支撑微生物的使用，而且在地球深处，二氧化碳的浓度还会更高。

产甲烷菌同样激发了天体生物学家们的研究热情。科学家们已经在火星上和上卫二上的羽流中发现了甲烷的存在。这些被发现的甲烷是生命活动的副产品吗？事实上，许多方法都能在没有生命参与的情况下产生甲烷，因此，仅有该气体的存在并不能明确表明生命的存在。在地底深处，高温下的气体反应可以产生甲烷；低温状态下，甲烷还能以笼合物的形式储存于冰块之中。如果随后的火山活动使冰块融化，贮藏在冰块之中的甲烷就会被释放。有关甲烷起源的争议造成了天体生物学家们的分歧，他们试图发射探测器来弄清楚甲烷的存在是不是其他行星上存在生命的迹象。这一举动表面是为了检验遥远地外生命是否存在，但背后的驱动力是我们对于生命产能机制的认识，我们意识到这种机制具有强大的功能以及无限的可能性。

电子传递链是一种模块化的能量系统。在不同的生命形式中，实现该功能的核心分子都非常举似，由细胞色素、一些蛋白质及醌类化合物组成。[14]这些核心组分中含有铁原子和硫原子，它们以特别的形式排列，可高效率地传输电子。电子传递链的两端是分别可与电子给体及电子受体相结合的分子，给体与受体的种类根据生物栖息地及食物的种类而变化。电子传递链的选择从来都不是固化的，随着环境发生变化，细胞能转换并使用全新的电子给体或受体。就像在自助餐中，如果比萨饼被吃光了，人们还能去吃意大利面一样。根据可用能量的具体情况，微生物可以在使用含铁化合物与含硫化合物之间自由切换，这大大扩展了它们的生存空间。

近年来最令人震惊的莫过于人们发现微生物居然能够不依靠任何中间介质，直接使用自由电子产生能量。如果我们将电极的一端放入微生物沉淀之中，微生物将会附着于电极之上，直接从电极上提取电子，为电子链输送能量。[15]具备这种能力的微生物种类多得超乎想象，如盐单胞菌属（Halomonas）和海杆菌属（Marinobacter）。不过，这个发现也许并没有那么出乎意料。上文中提及的许多化合物——包括三明治，本质上也就只是电子的容器而已。如果存在可用的自由电子，为什么不跨过一系列中间介质，直接利用电子呢？

电子传递链的高灵活性有着深远的现实意义。每年，固氮菌这种微生物能够吸收大气中约1.6亿吨的氮气，将其转化为氨、亚硝酸盐及硝酸盐化合物，即成为生物更容易利用的氮形式。其他微生物能够在电子传输链中利用由氮气转换而来的氨及含氮化合物收集能量，通过电子传递链，氨或含氮化合物被还原成氮气，重新返回大气。

类似的情况也发生于含硫化合物之中。硫单质、硫代硫酸盐、硫酸盐及硫化物在不同的微生物之间流动循环。[16]各种形式的硫元素在全球生物的化学循环中来回转化，生生不息，人类也是这个循环的一部分。

在过去的几十年内，可能生物学上最有趣、最深刻的发现之一便来自我们对于生命能量提取机器的研究。我们发现，几乎所有理论上能够为生命提供能量的电子给体–受体对都出现在了自然界。任何两种原子或化合物的组合，只要符合热力学原理，能使电子从一种物质传递至另一种物质并释放能量，就都可以成为生命潜在的电子传递介质。

在1977年发表的一篇开创性论文中，奥地利理论化学家恩格尔贝特·布罗达（Engelbert Broda）基于一些简单的能量及热力学原理预言了一些在当时从未在自然界中被发现的微生物的存在。[17]其中，有一种细菌能够将氨用作电子给体，将亚硝酸盐用作电子受体。这种细菌后来被称作厌氧氨氧菌（*anammox bacterium*），于20世纪90年代被人们发现。[18]事实证明，厌氧氨氧菌驱动的反应对于海洋环境至关重要，海洋产生的所有氮气的约50%都由这些反应产生。

这个例子告诉我们，对生命物理学的研究能够帮助人们预测可能存在的生命形式。认为物理学是由可用于预测的定律所支撑，而生物学却变化繁多，缺乏类似于物理学的严谨性与可预测性的观点不攻自破。在生命的能量学中，简单的热力学原理与产生能量的分子机器紧密交织。这些基本原理使我们能够像预测简单的能量系统一般预测生命中能量聚集的系统。

有趣的是，一些发生于微生物体内的能量收集过程还能在出乎意料的地方得到非常实际的应用。例如，某些微生物可以使用铀代替氧气作为电子受体，这些微生物很有可能是在受污染的核废料场中被发现的。铀在这些微生物体内经过电子传递途径之后，其化学状态就发生了改变。[19]产生的新形式的元素不易溶于水，因此降低了有害化学物质污染水源的可能性。这种利用微生物净化环境中的有毒废物，防止其危害公众的巧妙做法被称作生物除污。由此，研究微生物体内的能量收集已不再只是单纯的学术问题，它还能帮助人类解决正在出现的紧迫的环境问题。

在我们将话题扯远之前，让我们重新回到供能系统对于演化、生命及生命可能性的意义这些问题上。

使用三明治和氧气作为电子给体–受体能够产生大量的能量，远多于使用含铁化合物或含硫化合物所产生的能量，两者往往相差10倍之多。[20]无氧环境下，能量的利用效率往往很低，这些以岩石中的铁为生，或依靠地底深处的氢气苟延残喘的微生物实际上在热力学的边缘疯狂试探。运行大脑（人脑需要约25瓦的功率）、跳跃、飞行以及操纵拥有万亿细胞的身体都需要大量的能量。在无氧情况下发生的产能反应常常过于微弱，不足以支持大多数的动物。在无氧的环境中，生命将会受到能量的限制，这是物理学定律在这里为生命设定的另一个界限。[21]

地球上的动物生命出现在大气中的氧气水平增至约10%之时，这并不是一个巧合，而恰好大约是能够支持复杂生命所需的有氧呼吸的阈值。尽管无氧呼吸能够在氧气水平较低的情况下发生，但它无法支持更大规模、更加复杂的生命形式。能源的利用方式需要完成由无氧至有氧的革新，才能达到我们今天所熟悉的复杂生物圈的能需。

不过，为何地球大气中氧气浓度刚好就大幅提升了能量的利用效率呢？[22]我们知道地球大气中的氧气来自光合作用。蓝细菌是一种遍及海洋、湖泊及河流的绿色微生物，能够利用太阳能分解水分子、释放电子、获取能量。阳光被用于活化电子——最终，电子经由我们熟悉的电子传递链产生能量货币ATP。分解水分子以获得能量是一场能源利用上的革命。在此之前，以阳光作为能量的生命仅能使用氢气或铁等化学物质作为电子来源。植物通过使用水——地球上最丰富、最广泛的资源之一——来帮助完成光合作用，产生氧气，征服了地球上的陆地与水域，预示着之后大量氧气产生的时代。

不幸的是，新生成的氧气不会立即提高大气中的氧气浓度。由于大气中大量的其他气体（例如甲烷和氢气）会与氧气发生反应，因此在氧气的浓度提高之前，必须先消耗并降低其他气体的浓度。根据人们从古代岩石上发现的化学证据，氧气含量的增加发生了两次，一次是距今约24亿年前的"大氧化事件"，另一次是在距今7.5亿年前。在第二次氧气含量增加之后，氧气的浓度足以支持动物的出现。氧气浓度的上升对生命造成的影响是无与伦比的，大气中化学组分的变化不仅与动物生命的长短有关，还可能与动物智力的增长存在联系。

因此，动物需要以氧气作为电子受体，释放出支持运动的足够能量。猴子需要大量能量才能在雨林间摆动、跳跃，狗需要大量能量才能在草地上奔跑、打滚，人类大脑也需要大量能量才能思考。但是，如果不提智力需求，真的没有其他方法能够使生命收集到足够的能量，以演化成动物吗？

当我在爱丁堡大学任教天体生物学课程时，我以一场讲座作为整个课程的结束。这场讲座的目的既是为了教育，也是为了让那些在整个学期中饱受"折磨"的学生能在最后放松一下。在上课之前，我走进教室，告诉学生们我先去冲杯咖啡，过会儿有一位访问讲师来给大家讲课。随后我穿着一套全身的蜥蜴人装备，戴着面具走回了教室，开始做这场讲座："'那颗哪儿-3'（Naknar 3）星球上存在生命吗？"

在讲座一开始，我描述了我们发现的某颗遥远的太阳系外行星：这颗行星很大，在行星的大气层中存在氧气，还有一颗卫星。学生们很快就意识到这位"访问讲师"所描述的星球就是地球。这场讲座编织出了一个逻辑完整的故事，讲述了为什么对于这位"访问讲师"来说，这颗遥远的星球无法维持生命的运转。在整个演讲过程中，这位"访问讲师"时常中断演讲，吞下某种"糖块"，学生很快了解到这些"糖块"是石膏，即硫酸钙——这位"访问讲师"是一位硫酸盐还原厌氧型外星人，尽管他同样以有机碳化合物为食，但这些食物并没有在氧气中燃烧；取而代之的是，"访问讲师"将硫酸盐作为电子受体。由于这种产能方式所产生的能量只有有氧呼吸的约十分之一，这位"访问讲师"必须不断中断讲座补充食物作为能量来源。

同时，在遥远的"那颗哪儿-3"行星上，高浓度的氧气使生命无法存活，因为有生命的物质不可避免地会在这种气体中燃烧。此外，氧气会产生危险的自由基，这也会对碳基生命产生致命的威胁。尽管我们对这颗星球还知之甚少，但有理论表明这颗行星的表面由可移动的巨大岩石层组成，这些岩石层将会摧毁古老的硫酸盐丘，而硫酸盐丘能为生命提供食物与庇护地，是智慧、文明发展的必要条件。至少对于复杂的多细胞生命而言，高浓度的氧气与移动的地壳（板块构造）使得那颗哪儿-3行星成为一片环境恶劣的生命栖息地。

这场讲座的教学目标是为了引发学生们的质疑。由于人类生活于地球之上，我们对于可居住性以及生命生存条件的看法必然受到自身认识的局限。我们所生活的地球也许并不是宇宙中所有生命都通用的模板。在这场精心策划的50分钟讲座内，似乎其中的所有推导都经过反复检验，然而我们却得出一个滑稽的结论——那颗哪儿-3行星，即地球，是不适宜居住的。通过这堂课，我希望学生们能够开始思考，我们对于地球生命演化的看法或许只是一个"原来如此的故事"[①]，是许多偶然发生的结果拼凑成的理论。

不过就我自己而言——我相信某些读者可能已经猜到了——我认为地球上的生命能够告诉我们一些基本而普适的原理。在我精心构想"以硫酸盐还原厌氧型外星人的角度来看，那颗哪儿-3行星上不可能存在生命"等诸多论点时，我已经意识到这些论点中存在许多缺陷。首先，如果存在某种通过还原硫酸盐产能的智慧生命，为了给大脑运转及身体行走提供足够的能量，该生物几乎需要不停歇地进食硫酸盐才能勉强达到能量需求。除此之外，要想让这类生命发展成多细胞生物，地质上必须储备含量丰富且易于获得的硫酸盐来源。当然，我不能排除也许在某

---

① 《原来如此的故事》（*Just So Stories*）是英国文学大师拉迪亚德·吉卜林创作的儿童文学作品，以丰富的想象力讲述了"大象的鼻子为什么那样长"等问题。——编者注

个遥远的星球上，在一些硫酸盐还原型畜牧人的看管下，一群硫酸盐还原型猪正在堆积着大量硫酸盐的土丘上散步、进食，而这些畜牧人则想着过会儿回家时，就能吃上美味的硫酸钙派了。不过，就目前而言，进行这样的假设还为时过早，硫酸盐产能方式过于低效，因此猪通过食用硫酸盐来进行新陈代谢收集到的能量极少，支撑猪这样的大型生命是不可能的事。无论如何，即使硫酸盐还原型猪确实存在，它们也还是通过电子传递链收集能量，符合我们在地球上观察到的已知原理。

　　然而，即使是在我们自己的星球上，也有复杂的动物生命在积极探索并寻求非常规的电子能源。巨型管蠕虫（*Riftia pachyptila*）生活在深海热泉喷口之中，地壳中沸腾的热水从这些喷口中喷出，富含黑色硫化物的矿物质会随之喷涌，流入海洋。[23] 在巨型管蠕虫的体内有一种细菌与它共生，这种细菌能够利用地热喷出口中的硫化氢（一种臭鸡蛋味的气体）产能，运用溶解在水中的氧气将其氧化，为这种体长超过两米、直径约4厘米的蠕虫提供足够的能量。在深海，巨型管蠕虫的身体呈现为奇怪的白色圆柱体状，一簇簇地扎在热泉喷口附近，其身体及暗红色的头部随着喷出的热水水流摇摆、闪烁。

　　在这些地热喷口处，在正常大气中含量微不可测的硫化氢气体达到了惊人的浓度，因此生活在蠕虫肠道中的细菌足以将其用作电子给体来产生能量，并合成有机化合物。这些细菌合成的有机化合物将成为蠕虫的食物，支撑着管蠕虫巨大的体型。尽管在这个例子中，电子传递链仍位于整个共生系统的核心，但这些奇怪、扭曲的管蠕虫告诉我们，当地球上的稀有化学物质和气体达到很高浓度时，动物生命可能通过共生来探索不同形式的能量来源以维持自身。

　　这些有趣的蠕虫告诉我们，如果结合考虑地球上不同情况下原材料地理化学性质的巨大差异，演化的可能性也将倍增。到目前为止，我们已经讨论了物理学原理如何将演化的产物严格地限制于某些非常狭窄的范围之内。在物理学定律无法改变的前提下,改变演化范围的一种方法就是改变地质化学情况,以驱动新的生命形式。哪怕我们不去设想硫酸盐还原型外星人这种只在离奇的科幻小说中才会出现的事物,我们也有充足的证据(尤其是深海蠕虫的存在)来证明地质化学性质是能够改变演化的过程及产物的。这些蠕虫向我们揭示,尽管生命在演化过程中始终受到物理学的束缚,但是行星内的地质学差异能够扩展已有的演化道路,特别是当涉及能够推动能量获取的化学物质时。

然而不可否认的是,地球大气层中氧气含量的上升(这本身也是生命带来的结果)使有氧呼吸变得更为广泛。也由此,生命得以得到更多能量,从而为多细胞生命及智力的产生铺平了道路。更多的能量供给使生命产生了更强大、更复杂的机器,促进了生物圈的形成,超越了简单的单细胞生命。

从最古老的微生物到动物的出现,电子传递链贯穿着整个演化史。不仅如此,不同电子给体和受体能够提供的能量不同,不同电子传递链释放的能量也不同,这些都能解释演化过程中生命发生的转变。早期生命从岩石、气体及有机物中提取能量。随后,由于水的光解反应的出现,电子传递链能够利用太阳能完成能量驱动,大气中的氧气浓度上升。在这一历史性的重大变革之后,生物的供能体系出现了质的变化。动物的出现与供能体系中的热力学原理息息相关,运动所需的能耗取决于电子从有机物转移至氧气时释放能量的多寡。无论是微生物,还是猿猴,一切生物的移动都由同一种亚原子粒子——电子——的移动所支持。

讨论到这里,我们或许会好奇生命中是否还有其他可以用来替代电子传输链的产能反应。或许其他形式的能量可以解决无氧环境中可用产能有限的问题。我们能否避开氧气,在无氧环境中收集大量能量,以驱动复杂的生物圈？尽管我们认为生命受到物理学的束缚，但这种束缚并不意味着生命只能拥有一种收集能量的方法。人类会使用多种发电方式，从风能发电到核能发电，而一个能够自我复制、不断演化的系统也理应具备多套方案。

我们已经知道，有些细胞能够绕开电子传递链产能。它们会省去膜上的一整套复杂的电子给体-受体等结构，直接从分子上获取多余的含磷的化学基团，然后直接将其连接在 ADP 上形成储能分子 ATP。上述反应是发酵过程的核心，这条新陈代谢途径用途广泛，出现在我们生活的方方面面。发酵过程将糖转化为酸，人们利用该过程腌制蔬菜、酿酒（啤酒或葡萄酒）、制造其他许多种类的食物。人体内同样也会发生发酵作用，将糖转化为乳酸。一旦突然进行剧烈运动，肌肉无法获得足量的氧气，发酵反应就会发生，这可能会导致抽筋。虽然该过程并没有使用电子传输链，但它仍然是一种化学反应，而化学反应的本质都是电子的移动。尽管发酵反应相较电子传递链要简单不少，但它产生的能量仅是经由电子传递链产生的十分之一左右。因此，在我们运动时，抽筋只是少数情况，大口喘气获取足量的氧气才更常见；而许多微生物也会在条件允许的情况下，将发酵反应转为有氧呼吸。

也许上述的想法还太过保守，下面让我们再次放飞想象力——我们能从原子中除电子以外的其他粒子中获取能量吗？除了电子之外，原子核也含有能量。那么，原子核可能成为生命的能量来源吗？

或许我们可以通过核裂变来收集能量；某些不稳定元素（如铀）的原子核衰变也可能成为一种潜在的产能方式。不幸的是，原子核的反应很难控制。

虽然在核反应堆中，原子核的链式反应确实能够产生大量能量，但是这种反应需要大量的铀元素或者类似铀元素的可裂变元素。在自然环境中，这些元素的含量往往很低，并不可能形成核反应堆。很难想象在没有人为技术介入的情况下，生命要如何利用原子核的能量；就算勉强能够做到，它们也无法控制核反应，以防止自身在核反应堆的熔毁或爆炸等事故中汽化。

生命还可以通过利用核裂变的副产物——电离辐射来发掘核裂变的能量。随着例如铀元素、钍元素等不稳定元素的衰变，它们会以α、β和γ射线的形式释放高能辐射。这些辐射有可能为生命供能吗？

电离辐射的能量足够使水分解。行星地壳中可裂变元素衰变释放的辐射可以分解水分子，形成氢气。[24]前文说过，氢气可以作为产生能量的电子给体，所以即使使用电离辐射，也需要电子传递链来发挥作用，带走电离辐射的产物，将它们输送至细胞。核裂变只是一个附加过程，制造出了带有电子的氢气——生命的"食粮"。

我们甚至可以去研究一些更不同寻常的环境，以寻找生命使用电离辐射的证据。不幸的是，人类的活动有时会在无意之中释放电离辐射。1986年，乌克兰切尔诺贝利核反应堆发生爆炸，并导致核泄漏事故。研究者们在爆炸后的废墟中发现了一种真菌，苏联的研究人员以这些暴露于强烈辐射下的真菌为研究对象进行了实验，他们发现，这种真菌含有一种色素，这种色素在受到辐射照射之后被激活，能更好地完成电子转移反应，让真菌具有更高的代谢活性。[25]因此，出现了这样一种不同寻常的现象：受益于核反应堆反应核心被破坏时所散发出的强烈辐射，这些真菌及其他类似生命体竟然生活得更好。然而，在这次灾难事故中的发现里，电子转移反应仍然占据了主导地位。事实上，核裂变产生的高能辐射很有可能会摧毁化合物，而生命很难驾驭这一过程，除非利用辐射的能量先被用来分解化合物，再将处理之后的产物送入更温和的电子传输链，或者利用辐射改变化合物传递电子的能力。

正如切尔诺贝利真菌展示的那样，生命可以从原子核裂变的过程中收集能量。有趣的是，当某些原子撞击到一起时，同样也会释放能量。不幸的是，利用这种核聚变反应收集能量为生命供能似乎比利用核裂变反应收集能量还要麻烦。原子核聚变能够释放出大量不受控制的能量，它是太阳产生能量的基础。但是，该反应所需的反应条件非常极端：必须达到数百万摄氏度的高温才能使原子核相互结合。即使是比木星大数十倍的褐矮星，其星核温度也达不到核聚变反应所需的条件。核聚变的反应堆必须在这样极高的温度下容纳等离子体。因此，核聚变反应似乎也不太可能成为生命的能量来源（当然，这里并不包括太阳中的核聚变反应。太阳核聚变反应产生的亮光能够被地球上的生物利用，促进光合作用）。所以，就目前而言，生命不太可能完全绕过电子，直接收集并利用原子核中的能量。

在原子结构中寻找替代的能量来源只是一种思路，另一种思路是寻找能够产生可用能量的其他物理过程。天体生物学家迪尔克·舒尔策–马库赫（Dirk Schulze-Makuch）和路易斯·欧文（Louis Irwin）运用丰富的想象力，提出了一系列能够用来替代电子移动的产能方式。[26]一种可能是动能，例如潮汐或洋流中水流运动的能量。一些原生动物的体表长有纤毛，生物或许可以利用这些随水流摆动的细毛来收集能量。[27]在水流中，毛发的弯曲或许能够帮助打开离子通道，促进离子移动，像电子传递链一样获取能量。

另一种可能是热能。也许生命能够利用海底热泉喷口处巨大的热量梯度获取能量——由地壳喷涌而出的流体直接与海洋接触，温度由数百摄氏度直接降至零上几摄氏度。[28]某些生命还可能利用磁场分离离子，并且通过改变离子与磁场的对齐方式使离子运动以产生能量。除了这几种可能之外，舒尔策–马库赫和欧文还认为，渗透梯度、压力梯度以及重力都有可能成为驱动离子或分子运动并使生命从中获得能量的驱动力。

先别忙着嗤之以鼻，回想一下前文说过，化学渗透机制的基础是ATP合酶的旋转。传递电子的最终目的是为了建立质子梯度，以使质子回流，让ATP合酶不断旋转。这个过程中的机械原理与使用蒸汽推动涡轮发电机是一致的，唯一的区别在于，涡轮发电机产生的是电力，而在细胞中，结构不断发生变化的ATP合酶将ADP和磷酸基团结合在一起，形成ATP。

细胞并不会在意到底是哪种驱动力带动了ATP合酶。我们可以想象有生命把旋转的ATP合酶与电子传递及质子梯度的机制分离开，但其他梯度——如重力、压力、热力或磁场梯度——也有可能直接驱动离子流动，转动ATP合酶。

但是，舒尔策－马库赫和欧文同时也指出，这些新颖的能量来源很多都存在问题。从微生物的大小尺度来看，重力的大小太过微弱，不足以移动物质。压力梯度也是同样的道理：尽管地球表面与行星内部之间存在着巨大的压力差，但以微生物的尺度而言，它们感受到的压力大小微不足道（以垂直于地面的一微米长的细菌为例，两端压力差仅为0.01帕斯卡）。生命能够利用如此微小的差异吗？设计出能利用如此小的梯度的设备似乎并不太可能。现今地球上的磁场同样极为微弱，哪怕一些微生物和动物确实能够探测并利用该磁场进行导航，但还是难以想象如何用地磁场产生能量。或许在磁场比地球更强的其他行星上，磁场有可能为生物提供能量。

同样需要纳入考量的还有造成这些梯度的特殊环境条件。巨大的热量梯度只会出现在特殊的环境条件下，比如在深海的热泉喷口附近、地球深处炙热的岩石里，或在太阳直射的地球表面，而不会到处都有。但是如果想要利用这种能量梯度为生物产能，它们就必须高度稳定地存在，不然无法支撑微生物群体可持续地繁衍生息。同理，依靠盐与离子浓度的渗透梯度也需要解决溶质多样性以及梯度持续时间的问题。

毫无疑问，研究细胞替代供能途径的物理学原理是值得的。无论是实际上的发现，还是科学家们做出的合理猜想，都将扩展我们的认识，帮助我们理解生命是如何在物理条件的约束下利用环境中的自由能量的。由此，我们可以尝试判断化学渗透究竟是地球演化实验中的一场意外，还是反映了生命获取能量过程中某些更为基本的、可预测的物理学原理。但是，由于人们受科学水平的限制而未能发现其他更多的替代途径（在生物的 DNA 中有许多尚未明确功能的基因），微生物学家与分子生物学家很难再想到其余的可能性。

既然我们无法排除其他的可能性，那么我们是否应该认为米切尔提出的化学渗透论是随机产生的结果，是没有办法通过物理定律预测的呢？难道它是生命演化史上一次偶然的发明，并像"冻结的意外"一般被固化在生命之中吗？在地球之外的行星上，会不会有其他的能源获取方法占据主导地位呢？我认为上述这些问题的答案都是否定的。正如本章中大部分内容所示，电子传递链之所以如此成功，是因为其广泛的适用性——各种各样的电子给体、受体，甚至自由电子本身都能成为传递链的可用组分。由于这种特性，生物可以根据自身所处的环境，从各种各样的环境（从地表到深深的地下）中选取适合的元素和化合物用以产生能量。在地表，电子传递链帮助转化并利用了光合作用所产生的巨大能量。能够切换电子给体–受体的生命形式在迁徙或环境改变时将占据巨大的优势。如果没有氢元素，它们可以使用铁元素；如果没有了硫酸盐，它们也能利用硝酸盐产生能量。使用电子作为传递能量的通用货币具有惊人的灵活性，生命既可以从原材料获取电子，也能从其他生物产能时产生的副产物中获取电子。

尽管人们可以想象出能够吸收电离辐射的细菌，或者能够利用热液喷口的热量梯度生长的长管蠕虫，但我们还是会得出这样的结论：在任何星球上，能从多种介质（无论是水还是铀元素）中获取电子的供能系统，都能为各种类型的生物提供便利。这种适应性极强的能力将会帮助生命定居在任何有活跃地质过程的行星上的多种多样的环境中。虽然我们必须始终避免确认性偏差影响我们的判断，但我还是坚信电子传递链有其大获成功的理由，其作为地球生命能量转移的核心机制并不是偶然，我认为在地球之外的其他行星上，生命也可能利用同样的机制为自己提供能量。

宏观世界中的生命形态各异，微观世界的分子机制同样存在多样性。钠离子能够代替质子在细胞膜内外形成梯度，也许还有其他某些人类尚未发现的离子也能够代替质子。地球上人类已知的蛋白质显示出了巨大的多样性，所以或许在广阔宇宙中的某处，存在着与地球蛋白质结构完全不同的电子传递链组分，但即使如此，这些不同的电子传递链依旧需要功能类似于铁或硫的介质来传递电子。这些差异用我们习惯的尺度上的例子类比来说，就像不同颜色和形态的动物。以操控亚原子粒子——电子的流动为方法从宇宙中收集自由能量才是这个机制的核心。没有什么能比这套机制更优美地反映出生命系统潜在的普适性，宇宙中基本粒子、能量与物理学原理三者之间的联系，以及物理学与生命科学的密不可分了。

第9章

生命的基本溶剂——水

塞缪尔·泰勒·柯勒律治并非宇宙生物学家，但是他笔下的水手注意到"水，无处不在"。[1]这是个重要的发现，相信你也发现了，水是生命最基本的要求。

地球上大约有14亿立方千米的水，粗略换算一下相当于560万亿个奥运会的标准泳池。[2]但是，其中只有0.007%的淡水能供人使用。其余的水分布在海洋、河流入海口、沼泽、湿地和地下深处，虽然人类难以利用，但生物圈中大部分区域的成员都可以利用，比如微生物。

生命的化学反应需要在液体中进行，这是合情合理的。在液体中，分子之间的距离近到足够发生化学反应。重要的是，万亿个分子会来回运动，以多种组合碰撞，完成化学反应，驱动生命体内的复杂途径。在弥散的气体云或者固体中，这些相互作用通常难以进行。在固体中，分子和原子通常是刚性的，不可能轻易移动。在气体中，它们又彼此相距太远，也就是太分散了。

有人可能会反驳说，在气体里发生化学反应也不是不可能啊，只不过分子彼此不容易遇到，反应比较缓慢而已。比如科幻小说里想象的智能星际云，或许仅仅是有点儿笨重，不是太话多而已。[3]然而，在这种星云里分子和原子必然会扩散，它们不太可能形成长期演化或维持稳定的自我复制系统，更不用说在星系的整个生命周期里一直存在了。

数十年来，生物学家一直对一个问题很感兴趣：生命体必须要用水作为溶剂吗？在寻求答案的时候，我们考虑到了生命体以水为基础、在水中组装只是一种偶然的可能性。我们继续探索在分子水平上塑造生命的物理学原理。水看似简单，仅仅是一个氧原子结合了两个氢原子，但是在简单的结构背后，水在生命中发挥着重要的作用。生命之所以不能离开这种物质，背后有多种多样的物理学原理。

据我们所知，没有一个生物可以离开水而生存，也没有一种生命可以用其他溶剂代替水完成基本的化学反应。[4]那么问题来了，生命对水的需求是源自一些非常特殊的演化条件，还是源自更基本的原理？

人们早就认识到，水有一些很不寻常的特性。对你我来说，最容易注意到的就是，水结成冰后，冰会漂浮在水面上，说明结冰后水的密度降低了。[5]这个现象很容易证实，比如冷饮里的冰块总是浮在上面。这个奇怪的特性并不只有水有。在20吉帕（2×10^{10} 帕斯卡）[6]的压力下，硅也会这样。但是，大部分液体凝固成固体的时候密度会升高，在液体里沉下去。水之所以有这种反常性质，是因为水分子是通过氢键相互连接的。水分子有极性，类似于棒状的磁铁，所以一个水分子中的氧原子可以和其他水分子中的氢原子连接在一起。在液态时，水分子可以敏捷地自由移动。它们能够彼此靠近，把自己扭转成各种角度，嵌入分子之间的角落和缝隙。可是，结冰之后氢键就变得更强了，形成了有序的网络，这种规则的结构比液体状态占据了更多空间。由于内部的水分子间距更大，冰才会比液态水的密度小，能够浮在水上。

因为这些反常的特性，我们会看到冬天时池塘的表面已经结冰，但冰下的鱼依然好好地生活在水中，还因此受到了冰的保护。冰面可以保存下方水中的热量，降低池水的结冰速度；在春天来临之前，封冻的冰面还能让鱼躲开鸟的追杀。乡村池塘中的这些情景让很多人大吃一惊，水的物理性质看起来完美地适应了生命的需要：如果冰比水沉，池塘会从下到上地结冰，水中的鱼就会冻死。可是，我们不能草率下结论说，水的这些神秘特质就是为了给生物提供保障的。

在北美的森林中生活着一种迷人的动物 —— 木蛙（*Lithobates sylvaticus*）。它栖息在林下灌木丛里，乍一看没有什么特殊之处。[7]但是，到了冬天，这种生物就会使用一种精妙的过冬手段。当冬霜降临时，木蛙会把自己埋进厚厚的落叶和泥土中，它还会施展一种生物化学的法术，在血液中合成葡萄糖。这种糖能够防止血液结冰、减少冰晶的形成，细长的冰晶可能会扎破血管，伤害木蛙。春回大地的时候，木蛙的身体会变暖，从地下爬出，不会受到季节变换的困扰。

聪明的木蛙提醒我们可以从不同的角度看待这个世界。结冰池塘里的鱼很可能在暗示我们，水有一些不寻常的性质正好满足生物的需要，但是木蛙又告诉我们，如果生物在一种冬天要冻结成固体的液体中演化，那么它就必须适应这种情况。并不是水的性质适应生物，而是生物适应了周边的化学和物理环境，包括水。但是，这些现象还是不能回答这个问题：水是否有一些特殊的性质，使它成了生命的唯一溶剂，像熔炉一样孕育了生命？

水的一些特性并不是很适合生物的生存。如果挖掘得足够深，我们甚至可以发现它的一些有害的属性。在杯子里，这种物质看起来是无害的，但是水不是惰性的，它与很多对生命至关重要的分子都能反应，这个能力令人很头疼。从水解反应（hydrolysis）的词根（*hydro-* 在拉丁语中就是 "水" 的意思）不难推断出，这是水引起的一种化学变化。[8]

在液体状态下，水不只是我们熟悉的化学式H_2O，还会分解成为氢氧根离子OH^-和水合氢离子H_3O^+（质子与水分子结合在一起形成的离子）：

$$2H_2O \leftrightarrow H_3O^+ + OH$$

水通过这种方式解离出的离子会攻击生命的长链分子。水解反应会让核酸、糖等生命必需的分子分崩离析，强迫生物体不断运用能量去修复并重建自身。

水也许不够完美，在这种负面的观点下，我们当然可以找到水的种种不利之处。但是，除了这些小问题外，它也有很多非凡的性质为生命所用。

因为组成它的原子略微带电，或者说有极性，所以液态水能够溶解各种各样大小的分子，对于生命代谢过程中的复杂级联反应来说，能溶解从离子到氨基酸的所有参与物质是很重要的。

生物催化剂、酶，还有生化机器的很多其他组分等形态各异的分子都是蛋白质。它的用途非常多。在蛋白质身上，我们看到了水的真面目，彻底了解到为什么水会成为与生命相关的化学反应发生的理想场所。

水分子能聚集在蛋白质的外部，让蛋白质更有柔性，使它们能够充分移动、吸收化学反应组分、充当生物催化剂，但是又能确保它们有充分的刚性，能够正确折叠、保持其完整性。[9]不可思议的是，我们通常认为水对保持蛋白质的稳定性必不可少，但是它实际上也有助于让它们失去稳定性，促进其流动，这显示出水在生命过程中维持着精妙的平衡。

在另一些蛋白质中，水分子会屏蔽氨基酸，阻止它们与其他氨基酸紧密结合。这种行为表面上阻止了稳定键的形成，实际上是让蛋白质维持了恰到好处的不稳定性，让它们依然保持柔性。

我们在水和蛋白质之间还发现了一些更为奇怪的关联。由于水分子之间的氢键网络，附着在蛋白质表面的水分子会形成一层"盔甲"，紧紧包裹、束缚着蛋白质。这种物理状态有点儿像玻璃。这种特性不但能把蛋白质聚在一起，还能确保大部分分子能轻松移动。

通过这些令人惊讶的方式，水帮助蛋白质折叠，使那些松散的氨基酸链条正确地聚合起来。但是，水的作用不止于此。水还可以成为蛋白质结构的一部分，从而决定整个分子的形状和功能。水可以聚集到蛋白质的活性位点（化学反应发生的区域）内部，和进入此处的分子连接，促进蛋白质完成催化作用。水分子在大部分蛋白质发挥功能的过程中都起到了重要的作用。

水可不满足于仅仅进入蛋白质，它还巧妙地把自己嵌入了生命的密码。水分子与DNA的结合方式取决于DNA本身的核苷酸序列，因此如果跟DNA结合的水分子与DNA的其他部分或者细胞中的其他成分相遇，它们就介导了与DNA密码有关的生物化学改变。这种安排的好处是，生命体可以通过水的介导以非常规的方式读取遗传密码。[10]

在细胞生物学里，水的作用不仅是帮助形成结构和协调重要的反应。细胞也会利用这种液体运送电子和质子。水分子通过氢键连成的长链就像电线一样，在细菌视紫红质中传导质子。细菌视紫红质分子在一些细菌中担负着光合作用的重任，收集阳光中的能量。通过这种巧妙的安排，我们看到，亚原子粒子沿着水的运动对于一些生物获得能量是非常重要的。

有人可能会反驳说，水的这些特性听起来很神奇，但是还有其他液体也能实现类似的功能。一些蛋白质能在除了水以外的其他液体中正常工作，比如有机溶剂苯，这确实是事实。蛋白质的这种能力似乎表明，生物化学可以脱离水而进行。然而，大多数蛋白质首先要在水中折叠，然后才能在非水溶剂里起作用。有些蛋白质能在有机溶剂里起作用，并不意味着全部生物化学反应都能在其他溶液中发生，也不意味着哪怕它能够在别的溶液中发生，它也会倾向于不在水中发生。[11] 即使蛋白质能够在非水的液体里正常工作，水依然可以与这些蛋白质结合，参与结构形成。

水的用途错综复杂、种类繁多，这让我们意识到，我们不能仅仅把水当成容纳生命的溶剂，还应该认识到这种液体是生命生化过程中的基本组成部分。生命与这种液体以非常复杂和精妙的方式交织在一起，很多时候水是生命机器的一部分，而不只是容纳了一系列反应，其中碰巧产生了生命的媒介。

水的功能之多令人吃惊，从电子载体到质子导线，从形成氢键网络到承担分子的刚性和柔性。水能够被整合到一个自我复制、不断演化的生命系统中，并在其中发挥重要作用，它可能是独一无二的。

尽管我们不断发现水令人惊讶的特性，但是随着我们对其他溶剂的了解，我们不得不停下来思考一下。最有可能代替水在生命中的位置的是氨（NH_3）。在一个大气压下，这种液体可以在零下78℃到零下33℃的温度范围内存在，但是如果加压，它的沸点会升高到100℃，就像水的温度范围一样宽。像水一样，氨也可以溶解许多小分子和离子化合物。低温液氨存在的环境可能适合生命存在，比如土星的卫星土卫六的地表深处、气态行星木星大气层或在木星某个卫星的冰冷海洋中。不过，它跟水的相似之处也仅限于此了。[12]

生命的一个基本特征是能够用膜将外界环境与分子隔开。尽管在低温条件下，包括脂类在内的碳氢化合物可以从氨中分离出来，但是自发形成膜的现象在液态氨中不可能发生，在水中却可以。

　　氨和水在这方面的特性差异，部分原因是氨不能形成牢固的氢键网络。这个原因也能解释为什么氨的沸点很低——在加热时氨分子更容易被拉开。在水中有一些精细的相互作用也不能在氨中存在，但它们对于平衡蛋白质的稳定性和柔性是必需的。

　　最重要的是，氨会大举攻击生命分子。像水分子一样，氨分子在溶液中会解离成两种离子（NH_4^+ 和 NH_2^-）。含有 NH_2^- 的溶液会与质子结合，从而攻击含有质子的分子。这些分子包括组装成我们所知的生命的许许多多复杂的分子。这种能消灭生命分子的特性使氨对地球上的生物是有害的，它也极有可能与宇宙中其他地方的多种复杂分子起反应。一句话概括就是，氨缺失的正是化学上的精妙性。

　　可是，我也得指出，氨具有一些不可思议的性质值得注意。比如，它能溶解金属，形成由金属离子和许多自由电子组成的奇异的蓝色溶液。[13] 自由电子是生命的基本要素，它们是从周围环境里收集能量的电子传递链的原材料。从表面上看，我们可能会认为，既然电子在生命体中广受欢迎，这种可以溶解电子的液体将是一个很好的电子来源。在氨的海洋里，会不会有奇异的蓝色外星人从周围环境中吸收着美味的电子？我们不能轻易排除这个想法。

　　虽然前文提到了氨的种种缺点，但氨的优点是可以参与复杂的化学反应。工业化学家用氨来配制很多有用的溶液。它还是很多含氮化合物的前体，比如火箭燃料中用到的肼。

　　像除水之外其他所有的"生命溶剂"一样，我们可以给氨列出一个清单，列上生命体所需要的特性。清单上的大部分液体都具有某些性质，似乎对生命无害，可能还有益，比如氨能溶解电子。然而，我们所寻找的溶液远不仅仅需要能与自我复制、演化的生物相容。我们要寻找的液体应该可以参与各种化学反应，因此它的化学性质既不能太迟钝，也不能太活泼。

我们把目光投向其他液体，虽然它们看起来不太可能有用，但我们还是开动脑筋做了种种考虑。[14]有些液体的性质让科学家很兴奋，包括硫酸（H_2SO_4）、甲酰胺（CH_3NO）和氟化氢（HF）。

在一个大气压下，液态硫酸存在的温度范围更宽，从10℃到337℃，因此它能在很多环境中保持液态，这让它看起来很有可能成为"生命的溶剂"。金星的云层中就有液体硫酸，浓度在81%~98%。有趣的是，在大约50千米高处的金星云层里，有一个区域的温度大约是0~150℃，压力也跟地球表面的压力很接近。这些有利的温度和压力环境引起了人们关于生命存在可能性的大量讨论，例如金星天空中飘浮的气泡，或者以硫酸为食的硫酸盐还原细菌。[15]在一个有趣的思想实验中，化学家史蒂夫·本纳（Steve Benner）提出，在奇怪的液体里可能会发生一些奇怪的蛋白质化学反应。[16]在硫酸里，氨基酸之间的氮会被硫原子代替，并稳定存在。尽管同水一样，硫酸能溶解很多化合物，但它对有机材料或者几乎所有复杂化合物都不太友好。它在化学上的破坏性意味着，在它内部能进行的生物化学反应是极其有限的。

甲酰胺的情况也类似。尽管很多分子在这种物质中很稳定，包括我们熟知的ATP，但是只要很少量的水与甲酰胺结合，就可以水解、破坏它们，这意味着甲酰胺只能在一个几乎不存在水的星球上发挥作用。

氟化氢跟水的化学特性有相似之处，它可以形成氢键，也能溶解很多小分子。可是，它与水混合生成氢氟酸后，反应活性不可思议。在实验室里，地质学者用这种液体来溶解石头，让化石现形。它倾向于与碳氢键反应，让它变成碳氟键，因此它不太可能成为有机化学溶剂，除非有一种生命是由富含氟元素的分子构成的。

　　除了上面提到的这些难题，当我们思考哪些液体在理论上可以作为水的替代物时，还会出现其他的问题。对于那些要在低温下工作的液体，比如液氨，尤其如此。

　　化学反应速率由一个非常简单的原理决定，即阿伦尼乌斯方程。该方程来自瑞典化学家、物理学家斯万特·阿伦尼乌斯（Svante Arrhenius）。他生活在 19 世纪和 20 世纪初，非常博学，曾获得过诺贝尔化学奖。他曾经涉猎过很多学科，甚至思考过地球大气中二氧化碳增加带来的影响，预言这将使全球变暖，以阻止冰期的到来。他意识到，化学反应的速率与温度有关。在实验室里测定了不同反应的速率后，他指出这种相关性不是简单的线性关系。温度加倍并不意味着反应速率也会加倍。温度和速率之间是指数的关系，更确切地说，任何反应的速率（k）等于：

$$k = Ae^{(-E_a/RT)}$$

　　这里的 e 是数学常数，E_a 是活化能，R 是理想气体常数，T 是反应中的温度。不常见的系数 A 是一个常数，跟不同的化学反应有关，它决定了正确方向的碰撞频率。

　　温度与反应速率之间的指数关系对于生命意味着什么？

　　假如一个反应的活化能是 50 000 焦耳，这意味着这是反应进行所需的能量。把环境温度从 100℃ 降到 0℃，反应速率将降低到原来的 1/350。然而，如果再将反应温度降低 100℃，从 0℃ 下降到零下 100℃，反应速率将降低到原来的 1/350 000，这太惊人了！在液氮的温度下（大概是零下 195℃），反应速率将是原来的一千万亿亿分之一！

　　乐观派人士可能马上会反驳说，催化剂能加快反应速率啊！但是，即便是最好的酶或者化学催化剂，也只能把反应速率提高几个数量级而已。指数关系也许不会成为问题：生命只不过是在更慢的速率下运作，复制频率可能比目前地球上的生命更低而已。但是，在大多数行星环境下，生命经常会遭受损伤，需要修复。损伤的一个来源就是背景辐射。

因此，生命就会面临一个问题。它必须有修复辐射损伤的能力，防止损伤积累到致命的水平。在地球的地下深处，几乎没有可以用于生长和繁殖的能量，微生物也很少分裂。但是，即使在这里，它们也必须聚集起足够的能量来修复辐射造成的损伤。[17]在地球的岩石中，哪怕是抗辐射能力最强的微生物，如果它们一直保持休眠状态的话，4 000万年的背景辐射就足以杀死它们中的大部分。火星的大气层比地球薄，表面的宇宙辐射比地球更强。在这里哪怕有抗辐射的休眠微生物，不管是当地已经存在的还是人类或机器人探索者偶然带上去的，它们都会在几千年内被杀死，可能用不了几千年。[18]

如果低温生命体内的化学反应速率与我们熟悉的生命相比相差成千上万倍，这就意味着低温生命形式可能会积累大量损伤，无法及时自我修复，也就不能活下去了。

不过，对于低温生命形式也可能会有一些更乐观的消息。它需要面对的很多不利因素也取决于温度，温度越低，活性氧的产生、氨基酸的分解、由热引起的DNA碱基对分解等过程也越慢，因此损伤出现得也越慢。[19]尽管低温生命形式很可能会遭受损伤，但是损伤引起的变异也会相应地变慢，这从某种程度上弥补了它们低速的自我修复。然而，辐射对分子的直接损伤是与温度无关的。反应速度过于缓慢的生命跟不上这些损伤的步伐。

除了缓慢的修复和生长速度，环境也对这种"懒惰"的生物不利。

任何环境都会随着时间而改变。实际上，为了发生化学反应以产生生命所需的能量，环境中必须存在更新和动态的变化。[20]在极端低温下，细胞内化学反应速率过慢，可能会出现这样的情况：细胞好不容易动员代谢途径适应了周围环境的短期改变，但环境又改变了。在更大的尺度上，这产生了一个问题：如果反应速率大幅降低，那么可能代谢途径还没来得及适应初始条件，行星尺度上的环境就又变了。生物可能只能徒劳地追赶环境的变化，设法捕获能量或者对物理和化学条件做出反应，而这些条件可能早就消失了。

所以，生命的存在可能还是有一个最适宜的温度范围的。在宇宙中的大部分环境中，生物适应和修复自身的能力很可能与下列因素存在时间上的相关性：辐射速率和行星化学及行星地质学的扰动。在极端低温下，生命过程可能会与发生在行星表面和内部的许多过程不同步。

在我们探索外星表面的化学过程时，找到宇宙中这些化学过程真实发生的地点并测试这些想法是很有帮助的。在我们的太阳系中，有很多为人熟知的酷冷环境，比如气体巨行星卫星上的海洋、火星上的冰川，这些地方并不会比地球上我们已知最冷的地方冷太多。然而，我们也知道，即便在太阳系这个宇宙角落里，也有些地方液体温度显著低于地球的其他地方。我们是否有理由乐观地认为，那些液体里可能具有能自我复制和不断演化的系统？

在宇宙中有一个被寄希望于存在生命的寒冷的地方，那就是土星的卫星——土卫六。2004年，卡西尼号飞船和惠更斯号登陆器传回了土卫六表面的图片，让人类惊愕不已。透过大气，照片中的这个世界显得格外缥缈。甲烷河流分割了大地，形成了蜿蜒的支流和湖泊，就像我们这个充满水的星球一样。[21]在寒冷的地面上，环境温度低至−180℃，在这个温度下，水冰的物理特性就像地球上的石头一样。

土卫六上的"生命"溶剂是甲烷，这种有机溶剂跟水有很大不同。甲烷没有极性，这意味着它很难溶解对地球生物化学过程很重要的许多离子和带电分子。我们熟知的很多蛋白在甲烷中也会失效。

有人会说，甲烷的一大优势是它没有水那么活泼，所以在地球上破坏生命分子的水解反应就不会存在了。尽管这可能是事实，但是水的反应活性正是它的重要能力之一，通过跟某些分子发生反应，水可以维持分子柔性、保持分子间通信等。水活泼的特性虽然有时对生物不利，但是通常是有利于所有生物的。

一种流行的论点认为：一些化学家实际上更喜欢在非水溶剂中进行某些合成反应，这样可以避免水的活泼特性，证明了没有水的情况下生命体也可能活得更好，因此甲烷和类似的液体也能成为"生命的溶剂"。但是，化学家之所以喜欢在有机溶剂中进行反应，是为了得到更多他们要制备的化合物。所以，他们希望尽量减少不必要的化学反应。但生命过程不同于实验室制备化合物。生命是利用反应活性来驱动活跃的生化过程的。与水相比，甲烷缺乏反应活性，并且无法溶解极性分子，因此不太可能有利于生命的诞生，哪怕它们可能会吸引工业化学家的注意力。

不过，我们可以想象一下，在这种有机化合物存在的地方如何构建生化结构。思考一下地球上的生命是如何制造出包裹在细胞外面那层膜的。要是我们想在土卫六那样的地方造出细胞膜，就得把它翻转过来。带电的头部要朝内彼此相对，避开疏水的甲烷，长长的脂肪酸尾巴要指向液体。通过改变脂质层，我们制造出了适合甲烷世界的囊泡。为了完成这项工作，我们不能引入地球生命所具有的脂肪酸尾巴，因为在土卫六的冰冷甲烷湖里它们会凝固，无法移动。康奈尔大学的研究团队用化学建模的方式发明了一种丙烯腈膜来取代细胞膜，丙烯腈是土卫六上的一种含氮化合物。他们管它叫"氮膜"（azotosome）。"氮膜"分子的极性头部富含氮，头部相互吸引形成膜，尾部是向外伸出的短链碳化合物。这种化合物使整个结构可以在土卫六上保持流动性，就像在地球上的膜一样。[22]

人们已经不满足于模型和推测了，想得到真实的资料。研究人员把土卫六表面的气体的测量数值与生命可能获取能量的方式比较后认为，土卫六上可能有生命。他们认为，在土卫六的大气中，生命可以通过让烃类（比如乙炔、乙烷）和氢气反应来产生能量，这个过程产生的废物是甲烷。[23]这个想法现在受到了追捧，因为研究人员观察到这个星球大气中的氢气在被消耗，表面上的乙炔也明显减少了，这可能是生命存在的间接证据。[24]这些数据让人很兴奋。但是正如"奥卡姆剃刀"原则提醒我们的那样，借助的假设数目最少的解释才是我们应该接受的科学解释，这个原则在思考外来生命的时候尤其重要——我们应该记住，我们对土卫六和它上面甲烷循环的了解还很有限，现在观测的结果也可以用其他行星地质学或行星化学的过程来解释。虽然如此，但这种说法还是有趣的。

如上文所说，用一点点想象力，我们就能在土卫六上建构内部自洽的生命图景。但是，就算土卫六上可能存在生命的能量来源、丰富的有机分子和其他非碳原子，可能还有脂类化合物，但这一切都不足以维持生命系统，因为那里大部分湖泊和大陆的低温环境限制了生物系统的生存。[25]

以上讨论可能包含了一些化学上的偏见，因为我们将研究工作集中在熟知的溶剂——水上。我们对氨、液氮、氟化氢、液态甲烷和其他溶剂的了解更少，由于缺少在其中进行生物化学反应的例子，我们需要进行大量的推测。如果人类用了另一种液体作为"生命的溶剂"，我们能否预测到这种奇怪的一氧化二氢（H_2O，水！）溶剂如何与能繁殖、演化、自我复制的生物相互作用？尽管我们是一种以水为基础的智慧生物，我们对水在生物化学中的作用的了解也是近年来才突飞猛进，而且依然很不够。

虽然要考虑到这种偏见，但水这种溶剂似乎用途还是很广泛的。水有非凡的能力，在生命的舞台上，它可以扮演多种角色，不管是主角还是配角。到现在为止，我们还没有发现有机化学中的任何其他溶剂或者生物化学体系中的任何其他物质具有这种能力。同样重要的是，水保持液态的温度范围，刚好也是化学反应速率足以让生物处理各种生物破坏因素（例如辐射和微观尺度条件变化，以及行星尺度上的重大调整）的温度范围。水不仅具有的化学性质适合作为生命溶剂，而且在宇宙中普遍存在，说明它的物理性质也适合生物，任何行星的演化实验都需要它作为普遍溶剂。

距离我们120亿光年之外有一个古老的类星体，它有个不太好记的名字：APM 08279+5255。天文学家总是喜欢这么命名。不过，我是个生物学家，所以我叫它弗雷德。弗雷德有一个黑洞，这个黑洞比太阳的质量还要大200亿倍。天文学家对类星体的了解很少。由于弗雷德距离我们有120亿光年，因此我们观测到的其实是120亿年前接近宇宙起源时它发出的光。也就是说，类星体非常古老。然而，这个遥远的模糊物体含水量非常高，比地球海洋水量总和还要大140万亿倍！

弗雷德这种情况并不罕见。水在宇宙中随处可见：它易于挥发。在我们的太阳系中，木卫二的冰盖下有海洋，土卫二（这个卫星非常小，直径不到500千米）的南极有间歇的喷泉。火星有冰盖，太空中还有冰彗星，比如柯伊伯带上直径大于1千米的冰彗星有10亿~100亿颗。[26]

弗雷德上的水是怎么来的还是个未解之谜，但是不管怎样，天文学

家还是很兴奋，他们想研究出来外星环境中如何形成了水。我们来看看
反应流程：[27]

$$H_2 + 宇宙辐射 \rightarrow H_2^+ + e^-$$

$$H_2^+ + H_2 \rightarrow H_3^+ + H$$

$$H_3^+ + O \rightarrow OH^+ + H_2$$

$$OH_n^+ + H_2 \rightarrow OH_{n+1}^+ + H$$

$$OH_3^+ + e \rightarrow \mathbf{H_2O} + H; OH + 2H$$

　　化学的细节我们先不考虑，但是"简单就是美"的原则非常重要。
氢气分子会受到宇宙辐射（可能来自垂死的恒星）的轰击，由此产生的
氢离子可以跟超新星爆发时产生并散布到整个星际空间的氧原子发生反
应。含有氢和氧的离子与更多的氢离子反应，产生 OH_3^+ 离子，这个离
子吸收一个电子后就形成了水。上面的最后一条化学方程式中我把水加
粗了。

　　所以，宇宙大爆炸产生了氢，超新星爆炸产生了氧，再经过辐射和
电子的加入，我们就得到了水，遍布宇宙的水。

　　这些反应可能不是弗雷德内部水的唯一来源，但是它们表明，要想
形成水很简单，不需要特殊条件。之前人们认为，在地球早期历史中获
得的水来源于彗星，但事实上可能主要来自含水的小行星，而小行星上
的水也是通过上面的反应生成的。弗雷德告诉我们，这个反应过程已经
持续了数十亿年。在宇宙中的一个地方，在地球形成70亿年前，在生
命出现在地球上之前，仅在弗雷德周围就产生了总量相当于数万亿个地
球含水总量的水。

　　至于进入人们视线的其他溶剂，它们成为"生命的溶剂"的可能性
似乎越来越小了。据悉，土卫六地下的液态海洋中可能含有30%的氨，

氨很可能是早期地球大气中的组分之一，它也是水的替代物的候选之一。事实上，氨是木星大气的组分，但可能不如水的含量那么丰富。硫酸，作为"生命的溶剂"的一项更古怪的提议，甚至更罕见。至于氟化氢，就更不太可能了。氟在宇宙中的含量大约是氧的十万分之一。无论它们在化学上有多少用途，这些替代溶剂和其他溶剂都无法与宇宙中的水量相提并论。宇宙中其他可能产生生命的奇妙液体，比如硫酸或氨海洋里产生了鱼类生命形式的可能性，都要比宜人的水域海洋小得多。水的物理特性使它随处可见，功能丰富，非常适合作为形成生命的溶剂。

第 10 章

不可取代的碳原子

在一本讲生命的书里，以《星际迷航》作为某一章的开头似乎不是个好主意。从1966年开始播出的该系列电视剧和电影都是建立在吉恩·罗登伯里（Gene Roddenberry）的一个概念上，这也是当时普遍看法的一个缩影：生物学是不受限制的。在银河系中，星际飞船"企业号"的船员们跟着飞船四处游荡，遇到了奇怪的生命体，还尝试找出缓和它们暴躁脾气和侵略性倾向的方式。这个系列的主题是宇宙中包含着无尽的、不可预知的生物学潜能，这也是科幻小说里常见的思想。《星际迷航》几十年来的电视剧和电影作品都是从这个简单的概念衍生而来的。

我绝对不是《星际迷航》的铁杆影迷[1]，但是我跟柯克船长的扮演者威廉·夏特纳都认为，1967年播出的"黑夜魔王"这一集是最棒的。在这一集中，杰纳斯行星上的50个矿工被一种恼怒的生物杀死，这种生物会向物体喷射腐蚀性物质。船员们找到这种生物后，发现它是一种硅基生命，由跟石头成分相同的硅酸盐物质组成。[2]当时矿工正在采集硅球（一个硅球就放在矿工主管的桌子上），这些硅球不是普通的大石头，而是奥尔塔这种生物的卵。经过企业号船员的调解，奥尔塔不再喷射腐蚀剂了。随着文化的交流，奥尔塔帮助矿工找到了贵金属，作为交换拿回了卵，皆大欢喜。

奥尔塔及其后代反映了生物学上的另一个基本问题：构成生命的元素，或者说生命的原子构成，是否可以跟我们地球上的不同？要弄清这些最基本的问题，我们将继续顺着生命的阶梯向下进入原子尺度，仔细研究在更基本的物质层面上，物理过程是如何塑造出这些结构的。

组成地球上生物的基本分子里的原子框架是由各种各样的元素组成的，但是构成巨大生物分子神殿骨架的主要元素是碳。该元素属于元素周期表的第四主族。它下方的硅元素也在同一族中，有相似的化学性质。那么有想象力的人就要问了，在生命中用硅代替碳，是否可行？宇宙里到处充满着硅元素，如果用它组成生命体，资源肯定很充足。正如柯克船长可能会考虑的那样，奥尔塔有什么不好的？

要回答这个问题，并解释生命为什么选择了碳元素，我们必须了解组成生命体的原子的结构。通过深入研究元素周期表和原子的物理学性质，我们将找到非常普适的物理学原则，最终的核心观点是：碳是构成生命形式最合适的元素。

1869年，德米特里·门捷列夫制作了第一张元素周期表。如今的元素周期表包含了已知的所有元素，包括自然存在的和实验室合成的。每一个元素的原子中心都有一个原子核，原子核里有带正电的粒子——质子。除了氢元素（它只有一个质子）之外，其他元素的原子核里都有一些中子，这些不带电的粒子能够维持原子核的稳定。在周期表中，元素按它们拥有的质子数量排序，有时这个顺序也被称为原子序数。所以只含有一个质子的氢就是1号元素。[3]它位于元素周期表的左上方，名字复杂的鿫是118号元素，位于周期表的右下方。

原了中心的小型粒子团周围是电子，这种亚原子粒子也带有一些波的性质，就像光一样。与质子不同，电子带有负电荷。原子总是电中性的，它们不带电，因为质子带的正电与电子带的负电互相抵消。换句话说，一个原子中电子的数目与质子的数目必须是相等的。

现在，我们得到了一幅关于元素的简单图像，原子序数从左上到右下依次增加。原子核中的质子和周围轨道上的电子不断增加，逐渐形成了各种各样的原子，创造了每一种元素，宇宙和生命都是由它们组成的。

不过我刚才提出的观点中有一个小问题。在增加粒子个数时，我们不能直接把电子逐一增加到原子上。两个彼此完全相同的电子会相斥，就像生日会上互相较劲的同卵双胞胎，他们不喜欢被拿来比较，更喜欢朋友们把他们当作独立的个体。因此，电子是不能直接堆积到一起的。不能有两个或两个以上的电子处于完全相同的状态，这个定律是由奥地利物理学家沃尔夫冈·泡利提出的，并根据他的名字被命名为泡利不相容原理，遵守这条原理的粒子（包括电子）被称为费米子。[4]

那么，如何让一个原子中互斥的两个电子并排排列呢？一个方式是改变电子的自旋。如果两个电子的自旋方向不一样（比如一个向上，一个向下），那它们就是不同的。就像双胞胎有一些各自不同的特征，让他们感到自己是不同的，这样的两个电子并排并不违反泡利原理。[5]然而，泡利原理又让我们无法添加第三个电子，因为我们找不到其他性质可以改变，让第三个电子也不同。就像亚原子状态下的挪亚方舟，电子只能两个两个地增加。

当我们给原子增加电子时，它们会占据所谓的轨道，有时也叫作壳层。每个壳层或者每个轨道上的电子数都是2或者2的倍数，确保不会违反泡利不相容原理。

当电子排布完成后，进入最后轨道的最外层电子就异常重要了，因为它们是将来接触到另一个原子的先头部队，它们决定了化学键的性质，甚至决定了这个原子是否可以和另一个原子反应。电子轨道没有完全被填满的原子会得到或失去电子，最终形成一系列的完整电子对：空的电子位让原子具有反应活性。

泡利不相容原理解释了为什么惰性气体（比如氖、氩等）是惰性的。它们最外层电子层有4对电子对，没有多余的空间，这意味着它们没有空间接受其他原子的电子，即参与化学反应。因此，惰性气体很难发生化学反应。

原子中的电子排布决定了元素周期表中1~118号元素的排列方式。表中的同一列元素的原子，其最外层电子数目都相同，这意味着它们的化学特性非常相似。所以现在我们可以发现，原子的性质和它们构成物质世界的方式是由电子的排布方式决定的。一个简单的物理学原理决定了这一切：泡利不相容原理。

让我们说回到生命，考虑一下大部分生命分子中最核心的元素：碳。它有6个电子。为了满足泡利不相容原理，这6个电子必须以这种方式排布：2个电子在最低的轨道上，称为1s轨道；2个电子位于靠外的相邻轨道，称为2s轨道；剩下的2个电子位于同等高度的另一个轨道，2p轨道。[6]

那么，奥尔塔是什么情况呢？这种虚构的生物是由硅构成的，硅在元素周期表里跟碳属于同一族，不过在碳下面一行。硅的14个电子是怎么排布的？2个电子在1s轨道上，2个电子在2s轨道上，6个电子排布在3个2p亚轨道上，2个电子在相邻的更高3s轨道上，最后2个在3p轨道上。[7]尽管硅比碳拥有的电子更多，但是最外层的电子同样有2个在s轨道上，2个在p轨道上。这种相似性解释了为什么碳和硅有相似的化学性质，也解释了人们为什么会构想出奥尔塔。

现在我们已经掌握了一个基本原理，这是生物学的核心所在，位于生物学的最低层次——原子和亚原子组分的水平。下面让我们进一步探讨：是什么原因让碳元素成了生命分子优秀的组件，硅元素是否合适呢？

碳的大小刚好合适。它的最外层电子能够跟其他原子的电子配对成化学键，从而形成分子，但是这些电了仍受到原子核的紧密束缚，也就是说这种连接很牢固。它们之间的距离并不远，如果太远的话，电子就很容易脱离原子。生命体必须能够构建像DNA一样稳定的分子，还必须能够在不消耗大量能量的情况下分解旧分子，以形成新分子。碳元素完全符合上述要求。

最外层的电子（包括2p轨道上的2个电子和2s轨道上的2个电子）喜欢和其他原子上的电子配对形成化学键。在一个非常常见的碳原子反应中，它的一个电子会跟氢元素唯一的电子形成碳氢键，这种键出现在生命分子的各种形式里。碳还可以和其他碳原子以及硫、磷、氧、氮原子等形成化学键。这些键的强度相似，所以碳只需要花费很少的能量就能切换与之连接的原子种类。这种原子还有其他的排列方式：2p轨道上的2个电子可以和其他碳原子中2p轨道上的2个电子形成双键，还可以形成三键，这进一步增加了含碳分子的复杂性。

碳元素易于形成化学键，成键之后灵活多变，这些特性造就了碳链、碳环等多种结构：最简单的气体甲烷就是由1个碳原子结合4个氢原子组成，而复杂的DNA分子则拥有惊人的长度，一个人的DNA完全解开有2米长！[8]因此，你可能会问，其他元素是否也可以像碳一样，以灵活的方式组装成多种多样的分子呢？我们不妨试试硅，它是地球上除了氧之外丰度第二高的元素，看起来是个相当好的选择。

　　尽管硅和碳最外层的电子构型相似，但是它们有一个关键的不同点。前面说过，硅有14个电子，碳只有6个，这意味着硅的外层电子离原子核更远，受到的束缚也比碳的外层电子小。硅的电子与原子核结合得不那么紧密，所以它们与别的分子形成的键也比碳要弱。硅硅键的强度只有碳碳键的一半，所以在自然界你很难找到超过三个硅原子相连的情况。[9] 所以，硅几乎不能组装成复杂的链条和环，而我们在碳基生命里时常看到几十个碳原子相连组成链条或者环。电子和原子核结合不够紧密，就容易被别的原子或者同种原子夺走形成电子对，这就增加了原子的反应活性。硅形成的某些化学键是很不稳定的。比如硅烷（SiH_4），结构跟生物学中的重要气体甲烷（CH_4）很相似，但是它在室温下就可以自发燃烧起来。[10]

　　硅还有另外一个致命的弱点。碳原子与氧原子可以通过双键结合，一个碳原子与两个氧原子结合后会形成二氧化碳气体，这种气体用途很多，比如成为光合作用的原料。然而，因为硅的尺寸更大，所以它不容易和氧形成双键。这些氧原子仍然有一个单键是空闲的，可以跟其他硅原子结合。结果就是，硅和氧的连接能够形成一张大网。这张网大家都比较熟悉，就是硅酸盐的结构，硅酸盐也是组成玻璃、矿物、岩石的成分。不幸的是，不像很多其他硅化合物，硅酸盐非常稳定，一旦硅被锁入这个结构，它就只能待在原地了。只要看一眼岩石，我们就能直观感受到为什么硅基生命是不可能存在的。

　　岩石里的硅酸盐种类之多令人眼花缭乱，几乎可以媲美碳化合物。[11]但是硅酸盐是石头的原料，而不是生物化学反应的原料。它们内部的网络让它们难以发生化学反应，硅酸盐陶瓷可以用来制造隔热罩，在航天器进入地球大气层时起保护作用。上千度的高温依然没有办法动摇这种材料的结构，当然它也无法发生有趣的化学反应。

尽管在我们的星球上，大部分硅都被锁定在通常不与外界起反应的硅酸盐里，但这并不意味着生命中没有这种元素。硅藻是一种生活在海里和淡水中的藻类。硅藻细胞的细胞壁是由二氧化硅构成的。这种进行光合作用的微生物形状多样，有星状、桶状，还有船形。[12]植物也能收集并利用二氧化硅。[13]在某些情况下，硅的总量超过了植物总质量的1/10。植物很容易从土壤中吸收硅酸，硅在植物生长、维持机械强度和抵抗真菌感染中起了一定作用。硅在植物细胞中形成植硅体，有助于维持植物的刚性，而刚性是逆重力向上生长所必需的。二氧化硅结构（被称为针状体）甚至还出现在某些海绵的原始骨架中，这些海绵属于地球上最早的多细胞生物。[14]

任何明智的科学家都不会排除硅作为生命基础的可能性。即使是在地球（硅酸盐在地壳中占据90%）上，这种元素也没有全与氧结合形成硅酸盐。硅和碳形成的化合物——碳化硅（SiC）是自然存在的。[15]在星际空间中，许多硅化合物，比如硅氮化物、硅氰化物和硅硫化物，都被发现了，说明在宇宙的尺度上，硅形成了很多不常见的化合物。之前我们比较了解碳化学，而对硅化学知识不够了解，所以形成了某种偏见。当我们更深入地研究了硅化学后，我们收获了很多惊喜。跟碳一样，这种原子似乎也形成了形形色色的化合物，有些有机硅化合物也能形成链状结构。[16]也许，我们之前总是泾渭分明地看待这两种元素，却忽略了某些基于碳和硅相结合的骨架的生命形式。[17]

给它一个机会，硅能形成更多产物，有成为生命的可能。在硅的结构家族中，有一种名字拗口的笼形分子叫倍半硅氧烷（silsesquioxane）。我们可以把各种各样的结构加到这种分子的核心，制造出种类丰富的其他分子。在适宜的实验室条件下，其他硅化合物也能形成具有20个以上连续原子的硅链，就像构成生命分子的长链化合物一样。

尽管我们在探索复杂硅化合物时发现了它们的惊人的多样性，但是生命也没有闲着。它已经在很多情况下检验了这个元素，用它来实现各种功能，但是就我们所知，用硅元素还不能组成生命体中普遍存在的主要分子，形成我们所说的硅基生命。哪怕是充满硅元素的植物，也还是由细胞构成的，而组成细胞的糖、蛋白质和脂类都是碳基化合物。生命利用硅，是用它来制造坚硬如岩石的硅质支撑材料，比如植硅体和针状体。或许生命结构里的硅元素是地球生命演化的遗迹，但生命最终还是选择了碳。如果生物体发现利用硅化合物会增加一些生存机会，它们肯定早就用它了。地球的演化实验显示，在我们这个星球的条件下，在几乎所有的生化过程中，碳都要优于硅。

在碳、硅所在的第四主族中，随着原子大小的增长，其他元素的问题更大。硅下方的元素是锗，但是以锗元素为主的生命形式还没有被发现。[18] 就我们所知，这种元素也不能形成构建生命系统所需的一系列化合物，再往下的锡和铅更不可能支持奥尔塔的存在。

我们用了各种推理方法，在元素周期表里寻找哪些元素可能会形成生命，而碳元素无疑能够形成最大、最多的分子。很可能宇宙其他地方的生命过程也会聚焦在这个元素上，它是生命的基本组件。如上所述，碳是最好的选择，背后的原理是泡利不相容原理，它是量子层面上的普遍原则，建立了原子中电子排布的规则。

那些持怀疑态度的人可能还是不相信。如果其他生命形式不但改变了它们使用的核心原子，还改变了生命所需的溶剂呢？也许，假定生命只能以碳作为化学基础、以水为溶剂限制了我们的想象力。我们是否应该考虑，液体和生命关键元素之间能否有不一样的组合？想象一下，硅基生命会不会在液氮里产生和演化呢？[19] 液氮能够提供足够低的温度，让复杂且不稳定的硅化合物保持稳定，比如硅烷和硅烷醇化合物，后者类似于我们这个世界里的醇类。[20]

根据上述假设，我们可以构建一个疯狂而离奇的地质循环。行星上岩石中的硅可以和二氧化碳、氨和其他化合物反应产生硅烷和硅烷醇。这些物质最终会被转运到液氮海洋里，在那里参与进一步的化学反应，为硅基生命奠定基础。发生这些奇妙生物反应的地点，可能是海王星的卫星海卫一，这里冰雪覆盖，表面有液氮的间歇喷泉，也许是从地下深处的寒冷液氮区喷出的。不过，任何有石头和液氮的地方都可能存在这种奇异的生命循环。

这种奇异化学过程和溶剂的组合会不会存在？把一种原子换成另一种会产生什么结果已经很难确定了，再加上溶剂就更难说了，因为我们对相关的化学知识还不了解。硅化合物在液氮里到底会怎么样？我们并不知道。根据我们目前对化学的认识，也不能排除在这些情况下会有生命的可能。

但是，即使我们想到了这些有趣的替代品，还是有充分的理由对碳元素寄予厚望的。不仅是因为碳的原子物理学特性有利于构成复杂的生命形式，而且这种形成大量分子的倾向保证了含碳分子在宇宙里含量很高，这意味着其他生命形式也很可能会利用它来演化。如果它们存在的话，从生命最早期的阶段就可以发现含碳分子是最容易获得的可以形成复杂结构的分子。

在每个晴朗的夜晚仰望天空，你所看见的宇宙和人类文明历史上数十亿双眼睛注视过的一样。黑色的画布上散布着闪闪发光的白点，那是各个天体在闪耀。它们恒定不变的位置偶尔会被动摇，那是彗星、超新星的明亮光辉或流星燃烧着穿过大气层的碎片，但除此之外，夜空在人类生命跨度中似乎是永恒不变的。

与我们这个小星球上丰富多样的物质相比，将宇宙空间视为无尽空虚也情有可原。自从我们第一次意识到天上的光点就是恒星，天空中的黑暗其实是宇宙的真空，"浩瀚的宇宙是贫瘠的"这种观点就主导了我们的思维，但这一观点却让我们忽略了在宇宙真空中发生着的惊人的化学变化。

在宇宙大爆炸开始的时候，事情很简单。随着温度的下降，在氢、氦、锂这几种原子和它们的离子之间，发生了一些化学反应，并放出了一些电子和放射线，元素完成了重排。然后，第一批气体旋涡在引力作用下坍缩到足够大的密度，从而触发恒星的聚变反应。在这些发光的球体中，氢原子可能互相结合，形成了更重的元素（包括碳）。

其中的低质量恒星最终消失了，它们耗尽了燃料，坍缩成白矮星（演化到末期的恒星），进入了平静的"退休"岁月。但是，一些质量更大、内部有更精细的洋葱状层次结构元素的恒星，则会在猛烈的爆发中坍塌，向内的引力大幅压倒了向外推进的气体和热能的压力，导致物质的剧烈脱落。这种大爆炸又被称为超新星，这个过程锻造了周期表中比铁更新和更重的元素，并把它们散布到宇宙中。

经过19世纪和20世纪天文学家的早期工作，人们对于生命必需的元素的来源已经有了更多认识。大部分轻元素，包括碳在内，主要在低质量恒星和高质量恒星的核心区形成，而一些生命所需要的重元素比如钼和钒，则在超新星内部合成。

理解了元素的形成方式，可以算是在理解生命适应宇宙过程的道路上取得了一项惊人的进步。有了天文学的知识，我们就可以知道生命元素的起源，从而将宇宙的物理学过程与生物的原子结构联系起来。不过，虽然很多科学发现日益清晰，但是对于我们身处这个宇宙的真正起源，还是存在着一些奇怪的令人不安且引人深思的东西。"我们都是星尘"已经成为老生常谈的观点，但是之所以感觉这种说法老套，只是因为我们对现代宇宙学和天文学的认识习以为常了。古人肯定会认为这样的说法太深奥，令人困惑。

我们开始理解生命与太空之间的联系，可能是对人类起源进行真正的天体生物学理解的第一步。从 20 世纪下半叶到现代，我们又进入了另一个阶段：我们了解了生命元素的普遍性，尤其是碳化学的普遍性。

我们可以将望远镜转向黑色的太空，但不是在你我熟悉的光谱范围（可见光）中观察，而是使用传感器在红外区中观察，传感器可以将观测数据转化为我们能够看见的图像。如果研究这些红外数据，我们看到的不是一团黑色，而是旋涡、无尽的美丽烟团和流动的气体，巨大的云层在夜空上飞腾而起。在黑色的太空里，我们观察到了物质。

现在可见的物质大部分是弥漫的星际云。之所以这么命名，是因为在它们内部，气体浓度可以低到每立方米仅有约 10^8 个分子或离子。乍一听可能很多，但是此刻在你周围，你呼吸的空气每立方米大约含有 2.5×10^{25} 个气体分子。弥漫的星际云所包含的物质甚至比我们在地球实验室产生的真空里的还要少。然而，在这些云层中，仍然有足够的物质能进行某些惊人的化学反应。[21]

回忆一下上过的化学课，你可能还记得，要触发化学反应，你得准备好高浓度的反应物。将极稀的硫酸滴到日常用的糖上是没有任何反应的。让人兴奋的现象只有教室里才能看到，化学老师把黏稠的淡黄色浓硫酸加入放有糖的碟子中，我们马上能看到一座黑色的火山，同时看到了糖分子被剧烈分解而产生的辛辣烟雾，这些危险的情况在健康与安全人员那里都要被记录下来。所以，你可能会疑惑，既然星际云中的物质比典型实验室的真空中的还要更少，如何进行有趣的反应？

有一类事物是太空中常见而学校的教室里不常有的：辐射。质子、电子、伽马射线、紫外线辐射以及许多重离子（例如铁离子或硅离子）

弥漫在星际空间（包括我们所在的星际云）中。[22]辐射将能量传递给离子和分子，虽然离子和分子的浓度很低，但是这些能量已经足以将它们分解，激发并驱动不同种类物质之间的反应，产生新的化合物。即使星际云非常寒冷，温度只有约-180℃，辐射也会轰击离子和分子，迫使其发生化学反应。

天文学家可以使用光谱观察星际化学反应的产物。当光穿过弥漫的星际云时，其中的化合物将吸收一部分光。更确切地讲，电子将吸收光的能量并跃迁能级，实质上是电子"抢走"了特定波长的光，在光谱中留下了一个"空白"。通过分析穿过星际云到达地球或太空望远镜的光谱，科学家可以识别云层中的物质。如果电子从光中吸收能量并把能量辐射出去，它们也会发出不同波长的光，这又是特定化合物的"指纹"。这两种光谱方法都能帮助我们了解星际云中到底有哪些化合物。但是，我们对这些复杂方法得到的结果的理解仍处于起步阶段。星际云中有无数的吸收和发射过程，我们对它们的起源只有模糊的了解，或者根本不了解。对于分类总结了星际云光谱的漫射星际谱带，我们仍然无法解释。[23]

尽管星际云里仍然有太多我们不了解的东西，不过天文学家已经成功鉴定出了不少简单的化合物，包括CO、OH、CH、CN和CH^+离子。现在你会注意到，在这个最终候选者名单（还有很多其他化合物）里有很多含碳的化合物，非常显眼。低质量恒星和高质量恒星内部发生的聚变产生了碳元素，这些碳元素最终被抛射到宇宙空间中，随后在星际云里聚集，与很多其他元素起化学反应，形成了简单化合物，其中也包含有机碳化合物的原始结构。[24]

如果我们将注意力转移到宇宙中的其他物体上，事情就会更加有趣了，因为宇宙中有更大、更致密的云。我们随处都可以观察到巨大的分子云。这些物体的直径可以达到大约150光年，其质量可以达到1 000到1 000万倍太阳质量。这里是形成新恒星的摇篮，气体的密度足以使旋涡聚集，引发核聚变，促进新生天体的形成。这些分子云中物质的密度远高于弥漫的星际云，1立方米中约有一万亿个离子或分子，虽然仍远低于你日常呼吸的空气，但足以使化学变得更加有趣。

这些云团中的物质现在十分致密，可以屏蔽许多新生恒星和其他天体发出的紫外辐射。尽管少了辐射来驱动化学反应，但同时，形成的化合物也不太可能被辐射分解了。在巨大的分子云中，我们发现了100多种化合物，包括$HCOOH$、C_3O、C_2H_5CN、CN、CH_3SH、C_3S、NH_2CN等。现在，事情更加清晰了。我们看到，在宇宙的摇篮中，物质从一两个原子组成的简单分子变成了更惊人的复杂结构。在弥漫的星际云中观察到的惊人情况被放大了，碳化学的复杂性增加了。巨大的分子云里充满了碳基化学物质！

分子云的复杂性是惊人的，除了只有几个原子的化合物以外，还有更多令人吃惊的结构。6个碳原子组成的环（包括苯）可以连接在一起，形成多环芳烃的分子家族。[25]有趣的是，6个原子的碳环在实验室中可以反应形成醌，醌从环境中收集能量时，会驱动周围环境中的电子来回穿梭。这些实验室反应提供了令人兴奋的证据，表明星际介质中的分子已经在成为生物能量产生和代谢途径中的有用前体的路上前进了一小段距离。

连在一起的碳分子层可以制造出更多不寻常的分子。把碳环组装成三维结构，可以造出一个碳球，例如包含60个碳原子的巴基球。这种足球状的C_{60}化合物，是60个碳原子连接在一起构成的球体，具有32个面，其中20个是六边形，另外12个是五边形，这些球体可以聚结在一起形成洋葱状的分层碳结构。它们还可以以多种组合形式形成相互连接的碳原子的管和网格。[26]

尽管上述观察结果给我们对宇宙尺度上的化学过程及其产物的认识带来了一场革命，但是科学家仍不清楚，这么多种多样的化合物是如何形成的。他们对两个重要问题尤其感到困惑。首先，化合物必须彼此靠近才能发生反应。回想上文的硫酸实验，与水混合后，硫酸被稀释了，以至于很难发生激烈的化学反应。将这种稀酸与糖混合，最终糖只会溶解而已，形成弱酸性的糖溶液，不会出现教室里的惊人现象。与空气相比，宇宙中分子云是如此稀薄，怎么可能发生化学反应呢？还有更糟的情况：分子云很冷，很冷。我们从化学课上知道，加热是促进反应进行的好方法。一小条镁金属放在实验室工作台上基本不会有变化，但如果把它放在本生灯中燃烧，只要温度升至473℃以上，它就会发出明亮的白色光芒。但是在−260℃至−230℃的分子云中，激活化学物质，发生让化学家感兴趣的反应的可能性似乎很小。

然而，化学反应依然能发生，而且是在令人惊讶的地方发生。含有硅或富碳材料核心的物质被冰包围，形成了星际尘埃颗粒，散布在分子云中。云中的离子和分子会附着在这些颗粒上，并聚集起来。这样一来，就有了一种把它们组合在一起的机制，否则那些离子和分子就会在星际空间里飘散了。天体化学家认为，分子云中大部分的化学反应都是在那些尘埃颗粒上发生的。[27]每一粒尘埃都是一座工厂，更有趣的是，它们是制造有机化合物的微型反应器。

宇宙中的碳非常丰富，甚至还形成了一些富含碳的恒星。在"碳星"的边缘会发生大量的反应，含碳分子在其中形成、消失或改变，从而诞生了有机化学无穷的复杂性和多样性。距地球仅390至490光年之外的一颗恒星周围就存在着光晕，这说明它包裹着物质，其扩张速度超过每秒50千米。[28]在它的光晕壳内，科学家已经检测到60多种分子，其中包括链状和环状碳分子，有机化学物质实际上被吹入了太空。[29]在恒星的光晕周围，可以检测到简单的化合物，例如CO（一氧化碳）和HCN（氰化氢）。

这些观察结果相当粗略，不过足以得出一些显而易见的结论。宇宙不是一个寒冷、不能发生化学反应的地方，恒星也不是只会无精打采地围绕着银河系的中心旋转，产生并散布元素周期表上的基本元素，而生命的起源物质以及最终的生物也不是只能通过一些神秘莫测的机制集合在一起形成有机组分，组成能够复制、演化的实体。事实与此相反，在宇宙的每个地方，即使是在最稀薄的气体烟团中，也都发生着复杂的化学反应，其中就包含了巨大的有机化学神殿，碳原子和其他元素的原子通过化学键形成了大量排列方式。

在这种创造物质的景象中，我们看到了产生复杂碳化合物的必然性。碳可能与其他元素结合并产生大量分子，这并不是在地球温度和压力条件下的特殊产物。碳在一个复杂世界中占据了中心地位，成为生物的基本架构，这并不是特定行星环境下的一种有限的情况。在宇宙中最冷的地方，碳仍在起作用，与元素周期表中的元素（包括其自身）结合在一起，产生各种有机化合物，从而构成了我们星球上的生命。在宇宙中，通往碳基化学的道路似乎很普遍。

毫无疑问，我们最感兴趣的问题是这种化学过程能在组装生命的分子前体的道路上走多远。科学家试图在宇宙中找到构成生命的基本单体，如氨基酸、糖和碱基（它们分别构成了蛋白质、碳水化合物和遗传密码），结果喜忧参半。哥本哈根大学的研究人员在新形成恒星附近的星际介质中发现了乙醇醛。该分子可以参与甲醛聚糖反应，可以最终生成糖。[30]科学家还在星际介质中发现了可以作为氨基酸前体的异丁腈，还有参与生成氨基酸等化合物的甲醛（CH_2O）。[31]

与HCN这样的简单化合物相比，复杂分子在星际云中可能更罕见、更难以找到。随着观测方法的改进，我们无疑会发现更多复杂的分子，但总的结论是明确的：星际介质中包含许多碳基分子，这些碳基分子可以充当合成生命物质的前体和中间体。

研究者在陨石中也发现了太空中能产生生命基本组成部分的证据，这是非常不寻常的，但又是令人信服的。[32] 尽管在碳质陨石中发现的70多种氨基酸的浓度较低（约百万分之十至六十），但是这些化合物的存在说明，形成太阳的原行星云也非常适合进行碳化学反应。[33]

到目前为止，没有证据表明这些氨基酸已经聚合成了简单的蛋白质链。早期太阳系中的条件似乎适合形成氨基酸，但复杂性也到此为止了。如果要让这些链状的复杂分子与生命联系在一起，则需要行星表面上有一个更温和、潮湿的环境。

陨石中的氨基酸引发了一个明显的问题：为什么我们没有看到氨基酸遍布星际空间呢？为什么会有这种差异？[34] 也许，它们的低浓度意味着当它们只有存在于一块岩石中时才可以在实验室中被轻易检测到，如果分散在星际介质中，混迹于其他化学信号里，它们就难以捉摸了。也许早期太阳系的物质盘为形成这类化合物提供了有利的场所。大量邻近的表面、温度梯度和挥发性物质（例如水）可能会使原行星盘上发生一些更有趣的反应，从而产生生命的组成部分。

陨石不只是氨基酸的仓库。人们还在其中发现了糖（碳水化合物的组成部分）、碱基（遗传物质的组成部分），它们与磺酸、膦酸和其他化合物混合在一起。[35] 构成生命的四大类生物分子链是蛋白质、碳水化合物、核酸和膜脂质，它们的单体（基本组件）都存在于陨石中。

值得注意的是，我们在陨石中没有发现复杂的硅基化合物。如果有这类硅化合物的存在，我们就会怀疑，在这些物质着陆的地方，碳基生命和硅基生命间可能会爆发一场战斗。然而，陨石中的硅化合物绝大多数是反应性很差的硅酸盐化合物。陨石的存在说明复杂碳化学过程是普遍存在的。

陨石来自小行星和太阳系形成过程中的岩石残余物，但太空中还有同样重要的一类天体——彗星，它们占据了奥尔特云，这是一个球形的云团，离我们大约20 000至100 000天文单位①远。[36]就在海王星的轨道之外，在柯伊伯带，也有一圈这些冰冷的天体。与小行星一样，彗星是太阳系形成过程中剩余下来的物质。它们是岩石和冰的混合物，彗核中深色的部分可能含有有机化合物。在这些天体中，碳化学同样有着非同寻常的故事。

如今，我们有多种机会可以观察这些冰冻的小世界，我们可以利用地球或太空中的望远镜，还可以派遣航天器对它们进行拦截和探索。彗星不仅是一个大冰块，还含有一氧化碳、二氧化碳和一系列越来越复杂的化合物，包括甲烷、乙烷、乙炔、甲醛、甲酸和异氰酸。[37]尤为重要的是，罗塞塔号航天器还在彗星67P上探测到了甘氨酸。甘氨酸的存在引发了一些基本问题，彗星上是否存在其他氨基酸和生命所需的其他分子呢？

如果这些过程发生在我们的太阳系中，那么除非我们所在的位置非常不寻常（没有任何理由做出这一假设），它们就一定无处不在。在我们的银河系的另一侧，距地球数百万光年的仙女星系中，氨基酸、糖、核碱基和脂肪酸也正在行星上飘落。有机碳化学是普遍存在的，因此，其他地方碳基生命占据主导地位的可能性很高。[38]

---

① 天文单位（AU）是个距离单位，1个天文单位的长度为地球与太阳之间的平均距离，约为1.5×10^8千米。——编者注

这些太空中惊人的发现让我们不得不思考，地球也可能合成一些生命化合物。20世纪50年代，斯坦利·米勒（Stanley Miller）和哈罗德·尤里（Harold Urey）用一个绝妙的实验证明了高能环境可以产生复杂碳化合物。[39] 当时，科学家们还不了解太空和陨石中充满了碳化合物，两位研究人员开始研究化学在从"原始汤"过渡到可复制形态的分子的过程中起了什么作用。他们在实验室进行了出色而简单的实验。他们在一个含有甲烷、氨和氢气的气体容器内引入了水蒸气循环，然后使用两个电极释放电火花来模拟地球上的早期闪电，这堪称真正的科学怪人装置。不过在他们模拟的潮湿的早期地球上出现的不是怪物，而是一种含有氨基酸的褐色黏稠物质。容器里居然产生了甘氨酸、丙氨酸、天冬氨酸以及许多其他化合物。不过，我们现在认为，他们的实验使用的气体在地球早期大气中并不那么丰富。如果改变原料气体的组成，那么氨基酸和其他产物的产量和类型也会改变。但是，只要有一定的能量、一些简单的起始气体和水，氨基酸就可以形成了，这个想法是开创性的，它证明了与形成生命有关的有机化学不是奇迹。实际上，如果你向含有碳原子的气体混合物中添加能量，要想不产生任何复杂的有机化合物反倒是不太可能的。

米勒实验证实，有机化合物可以在年轻行星的表面上形成，而不仅是在太空中。因此，现在我们已经有了在星际空间和行星表面上形成的有机分子。无论从哪个方面来看，年轻的行星都是熔炉，可以从多种有机化合物中选出一部分集合起来，为生命所用。[40]

在具有某些能量和基本成分的地方容易发生复杂的有机化学反应，土卫六就是一个完美的例子。它的甲烷湖是有机分子宇宙工厂的源头。[41] 它的棕色大气烟霾是大气中甲烷与紫外线辐射反应生成的产物，分解成原子团，随后重整成乙烷和有机化合物的复杂链，其中一些化合物飘到高层大气中，从而产生不寻常的色彩。[42]

　　这些物质中的大部分会落在土卫六的表面上，产生广阔的有机化合物沙漠。在这个卫星上的某些地区，由复杂的碳化合物构成的沙丘在地表上绵延数百千米，高度可达100米。如果自太阳系诞生以来，在这里发生的化学反应一直在继续，那么理论上星球表面将有一层600米厚的有机物，包括乙烷（结构为C_2H_6的含碳分子）以及许多更复杂的有趣分子的前体！

　　土卫六的所有这些有机物质中包含生命的组件吗？目前我们还不知道。未来的机器人探测任务可能会回答这个问题，但是无论答案如何，它都不会妨碍这个简单的结论：在一个存在甲烷和辐射的星球表面，有机化合物正在生成，巨大的沙丘、湖泊和大气也在形成。[43]复杂的碳化学反应在星球上接连发生。

　　有人认为，地球上的条件刚好适合碳化学反应产生生命，这是非常不可思议的。不过，我们所看到的正好相反。在宇宙中的任何地方，在与地球完全不同的条件下，碳都形成了大量的多功能活性化合物。我们发现，在范围非常广的温度、压力和辐射条件下，碳是周期表中所有元素中产生分子的多样性最大的元素。当然，我们也发现了其他化合物。我们甚至在星际空间中发现了硅碳键和硅氮键，这表明在外星环境下，地球上的元素之间可以产生奇怪而有趣的新组合。这些事实让我们停下来思考我们的化学知识的局限性。然而，在这些数据中，最耀眼的还是一系列碳基化合物，这说明地球上含碳分子的多样性并不罕见。地球很可能为这些化合物形成长链并演化成可以自我复制的实体提供了环境。这一步骤可能需要特定的条件，在气体云和冰冻沙丘中不容易实现。但是在碳基化学无处不在的宇宙中，这类事件是一定会发生的。

　　当我们将视野扩展到碳元素以外，来思考已知会在生命中用到的其他元素时，就会产生一个更有趣的故事。要创造生命，我们需要的不仅是碳原子。在所有可以利用的原子中，有5种原子跟碳的结合无处不在，可以形成更复杂的排列，它们是氢、氮、氧、磷和硫。[44]这些化学物质和碳有时可以缩写成一个不太好记的形式：CHNOPS。为什么是这些原子？它们在生命中普遍存在，是否也是简单的物理原因造成的？

这些元素也像碳一样，遵循泡利不相容原理。比如氢总是倾向于与其他原子结合，氢可获得一个电子，形成完整的电子对，并填充其唯一的电子层。在生命世界的各处，它都会与碳结合。氢可以被粗略地看成是一种"单电子扫荡者"，所以它可以出现在所有生物中。

像螺母和螺栓一样，氮、氧、磷和硫4种元素可以通过碳网络将生物结合在一起。有趣的是，在元素周期表上，它们都在碳附近，挤在一起形成了一个小四边形。在大的化学尺度上，我们可以理解这种不同寻常的亲和力。这4种元素的原子都有不完整的电子轨道，它们可以跟其他原子结合，把轨道填满。它们在元素周期表中也处于原子大小合适的区域。由于电子形成的键不需要太多能量就能分解，因此这些元素可以不断组装和拆卸，而组装和拆卸正是生物构建和生长的特征。但是，这些原子间的电子连接得又足够紧密，使它们的结构比较稳定。概括地说，这4种元素非常擅长形成具有多种特性的多种化合物。与碳形成键时，它们会促成各种各样的化学反应，而这些化学反应是能够成功繁殖并演化的生命形式所必需的。

从表面上看，氮似乎不太可能成为一种生命元素。它会与另一个氮原子形成极其紧密的三键，这就是地球大气中占比78.1%的氮气（N_2）。但是，固氮微生物中的催化剂或闪电等非生物过程可以把氮从三键这个"化学监狱"中释放出来，一旦获得自由，氮就可以与碳形成多种有用的键。它的一种稳定结构是在两个碳原子之间，这种结构是形成肽键的关键，肽键将各个氨基酸结合在一起形成蛋白质。所有氨基酸都含有氮，它们可以通过这种方式串在一起。事实证明，氮也擅长在碳原子之间形成环，因此我们可以在生物包含的许多重要的环状分子中找到它，包括DNA碱基对。核酸中的氮与骨架中的糖连接，将整个遗传密码的大厦结合在一起。

现在让我们在元素周期表中向右走一小步，看一下氮旁边的氧。氧气无处不在，对动物至关重要。氧原子的作用与氮相似，能够与碳原子连接成环，并将含碳分子（如糖）连接起来，从而形成长长的糖分子链，即碳水化合物。含氧的糖类也是对生命至关重要的核酸骨架的一部分。我们在一系列有机分子（如羧酸）中发现了氧，这些分子参与了蛋白质等复杂分子的合成。

磷和硫是这个组合中的另外两种元素，分别位于氮和氧的下方，它们有更多的自由电子可以和外界结合。

我们大多数人熟知的磷存在于火柴头上，可助燃，但其实磷元素已经渗透到对生命至关重要的多种分子中。[45]由于磷比CHNOPS中的其他元素的原子大，并且外部电子所成的键更容易形成和断开，因此磷成为与生命中能量需求有关的多种反应的关键成分。将氧与磷相连就得到了一种特殊的化学键，断开这个键可以从水解反应中快速释放能量。二个磷原子和一个氧原子串在一起形成的ATP分子，已成为地球上所有生命中最典型的储能分子之一，就像一个微型生命电池。[46]

从细胞本身的结构里，我们也可以发现磷有非常多的功能。磷原子也出现在脂类的末端，脂类是构成细胞膜的长链碳化合物。即使在遗传密码中，该元素也大量存在。[47]在DNA的骨架上，磷原子把核糖连接起来，保持了DNA的结构，让分子稳定存在。与磷连在一起的氧原子带负电荷，所以DNA也带负电，因此与脂质膜内部的负电荷排斥，从而阻止了DNA分子离开细胞。这些负电荷还有一个作用：有助于防止DNA水解，使分子更加稳定。

磷的右边是硫，即圣经中的硫黄石，也就是"燃烧的石头"，这种黄色的物质覆盖着活火山的火山口和火山陷落区。同磷一样，人们总是把它与火和暴力联系在一起，忽略了它在生命中的有益之处。硫元素存在于蛋白质中。氨基酸长链中不同部分的两个含硫氨基酸可以连接在一起形成二硫键，也就是两个硫原子连接在一起。[48]二硫键有助于蛋白质三维结构的形成，因为它们将氨基酸链的不同部分连接成正确的构象，以便在细胞中完成催化反应。

以上只是CHNOPS中4种元素用途的一小部分，但已经证明了这些原子的适应性及其作为生命机器的一部分在细胞中的不同特性。它们非常实用，存在于许多复杂的长链分子中。

氮、氧、磷和硫似乎在生命中很有用。考虑到它们的普遍性，以及它们属于CHNOPS元素，演化过程经常用到它们是可以理解的，但是其他元素呢？我们可以排除它们吗？

在元素周期表中氧元素右侧是氟。该元素通过水的氟化过程广为人知，"二战"后，美国通过向公共供水中添加少量氟化物来减少蛀牙。然而，除了这样悄悄地进入人类社会外，氟没有被生命体广泛利用。它最外面的电子层有7个电子，几乎要满了，要是有8个电子就能形成4对电子对。7个电子紧密地结合在原子核上，而氟原子非常渴望最后一个电子，就像一个小孩兴奋地四处奔跑，为了获得整套彩色玩具的最后一个颜色一样。这种性质使氟很容易发生化学反应，当它与其他原子结合后，也不会轻易松开。碳氟键是有机化学中第二强的键。[49]所以碳氟键极其坚固，难以发生反应，因而无法在生命中有很多用途。

但是氟原子在生物学上并非一无是处。在热带地区，许多植物和微生物都使用氟化合物作为有毒物质来威慑捕食者。[50]像周期表中其他非CHNOPS元素一样，如果含有该元素的化合物的某些特定化学性质可以在生存斗争中派上用场，那么生命就会在演化中利用它。关键是由于其电子结构的特性，氟的化学性质决定了它的用途有限。氟算不上生命中的通用原子。

在氟下方的氯元素也存在类似的问题。虽然它的电子更多，原子更大，对最后一个电子的渴求没有那么强烈，但是它仍然想要形成电子对，这种倾向使氯元素具有较强的反应活性，所以氯基漂白剂可以杀死浴室中的微生物。不过，它也没有被生命丢弃。它存在于细胞中，负责平衡不同离子的浓度，但它的化学性质限制了其使用范围。[51]

对于氮、氧、磷、硫下方的元素，情况如何呢？在它们组成的四边形下方有两个有趣的元素，分别是磷下方的砷和硫下方的硒。两者都广泛地存在于生物中，这再次表明，生命永远不会放弃某一种元素。尽管与较小的CHNOPS原子相比，砷原子和硒原子的尺寸较大，导致它们对电子的束缚较弱，与其他原子形成的键也更容易断裂，然而，这种松散结合的特性并没有削弱人们的想象力，人们依旧在探索它们在其他生命形式中可能发挥的作用。

如果用元素周期表下方的砷来代替磷，那么可能就会出现外星人般的怪异生命——主要分子中含有砷的微生物。2010年《科学》杂志上发表的一篇文章声称，在加利福尼亚州的碱性的、含砷的莫诺湖中的一种细菌，其DNA中的磷竟然被砷替代了。[52]一石激起千层浪，这个发现仿佛成为生命的生物化学研究史上的新转折，引发了人们的狂热热情。但是，在不到几天的时间里，众多科学家在网络和媒体上都表达了怀疑。为什么？由于砷原子较大，含砷化合物在水中容易迅速水解，使DNA分子难以结合在一起。进一步研究发现，该微生物（实为一种细菌）在DNA中使用的还是磷酸，它不过是我们了解和喜爱的生命谱系中的另一个普通成员。[53]

可能这就是科学发展的过程：收集数据，提出主张，有时也会被反驳。虽然这个过程有时令人不快，但是科学方法就是这样逐步推进人类知识水平的。但是，上述论文刚刚发表，就迅速引来了质疑的声音。科学家估计，含有砷酸根离子的DNA键半衰期约为0.06秒。[54]而如果把砷酸根换成磷酸根，则半衰期将跃升至约3 000万年。因此，要想把DNA中的磷原子换成砷原子，要么需要非常特殊的条件，要么需要大量的能量，许多其他含磷分子的情况也是如此。[55]所以，使用砷的细菌似乎从一开始就不可能存在。

不过，从积极的一面看，它也表明位于CHNOPS元素旁边的元素由于具有相似的化学性质，所以似乎可以在特定条件下相互取代，科学家也因此认为微生物可以用砷代替其DNA中的磷。和所有的研究一样，它激发了人们对生命中砷元素的更多研究。任何科学主张的提出总是能带来进步。

尽管有这么一个小插曲，但我们也知道了生命体中可能含有砷。虽然人们暂时不知道它的用途，但在某些海藻中发现了含砷的糖，在某些鱼类、藻类甚至龙虾中发现了含砷的分子——砷甜菜碱。[56]但是一般来说，砷是有毒的。它有强烈的共享电子的倾向，这意味着它会干扰其他分子，与其他分子发生反应并破坏新陈代谢。许多生命形式都有减少或消除砷元素毒性影响的途径。

砷右边的邻居硒可能可以替代其上方的元素硫。这一点在生命体中得到了证实：有一种不常见的氨基酸中含有硒元素。硒代半胱氨酸，即所谓的第21种生命氨基酸，出现在某些特定蛋白质中。蛋白质要包含这种氨基酸，需要消耗能量、修改遗传密码，这意味着硒进入生物中不仅是硒元素偶然跟硫元素发生交换的结果。[57]硒肩负着重要的任务。比如，含有硒的某些蛋白质（例如谷胱甘肽还原酶）可防止由氧自由基引起的损害，氧自由基是一种具有反应活性、可能会伤害生物的氧原子状态。硒原子比硫原子大，它失去电子更容易，可以中和氧自由基中有害的自由电子。执行了这一重要任务之后，硒原子也更容易恢复到原来的状态，继续进行类似的反应。这一可逆性也是由于硒比硫更容易获得和失去电子，这一特性使它在抗氧化过程中非常有用。此外，由于氧化就是由各种化学攻击引起的失去电子的过程，含有硒的蛋白质似乎有更强的抗氧化性。

我们又看到了相同的模式：虽然砷和硒没有完全被生命体排斥，但是它们的大小和电子特性决定了它们只能在某些情况下有专门用途，在许多情况下是没有用的。

我们围绕CHNOPS元素形成的四边形游览了一圈，最后来到了碳旁边的一个格子，迄今为止我们一直忽略的元素——硼。硼原子虽然小，但很有趣，在最外层轨道上有3个电子，可以与其他元素共享。它可以与氮形成键，生成类似于苯的环状化合物，如硼吖嗪。硼缺乏碳的化学多功能性，但与周期表中CHNOPS周围的其他元素一样，它也具有生物学用途。硼是许多植物、微生物和动物体内必不可少的微量元素，可以稳定细胞膜功能并运输糖。[58]它起的作用可不只是瞬时的：硼缺乏是农作物主要的微量元素缺乏症之一，可导致苹果、卷心菜等作物歉收。不过，我们对硼在生物学中作用的了解仍比较初步。

现在，我们对泡利不相容原理如何影响生命有了大致的了解。一些核心元素的电子结构足以形成稳定的键，但是也可以轻松断裂，形成大量对生命有用的化合物。这些核心元素在元素周期表中形成了一个小小的"五重奏"——碳、氮、氧、磷和硫，再加上小小的无处不在的氢，随时能提供一个备用电子。这些元素的原子大小和备用电子数量都正合适，能够彼此结合，并与某些其他元素结合，从而产生足以构建自我复制系统的"分子汤"。

"五重奏"周围是具有相似化学性质的元素，但是原子大小和电子数量使它们要么太稳定，要么太活泼，无法在稳定性和反应性之间取得良好的平衡，也就无法形成生命分子。尽管它们不能完成生命体中各种各样的工作，但如果其化学性质恰好适合某些特定用途，它们也能找到用武之地。

元素周期表的其余部分中的元素，由于它们的电子性质，或多或少地能得到应用。比如铁能转运电子，这是从环境中获取能量进行生长和繁殖的核心过程，所以它在为生命收集能量的过程中处于中心地位。钒和钼等元素的电子比较活泼，因此它们会出现在有助于加速反应的蛋白质的辅因子中。[59]

从钠到锌，除CHNOPS之外的许多元素（尤其是金属）都更容易形成盐，例如食盐（氯化钠）。虽然这些原子可以形成较大的宏观结构，比如一大块食盐，但这些宏观结构只是极有规律、高度单调的原子重复单位，似乎不适合产生生命体。之所以不太可能出现由锡和铅组成的奥尔塔，也正是因为这些元素有形成盐的倾向。有想象力的人很可能会对这一观点不屑一顾，并反驳说：如果我们在盐晶体中添加一些杂质，加上一些其他功能性的元素，难道就不能获得复杂性大到足以形成生命的物质——可以自我复制、演化的晶体吗？[60]

地球上的条件恰好适合形成大量晶体和盐。然而，尽管经过了45亿年的化学实验，但我们仍没有找到可以自我复制、演化的晶体。不过合格的科学家是不会因此排除其存在的可能性的。第一批可自我复制的有机化合物是怎么构造的？很多理论认为，矿物表面作为组装早期生命的场所，在这个过程中发挥了重要作用。[61] 不过，元素周期表中的许多元素似乎更适合在自然环境中形成平凡的盐。生命在演化中学会了使用这些元素执行电子移动和运输的任务，但就其本身而言，这些元素的键合模式似乎不够灵活，无法产生大量复杂的分子，我们也无法从中构建生命系统。

演化过程就是在元素周期表里查找、测试元素，并选择那些电子排列有利于化学反应的原子，使生物体能够更好地生存和繁殖的过程。

然而，我们仍没能回答一个永恒的问题：生命的基础可以不是碳吗？生命的化学结构是否普遍存在？我认为这个问题已经解决。可以说，如果我们是根据哪种元素在分子组装中占主导地位来对生命进行分类的话，那么地球生命就是碳基生命。但是，生命显然是以元素周期表为基础的。在某些环境中，生物体更多地利用了硒。在某些情况下，生命中甚至也出现了氟，尽管该元素在其他地方没有出现。生命并没有执着于碳元素，在元素的利用上，活细胞各尽所能。唯一的原则是：用于构建可以复制、演化的系统的元素必须具有特殊的电子排布，能够产生化学反应和化学键，从而保证生命系统的完整性和连续性。在地球上以及已知宇宙中的其他一些环境中，碳能与氢、氮、氧、磷和硫结合，组装成一个可以复制、演化的系统的基本框架。其他元素对系统进行精确的调整优化，从而产生出一整套多种多样的分子。大量元素的用途已经（并且正在）不断在自然选择的过程中得到测试，但是目前还没有细胞表现出用其他物质替代其大部分含碳分子的强烈倾向。

许多元素在低温和高温下、在不同酸度和压力以及其他极端条件下都会表现出不同的特性，这是不是意味着，在某些物理条件下，其他元素可能会接替碳的位置，产生对生物体有用的化学组合？

归根结底，没有任何物理条件会改变原子的基本电子构型，至少在元素周期表中的原子处于稳定状态的条件下是这样。它们发生反应的速率以及它们与其他原子的相互作用方式将因其环境而改变，但它们的核心特征是不变的，这是由泡利不相容原理及其导致的电子排布决定的。我预计，在宇宙中的任何星球上，由于元素周期表中可用元素的范围有限，生命将在盲目的演化过程中从周期表里搜寻，就像它在地球上所做的一样，最终也会找出与地球生命所用的相同的一组元素。确实，在不同的生命系统中，使用哪些元素、它们的具体应用以及丰度将显示出巨大的差异，但是生命中主要元素的基本作用在宇宙中的每个星系中可能都是相同的。

物理学原理可以解释为什么碳是生命结构中的中心原子，以及为什么水是生命运行的环境，这一想法使我想到了最后一个关键点。我们坚信以碳和水为基础的生命普遍存在，即物理学原理限制了生命的化学结构，这一观念下又分为两派。其中一派我称为软观点。按照这种观点，与地球法则不同的生物化学反应，如液氮中的硅基生命形式，或是硫酸云中的耐酸生命形式是可能出现的，但很少见。这些外星生命形式所需的条件异乎寻常，而含碳的化学物质和水在宇宙中相对丰富，所以这些生命形式不太可能出现。这种观点也可以被看成是基于丰度的对碳-水的偏好。

第二种观点是硬观点，我们可以称之为基于化学原理的对碳-水的偏好。根据这种观点，不可能有其他形式的生命，其他元素（如硅）或替代溶剂（如氨）的化学性质不足以驱动生命的形成，这与它们在宇宙中的丰度无关。

我对生命的看法比较倾向于硬观点。含碳化合物和水在宇宙中的大量存在使得其他地方的生命（如果存在的话）很可能也是基于碳和水的。正如我们所看到的，含碳化学物质和水分布的广泛性，以及这两种物质在各种行星体上聚集的倾向表明，它们是生命最可能的成分。

但是，为什么我只能说"比较"倾向于硬观点，认为碳和水基生命是唯一的可能呢？因为在科学上采取教条主义是不明智的。

我们不能排除，在某个行星系统中的某处，氨的含量异常丰富，形成了氨海洋，那里的地质化学条件允许可自我复制的简单生物出现；我们也不能排除，在某些行星的地壳中，氧含量较低或适当的物理和化学条件阻碍了硅酸盐的形成，而在一些小洞穴中形成了可自我复制的硅化合物。

在我们还不够了解这些元素的化学性质的情况下，忽视这些可能性是愚蠢的，尽管教条式地支持硬观点的碳－水偏好在论证上很有说服力。我们对化学和行星系统形成条件的多样性的理解仍然不全面，这需要我们保持开放的态度。然而，即使是软观点的碳－水偏好也表明，地球上的生命有某种程度上的普遍性，简单的物理学原理推动形成并限制了生物的原子结构。

第 11 章

寻找外星生命之路

碳基化学和水在宇宙中是否占据优势？无论对这种观点的看法如何，我们都可以从中得出关于生命结构及其潜在原子相似性的有力结论。但是，一个不可否认的事实是，它为我们当前的知识设置了不可回避的极限：我们是基于一个星球得出的上述结论。用地球生命来推断生命运行的通用物理学原理会导致相似或相同的结果，如果确实在其他地方诞生了不同类型的生命，则必然使我们陷入困境。这就是所谓的 $N = 1$ 问题。[1]对于任何哪怕稍有自尊心的科学家来说，如果仅仅从一个样本中得出结论，都会感到不安。因此，许多人认为，关于生命的特征在多大程度上具有普遍性或必然性这个问题的讨论是有缺陷的。

我们努力找寻地球上所有生命，以及宇宙其他地方假想生命的共同点，试图发现是否存在普遍的生物学规律。人们很容易陷入这种争论：生物学是不是一个独立的领域，是否具有跟物理学不同的规律。[2]但是命名惯例并不是一个值得讨论的问题。通用生物学问的是这样一个问题："对于所有能自我复制并在演化中适应环境的物质团，哪些特征是所有此类物质共有的？"我可以假定，不断自我复制的物质是我对生命的一般实用定义。

我们总是受到人类语言的思想束缚，提出一些无意义的问题，比如某些"生物学定律"是否具有普遍性。当我们将生物学和物理学定义为两个泾渭分明的独立科学领域时，问题也就出现了。实际上，并不存在什么生物学定律，甚至也不存在什么物理学定律，只有决定宇宙运作方式的定律。这些定律对于所有形式的物质都是有效的，并不需要人为分割成物理学领域或生物学领域。自称物理学家或生物学家都是一种不幸。生物学家只是碰巧把研究重心放在某些物质上，它们可以做一些有趣的事情，我们常常把这些东西称为"生命"，但不管是生物学家还是物理学家，都对同一宇宙中的物质以及潜在普遍原理有着同样的兴趣，只要了解这些原理，他们就能勾勒出宇宙的秩序。

尽管许多人认为，$N = 1$ 问题使人们无法回答"生物学的哪些特征可能普遍存在"这个问题，但我们讨论的基础可能比我们想象的要更为坚实。[3] 我们在本书中探讨过的许多生命特征似乎都符合普遍的物理规律，我们认为这些规律也应该适用于其他地方的任何生命。

我们已经明白了为什么碳是生命的主要元素，以及为什么宇宙中含碳分子发生的复杂反应比其他元素多得多。考虑到水的物理特性和在宇宙中的丰度，水似乎是通用生物溶剂的极佳选择。但是我们也发现了适应生命普遍特征的其他因素。蛋白质链会向最低能量状态折叠，于是我们可以预测到一些折叠类型。根据这些观察结果，我们可能会认为，构成生命的任何化合物链都将以有限的方式折叠在一起，普适的热力学因素至少会在其中起到一定作用。形成细胞的物理过程让在自然环境下趋向于分散的分子变得更富集，它也是自我复制的物质系统的普遍特征之一。

从整个生物体的规模上看，演化已经进行了几百万次的实验，而不仅仅是一次。趋同演化为我们提供了众多的动物样本，它们的外形和结构被物理学原理塑造为类似的形式，比如我们的朋友鼹鼠。比例定律定义了动物大小和特性（不同的代谢率和寿命）之间的相互关系，它适用于从猫到鲸等众多生物，这也表明有一些原理适用于任何类型的生命。[4] 这些观察结果表明，在我们的生物圈内，有一系列实验可以验证物理学原理是如何在不同的尺度上驱动常见的生命形式的。生物圈单一，并不意味着我们无法理解物理定律是如何影响演化产物的，相反，我们可以运用这些原理来预测其他地方的生命本质。当然，因为地球上的所有生命都有一个共同的祖先，所以关于通用生物学的任何讨论都存在缺陷，这无疑提醒我们要小心共同的生物化学过程和发育结果带来的相似性。但是即使有这样的警告，我们仍然可以看清楚，为什么地球上成功演化出了生命，进行了我们所知的这些演化实验的系统具有这些原子特性。即使考虑到一定的祖先相似性和发育生物学的通道，我们仍然可以观察到，生物会受物理学原理限制而收敛到有限的形态上。

　　但是，我们经常发现，要想找到意外事件在哪些方面发挥了重要作用并不容易。你可能会想到遗传密码。这种密码采用了 4 种特定的碱基，其种类与 4 种这个数字或许都是最优解，是使用多种我们熟悉的分子测试后可以预测到的结果。尽管遗传密码的偶然性看起来比我们以前想象的要小得多，但我们仍然面临一个问题：生物中可能存在多少种完全不同的遗传信息系统？ 是 0、10、100，还是其他数字？ 关于遗传密码的其他问题比比皆是，比如在遗传密码和功能分子之间是否一定需要中介（如信使 RNA）？

　　即使我们不能确定通用的分子组合，我们或许也能说出它们会有哪些化学上的普遍特征。也许，就像 DNA 具有带负电的磷酸盐骨架一样，我们至少可以预测，其他生命的分子物质也将由长链组成，也带有负电荷或正电荷。[5]合成生物学以及化学领域的不断探索可能会帮助我们回答这些问题，最终帮助我们进一步描述生命的普遍特征。

也许把注意力集中在生命的特定结构上是错误的，相反，我们应该将注意力放在生命的过程或产物上，我们可以证明这些过程或产物不可避免地与物理学原理有着千丝万缕的联系。通过研究这些过程和产物，我们更可能发现生命的普遍之处。

地球上的所有生物为了繁殖和演化，必须具有代代相传的密码，密码中包含了产生新生物所需的信息。复制密码不能完全照搬，否则就不会出现适应环境的变异，不会生成新的生命形式。但是，密码的复制也不能错漏百出，如果每一代都包含许多错误，这些"错误灾难"会导致生命退化成无组织的有机体。生命的这种特征与演化过程密不可分，这也许也是一种普遍现象。生命是一个"复制物质的系统，它包含一种代码，其复制准确度介于完美和错误百出之间"，这可能是构成生命物质的普遍物理特性。因此在这里，我们可能会通过确定物质演化所需的特征来寻找生命中普遍存在的东西，这一特征决定了我们是否可以把某些物质称为"生命"。

生命是一个物质系统，它消耗能量并利用能量进行复制和演化，这使我们想到，普遍特性也许来自其能量学和热力学特性。例如，如果我们认为电子传递可能是收集能量的通用方法，那么我们可以挑选出所有生物都用来收集能量的元素或分子。我们知道，在宇宙中的任何地方，生命都可以通过合适的生化机制使用氢和二氧化碳作为能源（并在过程中生成甲烷），因为在许多环境中这两种化合物都会进行有利的、产生能量的热力学反应。这是由物理学定律决定的，而不是由偶然的演化决定的。因此，列出生命从环境中收集自由能量时所用的电子给体和电子受体是一件相当琐碎的事情，这项工作使人们可以全方位观察到生命的能量潜力。

考虑能量时可能会得出其他预测。如果外星生物彼此捕食，我们还可以预测出食物链。食物链顶部的能量有限，所以顶部的大型捕食者较少，而在食物链较低层有较多的小生物，这和我们在地球上看到的一样。从亚原子尺度上的电子传递链到种群尺度上的食物网，生命的各个方面都是由热力学驱动的。此外，探索描述能量转移的规律（如热力学的基本定律）会产生哪些生物学后果，很可能会帮助我们确定通用的生命形式。

在预测生物形式时，我们可能会研究诸如 $P = F/A$ 之类固定的方程式，并探讨对有机体（鼹鼠和蠕虫状实体）应用该方程式可能产生的普遍结果。我们在本书中探讨的许多方程式都是常见的、通用的，它们为预测生物结构的组装和总体趋同提供了参照。

尽管在我看来，我们在探索生命潜在的普遍过程和结构方面有望取得进展，但值得一提的是，要理解物理学如何限制了地球生命，偶然性在多大范围内起了作用，最可靠的方法就是研究另一种生命。我们有可能在地球之外找到另一种生命吗？

我们不知道是否能在我们的星球之外找到真正独立起源、从头开始演化实验的生命。在太阳系中，我们发现了许多有水的环境，例如古老的火星地貌，这种地方似乎适合居住，有产生生命的可能。[6] 也许现在那颗行星的表面之下就有生命存在。外太阳系的冰冷卫星中存在大量液态水海洋，包括木卫二、土卫二和土卫六。[7] 这些星球是否在进行独立的演化实验？哪怕答案是肯定的，它们的生物群也可能与地球上的生命有关系，因而不是完全独立的。[8] 自行星第一次从早期的原行星盘中产生以来，陨石就在行星之间自由跳跃，把上面的物质和可能的生命播撒到各处，这使生命的起源这个问题变得有些复杂。然而，在我们的太阳系中寻找生命仍然是一个有价值的科学目标，因为如果我们发现生命确实是从地球上独立演化而来的，我们就可以评估生命现象的普遍性。如果我们发现了与地球生物相关的生命，或者发现根本没有生命，那么我们对生物学的新了解不会有前一种情况那么多，但我们会知道一些关于生命分布，以及它能做什么、不能做什么的知识，了解有关太阳系中生命起源或转移的信息。

我们在利用无人探测器探索太阳系方面取得了令人瞩目的成绩，同时，在寻找其他恒星周围的类地行星方面也取得了非凡的进展。这些突破能告诉我们哪些生命特征可能具有普遍性吗？我们还要等待多年才能探访围绕遥远恒星运动的系外行星，并对其生物圈进行采样（如果有可能的话）。即使行星距离我们只有几光年到数十光年，以我们目前可以建造的最佳推进系统，也要几代人的时间才能到达。因此，现在还不能说，系外行星的发现可能找到其他"生物圈"，我们也谈不上有能力探索生命的普遍性。[9]

虽然放弃了寻找另一个生物圈来检验本书中某些观测结果的野心（尽管我们希望有一天会发生），我们仍然可以深入探讨这些不平常的系外行星。至少，我们可能会在更狭窄的范围内提出一些稍微不同的问题。其他世界有多奇怪？假设这些行星上最初的生命与地球上最初的生命一样，不同的环境会引导演化走上不同的道路吗？

我们先前的智力探索活动都以丰富的数据为基础，相比之下，对于系外行星的探索似乎很大程度上是推测性的，但这种思维有时可以启发我们对地球的了解，激发我们提出新的问题，比如地球上的演化产物是靠哪种力量驱动产生的。从其他行星的角度看地球，可以打开我们的思路，且常常会带来丰硕的成果。因此，为了把我们的思想扩展到全范围，以思考生命结构是否具有普遍性这一问题，我们需要简要地探索一下关于外星世界的新观点，并用演化的思维思考问题。

当科学家急切地转向遥远的恒星去寻找行星时，他们期望在行星系统中找到和地球上几乎一样的世界。在恒星的外围，像木星和土星一样的气态巨行星绕轨道运行。如我们的太阳系一样，那些行星系统外围的温度同形成初期一样寒冷，倾向于让氢、氦和其他轻气体凝结，而在更靠近恒星的内部区域，这些气体则会蒸发进入太空。在恒星附近，随着气体的消失，只留下岩石残留物，它们相互碰撞和凝结，形成了所谓的类地行星，如金星、水星、火星和我们独特的居所——地球。恒星的附近是小块的岩石行星，远处则是气态的大型球状行星。这似乎很符合常理。

令人惊讶的是，天文学家第一次探测到的绕着遥远恒星运行的行星（被称为系外行星），竟然是一个巨行星，在短短的5天内绕恒星公转了一圈！这个星球离它的恒星如此近，天文学家别无选择，只能称这个新天体为热木星。1990年，人类发现的第一个系外行星围绕飞马座51（Pegasi 51）这颗恒星旋转，后者距离我们50.9光年，天文学家对此困惑不已。[10]它怎么会在离恒星这么近的轨道上？如此庞大的气态星球怎么没有被蒸发呢？这一发现迫使刚刚踏上寻找遥远行星之路的天文学家马上修改了关于太阳系形成方式的模型。只有一种理论可以恰当地解释这些紧紧环抱着母星的巨型行星：它们从自己的"太阳系"的外围向内迁移，并停留在原本仅属于小岩石星球的区域中。这是表明我们居住的太阳系可能并没有代表性的第一个迹象。

这颗被命名为Pegasi 51b的行星只是个开端，后续科学家又发现了一大批类型和轨道奇特的行星，新的发现堆积如山。首次观察后约20年里，惊喜不断出现，但是有几件事变得显而易见，并将长期成立。我们这个太阳系的结构不具代表性。在其他星系中，行星形成了多种构型，而迁移的行星则在行星结构形成的过程中起到了"扳手"的作用，改变了行星系统的位置，由引力决定具体位置。许多行星并不像我们太阳系中的主要行星那样有漂亮的近圆形轨道。[11]有的行星会绕着疯狂的椭圆形轨道飞行，弧线轨迹使它们有时离恒星很远，有时又会向内猛冲，从很近的地方掠过恒星，就像我们熟悉的彗星一样。这些极端的轨迹是引力扰动和相互作用的结果，这些引力和相互作用来自系统形成的早期，那时新行星刚刚形成，其他行星也完成了迁移，它们共同塑造了行星系统。有些轨迹是如此极端，以至于行星甚至可以被完全抛出恒星系统，流放到太空的深渊中。

世界各地的科学家们找到的系外行星无异于一场奇异的盛宴，其中包含各种各样不可思议的场景。除了热木星，天文学家还发现了热海王星，就是比木星稍小，与天王星和海王星差不多大的气态行星。[12]

以上提到的绝不是这些系外行星唯一的奇特之处。一些气态巨行星的轨道离恒星如此之近，以至于恒星的高温导致气体膨胀成巨大的包层，使大气膨胀。这些"浮肿"的行星密度非常低。比如453光年外的HAT-P-1b，只比木星大一点点，每4.47天绕恒星运行一次。它的密度只有液态水的四分之一。[13]这个膨胀的球代表了几十年前天文学家无法想象的世界。[14]

我们最感兴趣的是可能存在生命的世界。随着系外行星探测方法的改进，能够探测到的行星的尺寸范围逐步缩小。行星质量在地球质量和海王星质量之间，有一个灰色区域，这里是巨大的气态行星和小的岩石行星之间的过渡区域。在这两个极端之间的叫作超级地球。这个词有点儿不准确，因为这些地方不一定像地球一样。它们中的许多可能不适合居住，或者起源的环境与地球截然不同。[15]有些可能是海洋星球，大部分质量都是水。[16]

　　寻找真正的类地行星的关键是在恒星周围的宜居区域中找到行星，那里的太阳辐射刚好足以使液态水在星球表面持续存在。[17]若行星离恒星太近，行星最终就会像金星一样，海洋都蒸发了，这是温室效应失控的结果，大气中浓密的二氧化碳把热量吸收走，让所有水都蒸发了。离得太远，行星就会成为一个寒冷而荒凉的世界。宜居带有时也被称为"正正好区"，是温度适中的环形空间，我们地球上的演化实验已经证明了该区域的功能。

　　行星开普勒452距地球1 400光年远，它是第一个真正的类地行星。尽管它的直径比地球大60%，但它在宜居带的轨道上绕着类似太阳的恒星运行。它的年龄比地球略老一些，大约有60亿年的历史。[18]

　　开普勒太空望远镜等仪器收集到的大量数据表明，在我们银河系中，约有5%~7%类似太阳的恒星周围的宜居区域可能有地球大小的行星。[19]把这些数字代入整个银河系，结果令人瞠目结舌：银河系可能包含大约80亿个跟地球大小差不多的可能适宜居住的星球！好吧，也有人争论说应该是50亿或者100亿，但这有些吹毛求疵了。系外行星的发现揭示了小型岩石行星的普遍性。

　　天文学家是如何找到这些行星的？系外行星发现的故事可以写成一整本书，虽然它与本书探讨生命和物理学原理的主题有些不相干，但还是值得简要说明一下。系外行星的发现表明，物理科学领域的研究人员与生物科学领域的研究人员之间有着十分有趣的联系。双方都对了解其他行星的物理条件感兴趣，如果行星上有生命的话，我们假设这些条件会影响生命。

　　20年前，天文学家和生物学家之间的交流很少（除了在咖啡馆聊天）。然而，天文学家用来寻找系外行星的方法发现了与地球质量相当的行星，而我们最终可能会研究它们上面有没有生命迹象。于是，物理科学和生物科学走到了一起，这种联盟的建立很可能会产生大量新的观点：天体物理学原理如何塑造行星形成条件、行星表面特征以及可能出现生命的物理环境。这是天体生物学最令人兴奋的新兴领域之一。

在炽热的恒星周围探测到一颗行星还不是很容易的事。即使是最大的类木行星反射的光，也只有恒星巨大的燃烧聚变反应堆产生的光的几十亿分之一。要克服这些限制，需要一些独创性，而天文学家们最不缺的就是独创性。[20]

想象一下，你正在用望远镜凝视遥远的行星系统的侧面。望远镜的镜头中是位于中心的明亮恒星，但是恒星突然变暗了。原来，有一颗行星正从它前方优雅地经过，挡住了恒星发出的光。光并不会变暗很多，也许只下降了原来的百分之一或更少，但是如果使用一台好的望远镜和一些测量光的设备，你就可以看到，当行星经过时光的强度会短暂下降。这种方法（凌星法）有其局限性，就是只能从行星系统的侧面才可以观察到。从上往下观察这样的系统得不到好的结果，因为从这个角度看，当行星绕着恒星运行时，它永远不会挡住恒星的光。尽管如此，凌星法还是非常成功的。开普勒太空望远镜以17世纪的天文学家约翰内斯·开普勒的名字命名，他率先阐述了定义行星轨道的定律。这台望远镜已经使用凌星法找到了1 000多颗行星，足以说明这种方法需要面向行星系统侧面的局限性并没有妨碍科学家找到大量的行星。

天文学家也找到了其他一些寻找行星的聪明方法。行星在环绕恒星运动时，会引起恒星摆动，我们可以通过这些摆动检测出这些行星。想象或回忆一下婚礼的场景，你看着情侣在酒会上跳舞，一对夫妇握住彼此的手，疯狂地旋转。他们绕着共同的质量中心——他们之间某个假想点旋转，最后都晕了。当他们离开舞池时，不幸的妻子被她魁梧的叔叔拦住，叔叔也要跟她跳舞。这个身材娇小的女人握着他的手，但是这一次舞伴的体重太大了，看起来她就像在他身边飞来飞去，而他的位置几乎固定不变。但是，叔叔的位置并不是完全固定的。两人之间的共同质心是一个假想的点，在靠近魁梧叔叔的一侧，有时与他的身体重合。他也绕着共同的质心摆动和旋转，但受到的影响却相对较小，而他的娇小而轻盈的舞伴则围绕着他的身体旋转。舞曲结束时，侄女无疑已经头晕眼花，而叔叔也跌跌撞撞地回到了桌子旁。

天体物理学领域的情况也是如此。严格来说，并不是行星围绕恒星运行，其实是行星和恒星都绕着它们共同的质心运动。但是，恒星的质量太大了，以至于共同的质心基本上位于恒星内部。当较小的行星绕着恒星运动时，我们几乎不会注意到小小的行星也在拉动恒星。这种影响很小，但它确实存在，使恒星微微摆动，就像我们那位有些许不稳的叔叔一样。也就是说，恒星的自转受到行星质量的影响。如果轨道上有许多行星，恒星的运动将更加复杂，它的倾斜速度和模式可以表明有多个行星存在。

在几百或数千光年之外，我们怎么能看到这种几乎无法察觉的变化呢？好消息是，冰激凌马上就要登场了。我敢肯定，每年夏天都会发生这种情况：你听到冰激凌售卖车发出的曲调后，欣喜若狂地冲到大街上。售卖车慢慢驶近，你听到了旋律，但是随着车辆慢慢走远（它没有在你身边停下来，不过这种讨厌的心情被你对物理学的迷恋所淹没），音调会降低。驶过的救护车发出的声音也会有这样的现象，只不过它的声音不是令人欣喜，而是令人警醒。

多普勒效应以奥地利物理学家克里斯蒂安·多普勒（Christian Doppler）的名字命名，他于1842年提出了解释音高改变现象的理论。这种效应很容易理解。冰激凌售卖车从远处驶来的过程中不断发出声音，但由于车辆在移动，它产生的每个声波都比前一个声波更靠近你，因此声波之间的时间减少了（它们的频率变得更高，在你听来就是音调更高了）。当欺骗你的司机消失在远方时，由于售卖车正在远去，因此发出的每个声波都在往远处移动，从而降低了声音的频率。也就是说，声波本质上被拉伸了。

冰激凌与系外行星有什么关系？多普勒效应也会影响光，因为光和声音一样以波的形式移动。如果像恒星这样的发光的物体朝你移动，它的光线将比恒星静止时略微偏蓝，因为当它朝向你移动时，这些波长的光会被轻微压缩，波长缩短，更偏向光谱的蓝色区域。同样，当恒星离开时，光会略微变红，因为通过拉伸，光的波长会变长。

当这颗巨大的恒星与环绕它的行星绕着共同的质量中心摆动时，在地球上从侧面看去，恒星似乎有时靠近，有时后退。这种摆动让它的光谱发生了微妙的变化，当恒星朝地球靠近时，光线变蓝，而后退时则变红。通过精确地观测不断变化的光谱可以探测系外行星，这种方法叫多普勒频移法，有时也称为径向速度法，可用于确定绕行行星的质量。将这些数据与通过凌星法得到的信息（可以确定行星的大小）结合起来，我们就可以算出行星的密度，这对于确定其组成非常重要。

所有这些奇异的新世界，很容易让我们想到科幻小说之父 H. G. 威尔斯的推测：硅基生命沿着液态铁海洋的海岸行走。[21] 我们可以确定的是，既然我们已经发现的行星的形式和大小似乎有无穷无尽的变化，那么行星上生命的生物学形式也将有无尽的可能性。然而，尽管我们在这些行星上发现的许多不同的物理特征可能揭示了外星生命可以在奇怪的环境中存在，但我们仍可以在本书中讨论物理学原理是如何影响行星上的所有生命的。

通过观察光谱，我们知道所有系外行星都由元素周期表中的同一组元素组成。系外行星的成分来源于同一个周期表，这是一个无足轻重的事实（没有人期望过会有别的结果），但由它可以推导出许多直接的观点。碳骨架分子之所以能在我们从星际介质、地球和生命中观察到的所有复杂分子中脱颖而出，靠的正是根植于量子世界的化学特性——而同样的限制也适用于系外行星。我们可以预期，在任何由岩石构成的星球上，硅都主要存在于矿物中，碳才是构建自我复制、不断演化的实体的首选。因此，在原子尺度上，我们可以对其他行星上生命（如果存在）的潜在结构进行　些预测。

水是宇宙中常见的分子，这意味着，在遥远恒星周围的岩石星球表面上最常见的液体也是水。它可以与其他化合物（例如氨）混合，在足够的压力下也能与液态二氧化碳混合，但它作为一种随处可见的溶剂，从诞生之日起就准备好了进行生物学反应。

甚至，其他生物收集能量的来源也同我们在地球上能观察到的一样。周期表或由通用元素制成的化合物中的电子给体和电子受体在整个宇宙的任何地方都是相同的。它们不是地球特有的：它们的状态是由元素及其构成的化合物的热力学特征决定的；温度和压力条件将改变给定反应的热力学合理性，而不同化合物的丰度将改变生命可用的能量来源，地球上发生的很多变化都展现了这一点。不了解足够多的行星化学和行星物理学知识，我们就无法预测在特定系外行星上更有利、更普遍的是哪种类型的能源。但是，元素周期表提供的反应机制必定是相同的。

在这些限制条件下，行星生物圈可能比地球更丰富，也可能更贫乏。一些特征可能会使其他类地行星产生更丰富的生命。[22]来自加拿大麦克马斯特大学的勒内·赫勒（René Heller）和来自犹他州韦伯州立大学的约翰·阿姆斯特朗（John Armstrong）都在思考如何使一个行星比地球更宜居的问题。他们提出了许多设想，以创造一个"超级宜居"、比我们自己的青翠绿洲更适合生活的星球。比地球略大的行星可能容纳更多的生物量甚至更多的生物多样性。生态学家深知，陆地或大陆架越多，在上面生活的生命就越多样化。[23]大陆内部水体更多、干旱地区更少的行星可能支持的生物量更多。而如果恒星光线的紫外线辐射水平较低，辐射损伤对表面生命的影响较少，行星表面就可能更利于生命的存在。我们可以想象，行星大小、陆地与海洋的比例、地表温度或大气成分的差异将如何改变生命存在的条件。

但是，即使在整个地球历史上，也发生了影响地球多样性和生物量的巨大转变。大陆发生了漂移，大气成分发生了变化，陆地也变得越来越干旱。诸如小行星和彗星撞击之类的天文事件也会周期性地骚扰我们的星球。其中一些事件非常严重，导致了生物的大规模灭绝。从动植物的生物量来看，今天的地球比5亿年前更适合人类居住。然而，这些行星条件的改变都没有动摇物理学对生命的限制性影响。

我并不是说，这些系外行星上的生命会跟地球生命很像，从而让人大失所望。尽管受到物理学限制，演化实验中不会出现威尔斯想象的疯狂的生命形式，但在物理条件不同的行星上，仍然会产生各种各样的生命。

为了探索其他地方不同的物理条件如何影响生命，同时带来了令人着迷的多样性，进行一些简要的推测会给我们带来启发，甚至带来乐趣。有一种物理因素会对整个地球的生命产生作用，在宇宙中的任何其他星球上也是如此。甚至达尔文在他的书的最后一段中，也提起了重力这个因素。许多系外岩石行星上的重力将与地球上的不同。这一因素将如何影响生命？我们可以使用以下这个简单的公式来求出任何行星表面的重力加速度（g）：重力加速度与行星的质量成正比，与行星的半径的平方成反比，因此有

$$g = GM/r^2$$

其中 G 是引力常数（ 6.67×10^{-11} m³kg⁻¹s⁻² ）， M 是行星的质量。

想象一颗直径为地球直径10倍的系外行星。行星的质量与其体积有关，计算公式是(4/3)πr^3。因此，质量与半径的立方成正比。为了得到重力的数值，我们将质量除以 r^2，重力的比例就是 $r^3/r^2 = r$。简单来说，假设行星的体密度与地球的密度大致相同，那么如果一颗行星直径是地球直径的10倍，它表面的重力也将是地球的10倍。

让我们想象，在这个遥远的星球上，生活着一个巨大的类似牛的生物。在所有其他因素相同的情况下，该生物体所受的重力（以 mg 表示，即生物体的质量乘以重力加速度）将大10倍。动物所受的重力必须由腿的横截面支撑，如果重力增加到10倍，则腿部的直径要增加到3.2倍，横截面积才会增加到10倍。增加的直径会使腿部单位横截面积承担的力量变小，这一点跟地球上是一样的。

外星牛的腿很可能比我们熟悉的牛的腿更粗，并且可能体型较小。尽管在高重力作用下，骨骼或肌肉可能演化得更强壮，产生的生物也可能与地球上的相差无几，但这个行星上的高重力环境很可能会在大型生命的解剖学结构上留下印记。

外星鱼会怎么样呢？你应该会记得，流体中的作用力由（ $mg - \rho Vg$ ）计算得到。公式中的第一项是动物的重量。因此，在重力为10倍的系外行星上，鱼的重量也是地球上的10倍。但是，由于被鱼类取代的水的重量也随重力而变化，因此在这个星球中，浮力（ ρVg ）也是原来的10倍。重力增加到10倍，其实对鱼没有影响。身处地球还是"超级地球"，对鱼类和鲸的影响都很小。

小型生物受到重力差异的影响甚至更小。在瓢虫身上，重力几乎无关紧要。我们知道，分子间作用力是支配瓢虫世界的主要力量。甚至它脚下一层薄薄的水对它的吸引力也能与重力竞争，足以使它附着在竖直的墙壁上，不然虫子就会掉下去。但是，瓢虫还是会受到重力的影响。如果瓢虫在飞行中停止扇动翅膀，它肯定会掉落到地面上，就像人从墙上跳下来一样，但是大气的阻力不会让这种轻量化生物的速度下降得过快。

我们可以思考一下，如果一个生物从外星的悬崖或从树枝上跳下，重力会对它产生什么影响。如果一个物体一直向下坠落，它会达到一个终极速度，这就是它将达到的最快速度了。重力把它向下拽，而空气或流体阻力又不让它下落得很快，两个力之间会达到一个平衡。我们可以使用以下公式计算出最大速度（V_t）：

$$V_t = \sqrt{(2mg/\rho A C_d)}$$

其中 m 是物体的质量，g 是重力加速度，ρ 是物体周围的空气或流体的密度，A 是物体的表面积，C_d 是物体的阻力系数，表示阻力使其速度减慢的程度。

你会注意到，方程中涉及了生物的质量，这很重要，因为质量越大，终极速度越高。对于地球上的人类来说，终极速度大约是每小时195千米，速度相当快。下落约450米（大约需要12秒），你就会达到这个速度。一般来说，要是人以每小时195千米的速度撞击地面，立刻就会死亡，其实不需要达到终极速度，就会给人造成严重的伤害，从树顶上跳下已经够糟了。

在一些故事里，有人奇迹般地生还了。1971年12月，德国-秘鲁生物学家尤利亚妮·克普克（Juliane Koepcke）乘坐的飞机在秘鲁雨林上空遭遇猛烈雷暴，飞机被闪电击中爆炸，她从3千米的高度坠落，但幸免于难。她跌落在地上，身体仍然被安全带固定在座位上，只是右胳膊受伤、锁骨骨折。[24]据说，第二次世界大战时，也有飞行员从高空飞机上摔下，坠落到雪原中幸存下米。但是，这些情况都是十分罕见的。

在这方面，人比蚂蚁脆弱多了。根据蚂蚁的质量可以算出它的终极速度是每小时约6千米，是人类的三十分之一。大多数蚂蚁在以这种速度坠落时能存活下来，几乎不会受伤。

现在让我们将这个方程式中的另一个量——系外行星上的重力增加到地球的10倍，终极速度会相应增加。对于大型动物而言，这会增加它们跳过障碍物或从飞行中坠落的麻烦，但是对于小型昆虫而言，尽管现在的终极速度相对更高，但是可能仍然不足以对它们产生巨大的伤害。假设大气密度相同，蚂蚁的终极速度提高到每小时约20千米，但仍低于我们这个世界上老鼠的终极速度。这些蚂蚁在达到终极速度坠落后可以几乎毫发无伤地离开。我们举蚂蚁的例子是为了说明，重力对小型动物的作用较小。在遥远的超级地球上，重力大对星球上最小的生命形式几乎没有影响。

另一颗行星上的演化过程会带来全新的、我们不曾见过的生命形式吗？在以上这些例子中，我们没有看到令人信服的肯定回答。相反，我们可能会再次看到，物理学的定律是不变的，生命只能在普遍的运行定律下以可预测的方式被塑造。这些定律可能会导致细节上的差异，但提供的解决方案种类是非常有限的，其中许多是我们熟悉的。

我们再来想想其他有趣的话题。比如，我们可能会考虑一下，重力因素是如何影响会飞的生物的，比如我们的外星大雁。

无论你是观看从爱丁堡机场起飞的飞机，还是我们已经遇到的大雁，这些飞行的物体都必须在空中保持升力。我们可以使用升力公式算出保持在高空所需的力：

$$L = (C_L A \rho v^2)/2$$

升力（*L*）是使物体保持在天空中的向上的力，正比于机翼的表面积（*A*）与物体周围的空气密度（ρ）和速度（*v*）平方的乘积。

你还会注意到方程式中有一个奇怪的项。C_L是升力系数，这类系数有时被委婉地称为经验系数。它不是某种基本常数，但它抹去了这个方程式不能完全解决的所有复杂问题：升力的问题不仅与机翼的表面积有关，还与翼展、空气与不同机翼材料的相互作用、机翼的角度（迎角）有关。C_L必须通过实验测得，这就是空气动力学专家要把模型飞机放在风洞中的原因，这样他们才能确定用哪个数字才能得到正确的答案。

这个方程告诉了我们一些简单的事情：大气层越厚，可以飞起来的生物越重；重力越小，该生物受到的向下的力就越小，于是，我们可以看到质量更大的动物在空中飞行。

要展示这种简单物理学原理的奇怪后果，没有比土卫六更好的地方了。[25]这颗非同寻常的土星卫星直径只有5 152千米，是地球直径的40%，重力加速度为1.34米/秒^2，仅是地球重力加速度的13.7%。然而，它有超厚的大气层，密度约为5.9千克/米^3，而地球大气的密度仅为1.2千克/米^3。

这些数字引起了人们的想象。如果一个人的体重减少到原来的七分之一，又由于大气密度更高而增加了升力，我们将看到了人类飞行的情景。

假设一个人体重70千克，那么这个人在土卫六上的重量大约就是94牛顿。如果这个人要飞起来，升力就必须达到这个数值甚至更大。我们可以假设他们以每秒5米（每小时约18千米）的速度悠闲地飞行。升力系数我们取0.5（典型值）。利用土卫六大气层的密度，我们得出了机翼所需的表面积是2.5平方米，我们可以轻松地将这种尺寸的机翼安装在衣服上。人类可以从土卫六的悬崖上跳下来（当然得穿太空服），在天空中飞翔，像鸟儿一样，缓慢、庄重而优雅地下落。

只要有足够的速度，即使在地球上，人们也可以使用装有机翼的服装飞行。但是在土卫六上，重力更小，大气层更厚，你就可以缓慢而优雅地滑行，而不会遇到优兔网（YouTube）上的事故死亡场景。

上文通过简单的思考提供了一个例子，说明尽管物理学定律是不变的，但系外行星特征的细微变化可能演化出新的物种。在大气层稀薄的大型行星上，可能完全无法飞行，在那个生物圈中，"飞行"只能是短时地冲入天空，就像地球上的飞鱼或飞鼠一样。在另一些地方，稠密的大气包裹着小型行星，那片天空上就可能飞翔着大大小小、多种多样的生物。

在演化过程中，这些差异是否可能导致某些我们未曾料到的大事发生？想象一颗遥远的系外行星，它比地球小，但大气层却很厚，上面的生命在不断演化。在那个星球上，出现了大小与人类差不多的大型生物，而且，他们还发展出了智慧。但是这些生物跟我们有一些不同之处：他们有翅膀。

他们的飞行能力对其历史产生了深远的影响。从有记录的时间开始，他们就能够环游整颗行星，进行长距离旅行。他们上下班不是坐车，而是飞翔。因此，他们从未发明汽车，因为没有需求。像所有有感觉的生物一样，他们也有攻击性的倾向，但是他们能够飞上大，从天上远远地观望其他人和城市，这给了他们看待其他生命的视角，并减少了破坏性倾向。从最原始的时代，俯瞰整个大陆的视角就激发了他们的生态和环境意识。他们从发现科学方法的初期开始就努力绘制整个行星及其环境系统的地图。这项工作在他们的物种中创造了行星级的友情意识。

与生俱来的飞行能力使他们很快领悟了人工飞行的基本原理。十几岁的天才青少年仅仅通过在无聊的课堂上观察自己的翅膀，就知道了机翼是如何工作的，从而设计出人工飞行器。在这个行星上，有数百种出于旅游或商业目的的飞行器在飞行，除了自身的能力外，他们很早就开发了飞机。

现在，由于早期的环境意识，他们通常过着平静的生活。但是，对于他们而言，偶尔发生的战争将是毁灭性的。他们能够将物体从高处投到敌人身上，因此在历史早期就开始了空战。

翅膀为太空旅行提供了重要动力。他们天生就有从三维空间看世界的倾向，超凡的视野使他们迅速开始梦想飞越大气层。一旦他们掌握了铸造金属和利用基本化学反应的技能，他们就开始尝试制造火箭了。航天能力随航空器的建造而迅速发展。

我之所以带你们进行这次稍微有些怪异的思想旅行，只是为了说明，物理学定律极大限制了生命形式的说法，并不意味着无法产生各种可能的结果。我以这个假想中的智慧生命为例说明，即使各个行星的物理学原理都是相同的，行星物理条件的微小变化（在例子里是密度更高的大气）也很可能会带来不同的生物学结果，并改变生物演化的轨迹，一路引起各种各样的间接影响，对你我而言，其中最具体可感的就是文化含义了。尽管我选择的例子相当简单，但是重力的例子说明，我们可以使用以方程式来呈现的物理学原理来探索对假想生物群的潜在影响。

系外行星的发现向我们表明，宇宙充满了各种各样的可能性。可能没有一个行星跟地球完全一样。重力、大气密度、景观、陆地与海洋的比例以及其他因素的细微差异都会影响演化实验（如果存在的话）的范围和内容。没有一个星球能精确地复制地球生物圈。颜色和形状的微小修改带来的无限多样性将产生很多奇妙、让人迷惑的生物。但是，这些生物圈中的生物，在最小的尺度上，都有着相同的架构、相同的含碳分子的复杂结构，其主要分子中都有着相同的重复组成单元，细胞也都会被分隔成小室。在大的尺度下，他们将采用相同的方式来应对重力，飞向空中或在海里游泳。生命的方程式增加了地球上的多样性和偶然性，如果生命存在于其他地方，那么那里也会一样。

目前来看，短时间内我们还没有希望直接研究遥远系外行星生物圈中的生命形式，无法扩大我们可以分析的演化实验样本规模。目前，我们只能寻找太阳系中的生命。无论我们能否找到独立的演化实验，系外行星的发现及其承载环境的特征都将让我们更了解岩石星球的物理条件的多样性。这些全新的景象将丰富并激发我们的思想，让我们思考，如果在这些遥远的星球上进行实验，我们自己的演化实验的特征可能会有哪些不同。从这个角度看，我们可能会更好地了解地球的物理条件如何塑造了这里的生命形式。有了这种新的视野，我们对生命的普遍认识也将更加深刻。

第 12 章

生物演化与物理学的统一

　　如果说物理定律和生命定律是相同的，没有人会感到惊讶。[1]能量在宇宙中的耗散是一个不可避免的过程，它产生了局部的复杂性，生命是其中的一部分。但是，最终组成生命和星球的物质自身也一定会消散到寒冷的深渊中。[2]在最宏大的尺度上，生命不过是闪烁的光，最终被宇宙的终极物理定律之一——热力学第二定律所熄灭。

　　我们不愿让冷冰冰的物理学定律逐渐渗透到丰富多彩的生命中，这很容易理解。许多人认为，物理学带来了可怕的还原论，这种冷酷的观点让我们对地球上的生物精打细算，而且淡化了"生命与无生命物质不同"的历史观念。

　　曾经有好几个世纪，人们认为，有一种力量或物质（被称为"活力"）赋予了生命特有的能量和不可预测性，从本质上在物质世界和生命领域之间建立了一道壁垒。没有这道壁垒，生物和人与无生命物质很可能不会有明确的分界，这被认为是很危险的。在很大程度上，正是这种分界让我们推迟了在物理学原理的背景下理解演化实验。在本书中，我们探讨了这些原理如何在各个层次上限制了生命的存在。物理学原理对生命会产生影响，这一观点应该不会让人震惊。但是，如果我们简要地回顾历史就会发现，人们对生命的观点与对物理学的理解一直是分离的，因此我们也就能更好地理解，为什么人们花了这么长时间才认识到生命物质与无生命的物质一样，都受到无懈可击的定律的牢固掌控。

在好几个世纪的时间里，自然发生说的理念一直被认为是无生命物质和有生命物质之间的核心差异。这种理念认为，非生命要转变为生命，必须通过一种难以捉摸的力量做出某种方式的改变。在同行评议、科学院和科学讨论的环境尚未出现的时代，人们提出了很多怪异的"自然发生"方式。比如扬·巴普蒂斯塔·范·海耳蒙特（Jan Baptista van Helmont），他在1620年发表了一份制作老鼠的详细说明：[3]

> 将一件沾有汗水的内衣和小麦一起放进广口瓶中，大约21天后，气味会改变，并且从内衣中会流出发酵液，穿透小麦的外皮，将小麦变成老鼠。不平常的是，产生的老鼠有雄性和雌性，可以跟自然出生的老鼠交配生下小老鼠。但是，更不平常的是，从小麦和内衣变来的老鼠并不是小老鼠，甚至不是袖珍的成年老鼠或夭折的老鼠，而是成年老鼠。

也有许多人试图反驳自然发生说。用动物进行实验很容易。17世纪，意大利医生弗朗切斯科·雷迪（Francesco Redi）表示，用纱布覆盖肉类后，肉就不会自发转化为蛆，但纱布本来可以让所谓的"活力"穿过的。[4]下一步就相当容易了，就是证明苍蝇对生成蛆是必要的。

但是，对于这种新出现的科学共识，微生物成了一个难点。在范·列文虎克发现微生物后仅60年，18世纪备受尊敬的科学家约翰·特伯维尔·尼达姆（John Turberville Needham）发表了他的羊肉肉汁实验。[5]

他将煮沸的肉汁放到小瓶中，然后塞上塞子，过了一段时间，与外界隔绝的肉汁中就充满了生命。[6]他据此推测，自然发生说已被证实。肉汁中的有机物被注入了营养的生命力而产生了生命。

不过，现在我们知道他的肉汁很可能被微生物污染了。拉扎罗·斯帕兰扎尼（Lazzaro Spallanzani）以青蛙器官再生方面的开创性研究而闻名，他重复了尼达姆的肉汁实验，但更加谨慎。他将浸湿的种子放入小瓶中密封起来，然后加热，杀死瓶中任何可能还活着的东西。[7]在短时间加热的小瓶中，体型较大的微生物（我们现在认为这些生物应该是变形虫）很快死亡。他注意到，较小微生物（可能是细菌）可以忍受几分钟的加热，然后才不再移动。然后，他指出，如果加热小瓶的时间足够长，瓶中可能会变成"绝对的沙漠"。[8]他的实验正好论证了灭菌的概念。

现在，你可能会认为这一系列开创性的实验最终会使自然发生说没有市场，但事实并非如此。支持者很容易辩称，生命无法产生是因为小瓶中的物质缺乏空气。斯帕兰扎尼密封了小瓶，没有给有机物提供空气，而那是活力所必需的条件。

在这个历史背景下，后来成为传奇的法国人路易·巴斯德登场了。他在设计实验方面思路非常清晰。他开创了巴氏灭菌法：对牛奶进行快速而短暂的加热，这样可以杀死微生物，而不会改变口味，并有助于保存。他用一个巧妙而简单的实验回答了这个困扰数百年的问题。他制造了一种鹅颈烧瓶，其锥形末端优雅地向侧面弯曲，呈蜿蜒的S形，既防止微生物直接掉入肉汤中，也给液体提供了氧气。19世纪末，他不但给了自然发生说最后一击，还用实例说明了如何使液体无菌并保持这种状态。

在这段历史中蕴含着一种深刻而强烈的信念，即生命确实有某种不同之处。即使自然发生说早已随着科学的进步而消散，但人们仍然一直感觉，生物学绝不应该被简单地还原为受物理过程驱动的形态和形式。哥白尼革命让我们明白，人类所在的太阳系并不特殊，虽然之后的人们还是很难接受人类起源于猿类的观点，但是至少猿类和我们都属于生命，而不是无生命的物质。达尔文的演化思想可以解释为造物主以演化为手段来达到最终的目的。演化是创世背后的机制，但仍然很特殊。

生物学和物理学的成功结合很难，一方面是因为长期以来我们都在为生命寻找一个舒适的、特殊的起源之地，另一方面是因为两个学科内部的文化和研究方法有差异。我自己是在把大部分职业生涯都花在了生命科学领域之后，又进入了物理系工作。刚进入物理系时，我遇到了一些令人吃惊的事情，让我记忆深刻。在和生物学家坐下来谈合作时，他们要做的第一件事是从头开始讨论（比如微生物）。然后，根据你提出的问题，他们再从较低的层次结构着手去寻找答案。这种习惯可能源于生态系统和生物普遍具有的无限复杂性。试图用构成生物的亚原子粒子来解释鼹鼠的生物学特征似乎是徒劳的。最好先从鼹鼠开始，然后再尝试在下一个层次上回答有关它的基本结构和各个部分的问题。生物学家自上而下工作的倾向是可以理解的。

但如果你喝杯茶，与物理学家开始讨论，你会经常发现相反的情况。他们的本能是从底部开始，试图为感兴趣的过程构建一个简单的模型，也许用方程式来表示。众所周知的"真空中的球形奶牛"就是这样出现的。这个习惯也是可以理解的。这个历史悠久的领域的目的就是研究我们周围世界的物理基础，并用数学关系表达这些特征，他们像盖房子一样，从基本原理开始构建知识大厦。

两种方法都没有错。实际上，这两种方法似乎都非常适合各自的学科。物理学家试图通过自下而上研究来获得确定性，在每个层次结构中，物质块的行为可以用方程式解释。而面对生物圈中非同寻常的多样性和复杂性，生物学家们则采用了自上而下的还原性方法，将研究对象分解为更容易理清的事物来寻求确定性。但是这两种方法的研究对象好像成了两类截然不同的物质。这两个领域似乎很对立。为了更好地理解这些看似截然不同的文化是如何出现的，我们应该简要地探讨一下两组科学家共同努力研究的物质。

如果在物质层次结构的底部搜寻，则其物理性质可能变得难以辨认。正如海森堡揭示的那样，微小的东西是很难捉摸的。想测量亚原子粒子的位置，你就不知道它的动量是多少。想测量其动量，其位置又不明确了。海森堡不确定原理是粒子的基本属性，是微观量子世界的表现。物质的粒子，特别是亚原子粒子，不是固定存在于一个特定位置的离散实体（例如桌子或椅子）。相反，在无限的小尺度上，它们像光一样具有波的属性，这些属性使它们所在的位置是一种概率，而不是确切的值。[9]量子世界还有其他奇怪的特性，以我们通常的经验看似乎是异样和陌生的。

但是在大尺度（比如你我熟悉的宇宙尺度）上，许多不同粒子（例如气体的原子）的变化互相抵消，达到平衡，我们确实可以了解一些关于物体的知识。在更大的视角下，粒子绝对数量的不确定性消失了。我们可以写下一些简单的方程式，例如理想气体定律，通过它预测气体的压力、体积和温度之间的关系：[10]

$$PV = nRT$$

其中气体的压力（P）和体积（V）与气体的摩尔数（n）、温度（T）和理想气体常数（R）有关。

无论气体中的单个原子以怎样不确定的方式运动，该方程式都具有一定的确定性。物理学在最小尺度上有不可捉摸之处，但是当我们在更高的层次上观察事物时，不确定性就不那么明显了。这就是为什么物理学家（除了那些研究量子世界的人之外）经常试图通过将层次结构上移来描述现象，在更高的层次上，一个方程式就可以概括物质的一般行为。

现在，我们将这种方法与生物学家对生物的研究方式进行比较。在小尺度上，生物的结构似乎比我们在大尺度上观察到的生物圈要简单得多。细胞机器中充满了可预测性：分子根据热力学原理折叠，遗传密码中的碱基对受到简单的化学驱动以可预测的方式相结合，古老的能量通路也可以通过热力学来解释。[11]与整个生物世界中的多样性和无穷无尽的形式相比，微观过程的不确定性少得多，而且更加可控。在更大的尺度上，生物学似乎是不可预测的。大量演化产物构成了生物圈，无穷无尽的变化使观察者眼花缭乱，它们都是由演化过程中的不同历史和偶然细节造成的。

考虑到这一点，生物学家通过降低观测的层次结构，使所涉及的原理更加易于处理，来避免信息泛滥，就可以理解了。我们可以合理地得出结论，生物学在小尺度上是可以预测的，但在大尺度上却变得古怪而不可预测。相比之下，物理学在小尺度上是难以捉摸的，但是当海森堡的不确定性和量子行为的奇异性不再显现时，在宏观尺度上物理学是可以预测的。生物学与物理学是截然相反的。

尽管这种观点很有道理，但对我而言，还有一个同样令人信服的角度，就是强调两个领域的统一以及研究对象的物质相似性。

在小尺度上，生物学与物理学一样，实际上也有不确定性。尽管遗传密码和由其翻译产生的蛋白质是可以预测的，不会有很大的偶然性，但是在一个重要方面，生物学在小尺度上也有难以捉摸的地方。遗传密码忠实地从一代复制给下一代，但也有可能会发生变化，也就是突变。

这些变化的来源之一就是电离辐射，包括自然背景辐射。太阳发出的紫外线也会破坏DNA。它赋予遗传物质的能量让腺嘌呤碱基两两结合在一起形成"双胞胎"，被称为嘧啶二聚体。当基因复制机器遇到这些卡在一起的碱基时，它会误读并在下一代中引入错误。

化学物质也会破坏DNA，比如香烟中的致癌物就会引起突变。令人惊讶的是，DNA中的突变并不需要辐射或恶性化学作用，它们可以自然发生。某些碱基（腺嘌呤和鸟嘌呤）可能会分解，比如从双螺旋中掉出来。[12]在复制时，遗传密码中的这些"洞"会让新的DNA链出错。

以上事实都告诉我们，与所有机器一样，DNA并不是完美的。暴露在各种各样的环境中、自然化学过程、不完美的复制等因素都将导致遗传密码出现错误。由于我们无法准确预测密码中发生突变的位置（尽管我们可以确定某些分子对不同类型损伤的易感性），因此在原子和分子水平上，不可能预测出密码如何随时间变化。大多数这些不确定性与我在量子世界中谈到的不确定性并不完全相同。它们相当反复无常，产生于不完美的基因机器，且会受到环境里的化学品、辐射或自身固有弱点的意外干扰。

但是，物理学家和生物学家所熟悉的不确定性有时很可能是一回事，这也是两个领域的交集。瑞典科学家佩尔-奥洛夫·勒夫丁（Per-Olov Löwdin）提出，DNA的某些突变可能是由量子效应引起的。[13]

DNA链上的一个碱基上的氢（质子）和另一条DNA链上相邻的氧或氮原子结合形成了双螺旋结构。这些氢键将两条双螺旋的DNA链连接在一起。当细胞在分裂过程中要复制DNA或翻译成蛋白质时，上述氢键就会断裂，让DNA解旋。

在这个时候，参与氢键的质子可以交换结合的对象，例如腺嘌呤上的质子会跃迁到DNA的另一条链上，成为胸腺嘧啶的一部分。[14]这种质子交换会带来很大的麻烦，因为随着质子转移到新的分子上，DNA复制机制可能会变得混乱。当它遇到经过修饰的腺嘌呤时，它可能会错误地与胞嘧啶结合，而没有与新合成的DNA链中的胸腺嘧啶配对。于是，突变就这样形成了，密码也出现了错误。

勒夫丁的理论最有趣的部分是这种情况发生的机制。在DNA双螺旋中，要使质子从一个碱基跃迁到另一个碱基上绝非易事。就像你开车翻过一座小山去往超市一样，你需要投入一些能量。你需要踩油门才能将汽车开到山的另一边。在化学上也是如此。质子必须越过一个"山丘"，而这个山丘代表了发生化学变化所需的能量。所以质子需要一些能量。但是，想象一下，有一个慷慨的邻居在小山里修建了一条隧道。现在，你可以方便地开车穿过隧道到达另一侧，而无须使用燃料越过山坡。

在亚原子粒子所处的奇异量子世界中，恰好会出现这种量子捷径。跳跃的质子可以通过量子隧穿的方式从一个碱基穿越到另一个碱基，不必消耗能量翻过山坡。勒夫丁理论认为，量子效应可能是某些突变的核心。物理学家为这个想法设计了各种模型，但目前它也只是个奇特的想法而已。即使确实发生了量子隧穿，也不一定代表这种情况会普遍发生，或者它起到了重要影响，但我之所以提出这个问题，是因为它表明在小尺度上，生物学和物理学中的某些不确定性可能来自共同的量子源头。[15]确实，整个量子生物学领域都建立在对物理不确定性的研究基础上，这些不确定性普遍存在于所有物质的最小成分的行为中，无论这些物质是气体还是鹅。

就像物理学中的情况一样，当我们把画面拉远，让所有无法预测的突变缩小到不可见的程度时，情况就不同了，我们也可以在更高层次上找到共同的主题。在大尺度上，那些反复无常的突变都可以相互抵消，例如气体容器中原子的无数可能位置和运动。我们最终得到了一个符合大尺度定律的生物，无论在原子或分子水平上发生了什么。一只鼹鼠符合 $P = F/A$ 这个公式，它那圆筒形的身体和尖尖的脸型有利于它打洞和挖土，从而导致了整个种群的趋同演化。不管在不同鼹鼠的遗传密码上发生了多少无法预测的突变，除非这些变化是致命的，否则它们不会改变大尺度的鼹鼠必须适应与地下生活方式有关的定律的这一事实。

演化生物学和物理学研究的物质在原子尺度上都具有不确定性，而在更大的尺度上这个问题就消失了，物质系统形成了完全可以预测的形式。因此，这两个领域是统一的。

但是，我必须承认，在生物学与物理学之间，即生物与无生命物质之间确实存在区别。生命与非生命之间的一个关键差异，就在于原子和分子尺度上的所有不确定性如何在更大尺度上改变着事物。雅克·莫诺（Jacques Monod）意味深长地指出，在小尺度上，大多数物质的变化往往最终导致恶化和破坏。[16]晶体中的小缺陷可能导致晶体碎裂。金属中的原子位移可能带来弱点，最终导致结构破坏，桥梁建造者对此最了解不过了。[17]晶体会产生缺陷，但有一个问题是：它们通常没法将这种缺陷可靠地传递到下一代的晶体中。[18]如果我们发现了这类方法，我们或许就能知道，在某些情况下，晶体可能如何不断"繁殖"，从而比没有缺陷的晶体保存得更久。因为无生命的物体无法复制，所以我们无法将小片晶体分散到具有不同物理和化学条件的大环境中，去研究缺陷在哪些地方提供了演化优势，并被传递给下一代的晶体，而其他晶休则灰飞烟灭。

然而对于生命来说，DNA中分子水平的那些小突变是其多样性的来源。调皮捣蛋的高能粒子四处游窜，引起了DNA中碱基对的偶然转变，遗传密码的变异就产生了。生命中的密码似乎赋予了它不变的目标："生命总能找到出路。"但是，这种目标感是一种错觉。生命之所以能够延续，是因为每一代中的密码差异都会产生拥有不一样特质的个体。生命拥有如此多的变体，其中的某些变体可能会在环境中成功生存，使用现有资源尽可能地复制并扩张自己的地盘，而在其他地方，某些变体可能灭亡。这种选择过程给人一种错觉，似乎生命是有特别目的或者不屈不挠的，它的这种决心驱动着它生生不息。生命的这种特性，即从其密码中表现出来的行为，确实赋予了它特殊的功能，但这种特征不能把生命与物理学完全分开。这种特征反倒表明，生命是物理过程（一个编码的过程）的特定体现。

　　人们习惯于用某种神秘的事物填满生命与非生命之间的鸿沟。在我们探索宇宙其他地方的生命行为的过程中，也许有些人看到了重新抓住古老活力论的机会。有些人可能希望逃避令人讨厌的结论，即生命只是有机化学的一个有趣分支，它是一系列特殊但令人着迷的物理学原理，并通过特殊的分子集合表达出来。可惜，对于那些相信生命与非生命之间存在某种鸿沟的人来说，事实并不如他们所料，生物学与物理学之间的差别并不惊人。

　　我们在生物学和物理学中能做的最好的事情之一（实际上，这正是本书的目的），就是从蚁巢的社会生物学研究延伸到构成生命的原子研究。可以肯定地说，每个层级的研究都是由不同的人所做的（仔细阅读本书后面的引文，你就会发现这一点）。但是，如果你查阅这些文献，就会发现有一个共同的主题贯穿其中。许多研究组的研究课题似乎都殊途同归，回到相同的目的。看看生命对氨基酸的选择，你就会发现其选择根植于这些分子的物理特性。观察蛋白质的折叠，你会发现无数条氨基酸链其实只能折叠成几种形式。研究生命的结构，你也会发现细胞是普遍出现的。纵览动植物的形态，你将发现它们的形态被一些简单的关系像铆钉一样限制着。我们惊叹于鸟类、蚂蚁和鱼类之间的秩序，而在它们令人迷惑的群落中，简单的规则正在起作用。从生命中最微小的部分到整个种群，物理学原理支配着生命，并限制了生命的可能性。在过去的几十年中，生物学家和物理学家的研究领域发生了交汇，这帮助生物学取得了胜利，减少了其巨大的复杂性和表面上难以理解的多样性，也使生物变得简单多了。

这些科学家小组就像在高层建筑不同楼层上工作的许多实验室一样，各自占据并研究着不同层次的生命结构，却似乎得出了相同的结论。生命受到一些规则的限制，这些规则极其狭窄，甚至到了令人震惊的程度。随着我们对这些规则如何控制生物系统的了解越来越深入，至少在总体上，我们可能可以预测生命的支柱和大梁（虽然可能无法深入细节）。合成生物学家已经迎来了一丝曙光，他们利用自己设计的遗传密码来预测新生命形式能否存在，甚至还开始创造新形式。

如果生物学和物理学这样被统一为一门学科，那么在生命演化史上是否还存在偶然事件的空间，使之前的生命形态产生不可预知的飞跃，进入了生物学的新领域？尽管我认为这些机会相当有限，但其他人也有截然不同的看法。

斯蒂芬·杰伊·古尔德（Stephen Jay Gould）就非常支持这种偶然性，他认为至少在整个有机体的尺度上是这样。[19]对他来说，偶然性就是演化的一切。他承认物理学的基本定律在背后起了作用，但也坚信演化中一切有趣的事物最终都是偶然事件的结果，比如特定动物的体型改变、哺乳动物的崛起或智能的出现。[20]如果换一种情况，这一切可能都不会发生。他的观点来自他对伯吉斯页岩的研究，这片5.08亿年前的化石矿床埋藏在加拿大落基山脉的山坡上。他在《奇妙的生命》（*Wonderful Life*）一书中详细阐述了这种观点。[21]在这些页岩中，有一些最早的动物的印记，是保存最完好的多细胞复杂生命的早期演化实验之一。这些化石在全球各地的类似结构中反复出现，它们见证了在30多亿年的微生物演化之后发生的生命大爆发。这些动物的分节、腿、触角和附属肢体产生了某些奇怪的排列，似乎暗示了生物学上的偶然性。古尔德认为，从这些陌生的生命形式来看，人类能够生存在地球上是一个偶然事件的结果，就像抛硬币那样。

我毫不怀疑，对于任何花时间分析这些化石的精细解剖细节的科学家来说，这些丰富多彩的样本（这儿有一个分叉的触手，那里有一个奇怪的分节，那边还有一条腿）让人非常吃惊，这是演化中偶然性的一个例子。作为一个局外人，我虽然没有研究过无脊椎动物的复杂性并被它们迷住，但是确实在图书馆里花了4天的时间仔细研究了伯吉斯页岩的复原物，而让我震惊的不是生命发展的无限潜力，而是那种非凡的相似性。在历史上的那一刻，的确存在无数的可能性。这些新奇的动物可以探索和利用的可能性像海洋一样广阔。但是在形式上，它们却有着乏味的相似性。大多数动物像你和我一样，都是两侧对称的。大多数动物的前部都有嘴巴，后部有肛门。[22]这些动物都有自己独有的特征细节和怪异的扭曲形状，但它们之间也有着很多相似之处。它们似乎证明，尽管演化实验拼命试图挣脱束缚，但是当面对流体力学、扩散定律和其他一些物理定律时，它最终却变得如此缺乏想象力。偶然性肯定存在，但并没有到令人震惊的程度。[23]在这个生物大爆发的时刻，伯吉斯页岩中化石的相似性比任何新奇的生命形式都更惊人。的确，自古尔德充分肯定"偶然性"的作用以来，科学家们已经认识到，许多（甚至可能是全部）伯吉斯页岩动物都与现代动物群有关。[24]

我们必须谨慎地描述两件事。生物体的细节中有偶然性：包裹细胞的膜的数量，飞虫翅膀上的图案，恐龙下颌的曲线。如果某些演化特征没有在到达生育年龄之前固定下来，那么一些个体上就会呈现偶然特征。[25] 这一事实导致地球上生命彼此之间存在巨大的差异。

对于那些喜欢细节、多样性和生命色彩的人，我承认偶然性就是一切。历史上的细微差别和先天的发育限制在很多细节特征上可能都无法预测演化的确切结果。[26] 但是，从更深的生物学层面上，这些微不足道事物的背后，是限制生命的基本物理学原理：细胞膜、集中在动物翅膀下的空气动力、为了压碎食物而形成的下颌结构。

偶然性可能会在另一个领域发挥作用：在生命的主要演化变迁中，巨大的变化对地球上生命的能力产生了明显的影响。这些转变不仅体现在细节上，相反，它们塑造了生命这座大厦。

有些转变似乎是必然的。细胞结构的出现把生物化学过程包裹起来，然后把这些设备齐全的细胞释放到更广阔的世界里。没有这一步，生命将永远不会出现，只能停留在岩石或火山口热液中的几个局部自我复制的分子上。

即使我们可以证明有些转变是不可避免的，它们发生的时机可能也是不确定的。自从 6 600 万年前，一颗小行星给恐龙王朝带来致命的打击以来，哺乳动物一直在演变，从地鼠变成了能够建造射电望远镜的猿类。然而，在恐龙的时代，虽然恐龙统治了陆地、海洋和天空约 1.65 亿年，但它们仍然停留在爬行动物的状态中，没有发展出智力，更不用说太空计划了。退一步说，即使这些动物最终建立了恐龙空间机构，出现一些重大演化事件（也许是智力的出现）也可能是偶然的，这是正确的选择压力推动认知向前发展的结果。

在伯吉斯页岩的动物及其化石祖先中，古尔德看到了一个特殊时刻，偶然事件驱动了大规模的转变。他认为，这些新形式的动物，让第一批研究这些动物的古生物学家感到困惑，因为它们推迟了生物产生截然不同演化轨迹的可能性。时光倒流，让我们回到埃迪卡拉纪，这是一段以南澳大利亚一个风景如画的地点命名的地质时期。埃迪卡拉山保存着已知最早的动物遗骸。它们全都是软体动物，大多数都是扁平的叶状、垫状和薄饼状的动物。它们发生"寒武纪大爆炸"之前，保存在伯吉斯页岩中的多种生命形式就是寒武纪的。

为什么当时出现的都是扁平的动物？动物像细胞一样，依靠较大的表面积来吸收营养和食物，并交换气体。在人类中，这项壮举是通过内部器官完成的，肺和肠增加了有效表面积。一个人的肺及其复杂的细管网络覆盖面积约为75平方米。一个人的肠道（包括所有的盘绕和突起）吸收食物的面积达250平方米，大约相当于一个网球场。然而，在埃迪卡拉纪，面对相同的物理学定律，动物满足食物和气体扩散进出需要的方案却有所不同。这些生物采取了扁平化的形态，从而使动物的任何部位都不会远离表面。古尔德断言，如果这些埃迪卡拉纪的动物群占领了地球，战胜了通过扩大体型、利用内部器官将生命物质带入体内的解决方案，那么伯吉斯页岩中的动物帝国可能就会变成扁平化生命的舞会。演化过程到达岔路口时，动物有机会朝着不同的身体构造飞跃，一个偶然事件就可能导致一个截然不同的世界。

我们是否可以说，埃迪卡拉纪动物的形态将给动物的进一步演化带来厄运？会不会早晚有某种动物在体内发生内陷，从而获得摄取食物和收集氧气的能力？表面积增加会给这种形态的动物带来优势，是否会出现更复杂、更具竞争性的动物？[27]

这种猜测很有趣，但是我们没有机会重新进行实验了。历史中的偶然事件会不会永久改变生物形态，比如如果内部器官一直不出现，是否可能使整个生物圈永远变成一张张令人失望的"薄饼"，还是一个悬而未决的问题。[28]

　　演化发育生物学的科学本身，及其带来的对生命的层次模块性以及发育可以产生根本性变化方面的新发现表明，至少在整个生物体内，可以实现巨大的转变。鲸鱼的盆骨，是其勇敢地放弃陆地生活多年的实验结果并返回海洋的印记，也证明了生命具有非凡的能力，它们可以从海洋冲向陆地，然后又回到海底，利用并适应着生命的方程式。也许薄煎饼最终也会膨胀并突然出现脚。

　　在第一个自我复制分子和能建造航天器的文明之间，是否还有其他意外情况有能力阻止演化实验往越来越复杂的方向发展？就像鲸活动范围的反复无常一样，遗传密码和代谢途径显然是可变的。[29]越来越多的证据表明，生命的核心过程具有内在的灵活性，可以帮助其避免"冻结的意外"，探索新的可能性，在选择下进行优化和改进，即使发育不全的残余部分依然零星存在于各处。[30]但是，多细胞或复杂生命又是怎么出现的呢？[31]

　　我们或许可以证明，在生命的故事中存在这种偶然事件，一个或两个重大的转变很可能产生两种完全不同的生物圈，其中一个比另一个更复杂，而且对我而言，这是有趣的，甚至是惊人的时刻。但就算如此，它们也仅仅是偶发事件，是物理定律交响乐中供人消遣的一时半刻。它们的意义在于，如果这些偶然时刻存在，它们可以通过在两条演化路径之间做出选择来决定智慧生命在宇宙中的多寡，其中一条路径可以产生复杂的多细胞生命，最终演化出智慧生命，而另一条则不能。这些偶然性的时刻决定着生命能否超越其微生物起源，以及需要多长时间才能超越，这样的时刻可能很重要，尤其是对于生物圈中不同程度的复杂性及宇宙中相应的生命形式的分布而言，如果在别处存在生命的话。但是，这些替代世界实际上只吸引重视智力的有智慧的围观者，只有智慧生命才会认为这些差异很重要。

　　我们同样可以观察偶然事件改变了生物圈复杂性，甚至包括它们拥有的智慧生命的现象，就像蝴蝶翅膀的拍动引起了风暴一样。地球上以及其他地方的生命存在无数种可能性，它们代表着宏伟的演化实验，即生命现象。根据我们在本书中介绍的思想，这一系列非同寻常的生命现象不是偶然的。相反，令我们惊叹的是，在我们的地球——已知宇宙里如此微小的一个"气泡"中，物理和化学条件将多种多样的可能性限制到了如此的程度。

　　欣赏生命的细节令人陶醉，也令人愉悦，但只有理解了生命通道有多狭窄，才能解答无数关于生命的疑问。碳基化学和使用水作为溶剂是不是生物的唯一选择？是什么使新陈代谢途径和遗传密码成为现在这样，它们可能会有所不同吗？为什么细胞成为现在的样子？生命如何适应新的环境，受到了什么限制？为什么动物会变成现在的样子而不是其他样子，例如长出腿而不是轮子？物理极限如何塑造生物圈自身极端的边界？在地球以外，其他生命（如果存在）的外观会类似于地球生命吗？这些问题是无穷无尽的。

　　在这一系列问题中隐含着的意思是，偶然性是否可以发挥作用。尽管我们不能轻易重复演化并观察偶然性的作用，但我们可以使用科学的观察和实验研究影响生命的因素。[32]今天，我们甚至可以修改遗传密码，并探索其替代方法。也许有一天，在探索遥远的世界时，我们将进行另一项全新的演化实验，获得关于生物学普遍性的更有力的结果。生命的可预测性——它的共同特征、局限性和界限会使我们着迷。

　　一些研究试图更好地确定物理学对生命的限制程度，及偶然性在其中发挥了怎样的作用，这些研究不仅停留在生命的特定部分，而是贯穿了生命的整个层次结构。这些研究在加强生物学与物理学之间的融合方面具有巨大的潜力。我们可以研究，当信息通过遗传密码被传递到整个有机体（在层级结构中向上流动）时，起作用的物理学原理什么。通过更深入地研究环境因素在层级结构中自上而下施加影响所借助的物理学原理，尤其是对生物体的选择压力以及随之而来的子孙后代遗传密码的改变，我们可以更深入地描述演化。[33]

生物学的不同层次之间不需要有什么联系。我们需要定义在给定尺度上作用于生命的物理学原理，而不受其他尺度属性的影响，以便更精确地预测生命。例如，通过对整个生物体进行自然选择，流体动力学作用产生了海豚梭形、光滑的身体。[34]这些选择压力最终通过细胞水平自上向下组装而起作用，但宏观物理学过程与微观细胞机制是相互独立的。同样，一种虚构的外星鼹鼠样生物也可以挖洞，与我们都熟悉的鼹鼠相似，即使这种假想的动物是由硅基化学物质组装而成的。一个尺度上的偶然事件和必然性与另一个尺度上的是分开的。这种理解可能会大大简化我们预测的过程，或至少确定哪些物理学原理在生物的不同部位起作用。[35]

通过用方程式表达生命中的物理学原理，我们拥有了惊人的能力，能更确定地预测演化产生的结构和结果。随着我们努力将这一活动扩展到更大范围的生物过程中，自我复制、不断演化的物质系统本质的物理轮廓也将变得更加清晰，更易于建模和研究。

对物理学原理的迷恋并不是平淡无奇的还原论。在关于趋同演化的开创性著作的最后一章中，西蒙·康韦-莫里斯（Simon Conway-Morris）感叹，那些不断试图将生物学的复杂结构简化为遗传决定论的思想才是"沉闷的还原论"。[36]

但还原论不一定都是沉闷的。[37]在物理学中，简单就是美。在生命形式里呈现的物理方程式中，难道就没有令人惊叹的优雅甚至魅力？$P = F/A$是一个呆板但基本的方程式，它反映在鼹鼠抽搐的鼻子和匆忙挖出的土上，而冷冰冰、生硬的浮力的概念，则通过 $B = \rho V g$ 生动鲜活起来，它让鱼有细长形状，能够在水中自由活动。

我们周围的生物圈拥有无限而美妙的细节，但其形式却是最为简单的。我们没有看到可怕的三足动物和五足动物的怪兽，它们有怪异的不规则的形状，轮廓混乱而令人震惊，这是一个可怕的演化实验，偶然性太多了。相反，我们的生物圈是一个对称的生物圈，具有可预测的规模和令人愉悦的比例，这种形式和构造上的模式从生化体系的核心一直延伸到蚂蚁和鸟类的种群中。这是物理学与生命永恒不变的结合。

致　谢

多年来，我一直很幸运，可以自由地涉猎多个科学领域，并看到了它们之间慢慢产生联系。我要感谢许多机构和人士，这些年来，他们为我探索本书中的思想提供了动力。20世纪80年代末，我在布里斯托尔大学取得了生物化学和分子生物学的学士学位，这一阶段的学习让我了解了生命的基本结构，当时这些学科正在飞速发展，分子生物学的新工具拓展了它们的研究领域。接下来，我在牛津大学取得了分子生物物理学的博士学位，这一阶段的学习与科研训练让我看到了生物学与物理学之间新出现的联系，人们对生物和物理学原理的理解开始融合，这两个科学方向此前一直保持分离，直到最近才联系起来。生物学和物理学的交叉研究工作打开了一系列激动人心的前景，帮助我们探索引导着生命组装的基本原理。

在位于加利福尼亚州的NASA埃姆斯研究中心做博士后期间，我的研究方向又转换到了微生物学，这使我对生命的微观世界有所了解。我幸运地见证了天体生物学这门学科的诞生，美国国家航空航天局成立了天体生物学研究所，该学科呈现出新的活力。作为人类太空探索和定居太空的强烈爱好者，我同时沉迷于生物学和空间科学。在埃姆斯，我受到许多优秀人士的影响，这些人让我有机会从天文学视角看待生命，这也许是"地球生物学结构是否有普遍性"这一问题的基础，也是我在本书中讨论的问题。

后来，我以微生物学家的身份前往剑桥的英国南极调查局，与研究企鹅、海豹等动物的科学家一起工作，这段经历丰富了我对生命的看法，让我开始从生态学和演化的角度思考问题。有一天午后，我在位于南极洲阿德莱德岛的罗瑟拉研究站上方的山丘上散步，周围有南极贼鸥的巢穴，感觉就像是外星大陆。"白色大陆"超凡脱俗的背景提供了一个完美的思考环境，让我开始思考塑造鸟类之间相似性的原理，所有生物体在多大程度上被限制在狭窄的形式中，不管它们生活在何处。我想，这本书正是对我在南极思考内容的发展和更深入的反映。然后，我来到米尔顿凯恩斯的开放大学的行星科学研究所工作，我学到了很多有关行星尺度的反应过程及其与生命的联系的知识。正是在这种情况下，我开始考虑行星条件如何塑造和引导演化的产物这个问题。现在，我在爱丁堡大学与一群物理学家和天文学家一起工作，在这里，大家对生命的看法更偏向还原论的视角。我很高兴能在上述机构工作过，它们给了我丰富的思想源泉。我有幸把自己亲见的关于生命在各个层面上的搭建的研究写成这本书，这真是一个非常令人愉快的过程。

无论读者以何种方式读到这本书，我都希望，这本书至少能鼓励其他演化生物学家和物理学家对演化的非凡产物产生共同的兴趣，并激发所有人的敬畏心态：有些事物看起来极其复杂，但其实有一种简单的美。

在本书的撰写中，我要感谢我的研究小组（罗西·凯恩、安迪·狄金森、汉娜·兰登马克、克莱尔·劳登、塔莎·尼科尔森、萨姆·佩勒、利亚姆·佩雷拉、彼得拉·施文德纳、亚当·史蒂文斯和让·沃兹沃思）。我还要感谢无数的朋友和同事，他们通过电子邮件发送了建议或论文，以某种方式影响了书中表达的想法。感谢哈丽雅特·琼斯、汉娜·兰登马克、悉尼·利奇和丽贝卡·西多尔，他们都对手稿做了详细的评论。我也要感谢爱丁堡大学，在过去的5年里，爱丁堡大学为我提供了一个优秀的知识家园。

我非常感谢我的经纪人安东尼·托平，他为整本书的写作和出版全程提供了建议和指导。我也感谢基本书局（Basic Books）出版公司的 T. J. 凯莱赫和大西洋图书出版公司的迈克·哈普利，感谢他们提供了编辑建议，并指导这本书最终出版。

注 释

第 1 章　生命的无声指挥官

1. *I once heard a distinguished:* This was an observation made by Martin Rees, Astronomer Royal, in a public lecture, but he also made a similar observation in print: "Even the smallest insect, with its intricate structure, is far more complex than either an atom or a star." Rees M. (2012) The limits of science. *New Statesman* **141 (May)**, 35.

2. *Other helium atoms:* Lequeux J. (2013) *Birth, Evolution and Death of Stars.* World Scientific, Paris.

3. *Like modern birds:* Witton MP, Martill DM, Loveridge RF. (2010) Clipping the wings of giant pterosaurs: Comments on wingspan estimations and diversity. *Acta Geoscientica Sinica* **31** Supp.1, 79–81.

4. *Scurrying among their short knobbly:* Edwards D, Feehan J. (1980) Records of *Cooksonia*-type sporangia from late Wenlock strata in Ireland. *Nature* **287**, 41–42; and Garwood RJ, Dunlop JA. (2010) Fossils explained: Trigonotarbids. *Geology Today* **26**, 34–37 Indeed, the type specimens of many early plants and invertebrates were found first in Scotland.

5. *Return just a few:* Pederpes: Clack JA. (2002) An early tetrapod from "Romer's Gap." *Nature* **418**, 72–76.

6. *Rather, in observing:* For folding of proteins, see Denton MJ, Marshall CJ, Legge M. (2002) The protein folds as Platonic forms: New support for the pre-Darwinian conception of evolution by natural law. *Journal of Theoretical Biology* **219**, 325–342. Working out how proteins fold is not a simple matter, a point raised with great clarity in Lesk AM. (2000) The unreasonable effectiveness of mathematics in molecular biology. *Mathematical Intelligencer* **22**, 28–37.

7. *Evolution is just:* This simple observation is compatible with the important role of natural selection in shaping life, but also with many factors that shape organisms that are not linked directly to primary selective effects. The multifarious ways in which organisms are evolutionarily shaped, explored for example by Gould and Lewontin, are entirely compatible with those same mechanisms being narrowly circumscribed and limited by physical principles. See Gould SJ, Lewontin RC. (1979) The spandrels of San Marco and the Panglossian paradigm: A critique of the adaptationist programme. *Proceedings of the Royal Society of London. Series B, Biological Sciences* **205**, 581–598. Some of those factors, particularly many "architectural" ones, are fundamentally physical constraints. For instance, Gould and Lewontin's spandrels are the physical consequence of joining two arches.

8. *The limited number:* For a remarkable discussion on the limitations and effectiveness of mathematics in describing physical processes, see Wigner E. (1960) The unreasonable effectiveness of mathematics in the natural sciences. *Communications in Pure and Applied Mathematics* **13**, 1–14. See Lesk (2000), above, for a more modern take on this classic essay.

9. *That the laws of physics:* A wonderful technical summary of some of the physical principles that are instantiated into life at the level of the whole organism is Vogel S. (1988) *Life's Devices: The Physical World of Animals and Plants.* Princeton University Press, Princeton, NJ. Steven Vogel also wrote a range of interesting papers examining fluid mechanics in life and other observations. The bibliography of his book, although dated, contains several excellent papers about physical measurements in organisms. A more popular exposition (although replete with detail and beautiful comparisons with human technology) is to be found in Vogel S. (1999) *Cats' Paws and Catapults: Mechanical Worlds of Nature and People.* Penguin Books, Ltd., London.

10. *At the molecular level:* Autumn K et al. (2002) Evidence for van der Waals adhesion in gecko setae. *Proceedings of the National Academy of Sciences* **99**, 12,252–12,256.

11. *The forces involved:* Alberts B et al. (2002) *Molecular Biology of the Cell* (4th ed.). Garland Science, New York.

12. *Put simply, when water is frozen:* Smith R. (2004) *Conquering Chemistry* (4th ed.) McGraw-Hill, Sydney.

13. *When clarifying how large:* Not all fish flex their bodies. Electric fish depend on keeping their bodies rigid so that they can generate stable

electric fields with which to sense the world. These fish have evolved a long, continuous fin along their body; the fin uses wavelike oscillations to drive the fish forward.

14. *And despite the inherent uncertainty:* Schrödinger's cat is a thought experiment in quantum mechanics elaborated by Erwin Schrödinger in 1935. The scenario involves a cat that may be simultaneously both alive and dead, made possible by a state known as a quantum superposition. It results from the cat's life being linked to a random subatomic event that may or may not occur. Werner Karl Heisenberg was a German theoretical physicist and one of the pioneers of quantum mechanics.

15. *The idea of organisms:* Or "fitness" landscapes. An elegant exposition of this concept, first developed by Sewall Wright, can be found in McGhee G. (2007) *The Geometry of Evolution.* Cambridge University Press, Cambridge.

16. *All these adaptations:* I am not dismissing the role of developmental constraints in evolution. See, for example, Smith JM. et al. (1985) Developmental constraints and evolution. *The Quarterly Review of Biology* **60**, 263–287; or Jacob F. (1977) Evolution and tinkering. *Science* **196**, 1161–1166. Indeed, very complex interactions can exist between physiology and evolution. See Laland KN et al. (2011) Cause and effect in biology revisited: Is Mayr's proximate-ultimate dichotomy still useful? *Science* **33**, 1512–1516. However, as will become apparent throughout this book, life seems to have more flexibility to overcome these prior historical quirks and "fixed accidents" than is typically assumed, whether they be in the genetic code or in macroscopic forms of creatures. That is not to say that we cannot find plentiful evidence of history in animals—such as the four legs of land-dwelling animals derived from pectoral and pelvic fins of fishes. This history may restrict the options open to life within what are the dominant physical principles that shape it.

17. *For simplicity's sake:* The reader might claim a certain degree of tautology here. Whether evolution is a characteristic of life rather raises the question of how we define life. We can indulge in fantastical ideas of life forms that adapt to their environment and read these adaptations back into their genetic code in a Lamarckian form of evolution. If such a system were powerful enough, the Linnaean system of classification we associate with the hierarchical nature of the phylogeny of life on Earth would not emerge. However, along with Dawkins R. (1992) Universal biology. *Nature* **360**, 25–26, I am going to start with

an assumption that evolution in a Darwinian sense is universal in natural things that replicate with a code. Indeed, here I will simply take it as a working assumption of my book that systems of matter that reproduce and exhibit Darwinian evolution are the things that concern my discussion. Even if the reader refutes this universality and can describe a reproducing system that adapts to its environment quite differently, most of the conclusions I draw in this book, particularly regarding the restricting effects of physical processes, are likely to hold. A real example might be very early cells on Earth when life first arose in which genetic information may have passed more fluidly between them just as horizontal gene transfer occurs in microbes today such as discussed in Goldenfeld N, Biancalani T, Jafarpour F. (2017) Universal biology and the statistical mechanics of early life. *Philosophical Transactions A* **375**, 20160341. Some people have argued that such a community of cells has non-Darwinian properties (in that genetic material is added into a primitive genome in a quasi-Lamarckian way). However we situate these ideas in a description of the evolutionary process (even the products of horizontal gene transfer are still subject to environmental selection), the processes are narrowly circumscribed by physics. Dawkins puts a compelling case that Darwinism is not merely part of the definition of life as we know it, but a universal characteristic of replicating things that have adaptive complexity: Dawkins R. (1983) Universal Darwinism. In *Evolution from Molecules to Men*, edited by DS Bendall, Cambridge University Press, Cambridge, 403–425. For Joyce quote, see Joyce GF. (1994) In *Origins of Life: The Central Concepts*, edited by DW Deamer and GR Fleischaker, Jones and Bartlett, Boston, xi–xii. Joyce points out informally on the internet that the definition was developed during panel meetings of NASA's Exobiology Discipline Working Group in the early 1990s.

18. *We could argue that the word* life: A problem explored by Cleland CE, Chyba CF. (2002) Defining "life." *Origins of Life and Evolution of Biospheres* **32**, 387–393.

19. *In his engaging 1944 book:* Schrödinger E. (1944) *What Is Life?* Cambridge University Press, Cambridge.

20. *Mathematical models:* Discussed by Baverstock K. (2013) Life as physics and chemistry: A system view of biology. *Progress in Biophysics and Molecular Biology* **111**, 108–115.

21. *As early as 1894:* Wells HG. (1894) Another basis for life. *Saturday Review*, 676.

22. *In 1986, Roy Gallant:* Gallant R. (1986) *Atlas of Our Universe.* National Geographic Society, Washington DC.

23. *What we see on Venus:* To emphasize the caveat I make in the main text, someone imaginative could argue that these planets just lacked an origin of life or that an origin of life is very rare. However, if life had originated on these planets, we would indeed see these very creatures. It is difficult, in the absence of any probabilities on the origin of life or a certainty about the conditions required for it, to argue against this position. However, as I will discuss in later chapters about the limits to life, there are more-fundamental limits to the possibility of life in hell-like worlds such as Venus, regardless of whether an origin of life could have (or even did) occur there.

24. *It is apposite:* Darwin C. (1859) *On the Origin of Species by Means of Natural Selection, or the Preservation of Favoured Races in the Struggle for Life.* John Murray, London.

第 2 章　蚂蚁的组织性

1. *Ant civilization:* Wilson EO. (1975) *Sociobiology: The New Synthesis.* Belknap Press, Cambridge, MA. The book Wilson wrote in collaboration with Hölldobler on ants was the first academic work to win the Pulitzer Prize: Hölldobler B, Wilson EO. (1998) *The Ants.* Springer, Berlin.

2. *Quickly, we have:* A more macabre demonstration of feedback processes in ant societies has been shown in how ants make piles of ant corpses: Theraulaz G et al. (2002) Spatial patterns in ant colonies. *Proceedings of the National Academy of Sciences* **99**, 9645–9649.

3. *Remarkably, no architect:* I have focused on the rules that drive certain collective behaviors in ants. Another question entirely is why ants live together in the first place and how eusociality (the tendency that some groups of animals have to be split into reproductive and nonreproductive groups, the latter merely tending for everyone else) could have arisen in the raw competitive world of evolution. This question can itself be reduced to plausible physical principles and mathematical modeling and is discussed in Nowak MA, Tarnita CE, Wilson EO. (2010) The evolution of eusociality. *Nature* **466**, 1057–1062.

4. *For example, for the ant species* Messor sancta: Quantified and discussed in Buhl J, Gautrais J, Deneubourg JL, Theraulaz G. (2004) Nest excavation in ants: Group size effects on the size and structure

of tunnelling networks. *Naturwissenschaften* **91**, 602–606; and Buhl J, Deneubourg JL, Grimal A, Theraulaz G. (2005) Self-organised digging activity in ant colonies. *Behavioral Ecology and Sociobiology* **58**, 9–17.

5. *Perhaps best known:* Willmer P. (2009) *Environmental Physiology of Animals.* Wiley-Blackwell, Chichester.

6. *The exact physical underpinnings:* However, some excellent papers explore the basis of these laws and themselves are usually based on physical models. One example is West GB, Brown JH, Enquist BJ. (1997) A general model of allometric scaling laws in biology. *Science* **276**, 122–126, which proposes that the basis of many of the physiological power laws in life are rooted in the need to transport materials through linear networks that then branch out to supply all parts of the organism. They use this supposition to develop a model that predicts a variety of structural features of living forms, from plants to insects and other animals.

7. *Many fixed relationships:* For a good account of these ideas and the past literature on allometric power laws and their physical basis, I very much recommend West GB. (2017) *Scale: The Universal Laws of Life and Death in Organisms, Cities and Companies.* Weidenfeld & Nicolson, London.

8. *Attempting to reduce:* The classic paper that proposed a model of simple particle motion that would make the transition from disordered to ordered behavior using some basic rules was Vicsek T et al. (1995) Novel type of phase transition in a system of self-driven particles. *Physical Review Letters* **75**, 1226–1229, and was applied to biological systems in Toner J, Tu Y. (1995) Long-range order in a two-dimensional dynamical model: How birds fly together. *Physical Review Letters* **75**, 4326–4329. The transitions that give rise to this sort of self-organized behavior were further elaborated on by Grégoire G, Chaté H. (2004) Onset of collective and cohesive motion. *Physical Review Letters* **92**, 025702. There are, of course, many other papers exploring the physics of self-organization applied to both nonliving and biological systems.

9. *This field strives:* Self-organization can be observed at many scales, not just in biology, but in all physical systems, including weather systems: Whitesides GM, Grzybowski B. (2002) Self-assembly at all scales. *Science* **295**, 2418–2421. For a nice short summary of how systems far from equilibrium are relevant to biology, see Ornes S. (2017) How nonequilibrium thermodynamics speaks to the mystery of life.

Proceedings of the National Academy of Sciences **114**, 423–424. His missive also contains some other relevant citations on nonequilibrium systems in biology.

10. *Like other aspects:* This formulation has been shown to predict behaviors in, for example, the Argentine ant (*Iridomyrmex humilis*): Deneubourg JL, Aron S, Goss S, Pasteels JM. (1990) The self-organizing exploratory pattern of the Argentine ant. *Journal of Insect Behaviour* **3**, 159–168.

11. *Like a miniature computer:* A discussion of the differences between ants and molecules, as well as principles of interactions between ants is Detrain C, Deneubourg JL. (2006) Self-organized structures in a superorganism: Do ants "behave" like molecules? *Physics of Life Reviews* **3**, 162–187.

12. *The reactions complicate:* Models can be made that take into account how memory, for example in bird flocks and schooling fish, affects subsequent group behavior. Random fluctuations that cause large-scale gross changes in animal groups can also be investigated. These attributes add complexity to models, but at their core, the models are still constructed on the basic principles of how the component organisms interact: Couzin ID et al. (2002) Collective memory and spatial sorting in animal groups. *Journal of Theoretical Biology* **218**, 1–11.

13. *Hampering efforts:* A paper that reviews this history as well as some of the theories on bird flocking is Bajec IL, Heppner FH. (2009) Organized flight in birds. *Animal Behaviour* **78**, 777–789.

14. *At the core:* A detailed paper looking at some of these assumptions is Chazella B. (2014) The convergence of bird flocking. *Journal of the ACM* **61**, article 21. Also see Barberis L, Peruani F. (2016) Large-scale patterns in a minimal cognitive flocking model: Incidental leaders, nematic patterns, and aggregates. *Physical Review Letters* **117**, 248001.

15. *Yet rules applied:* A model that examines how vertebrates can organize, find new food sources, or navigate to new places with only a few individuals in the group with access to the necessary information is Couzin ID, Krause J, Franks NR, Levin SA. (2005) Effective leadership and decision-making in animal groups on the move. *Nature* **433**, 513–516.

16. *The infant state:* In the case of bird flocking, a forceful paper that examines their collective behavior as a physical process (with a wonderful title that only a physicist can muster) is Cavagna A, Giardina I.

(2014) Bird flocks as condensed matter. *Annual Reviews of Condensed Matter Physics* **5**, 183–207.

17. *However, evidence:* This idea was first elaborated by Wynne-Edwards VC. (1962) *Animal Dispersion in Relation to Social Behaviour.* Oliver & Boyd, Edinburgh. One of the idea's problems is that it suggests a form of bird behavior directed to the good of the group (a theory that was at the forefront of Wynn-Edwards's writing), a form of self-censorship on breeding behavior. A bird that took part in the census but then cheated by having a few more offspring than other birds would quickly spread in the population, potentially vitiating the whole strategy. Furthermore, clutch (egg number) has not been shown to regulate in response to the numbers of birds in a murmuration, making the idea difficult to test empirically.

18. *Weimerskirch saw:* Weimerskirch H et al. (2001) Energy saving in flight formation. *Nature* **413**, 697–698.

19. *time, it was not for filming:* Portugal SJ et al. (2014) Upwash exploitation and downwash avoidance by flap phasing in ibis formation flight. *Nature* **505**, 399–402.

20. *Filaments are a little easier:* Schaller V et al. (2010) Polar patterns of driven filaments. *Nature* **467**, 73–77.

21. *Tim Sanchez:* Sanchez T et al. (2012) Spontaneous motion in hierarchically assembled active matter. *Nature* **491**, 431–435.

22. *About four times:* That's 0.000000025 meters.

23. *The rules and principles:* A comprehensive text that synthesizes information on self-organization in diverse organisms, including ants, bees, fish, and beetles is Camazine S et al. (2003) *Self-Organization in Biological Systems.* Princeton University Press, Princeton, NJ. The book also discusses the general reasons and principles behind self-organization, including its ability to enhance the formation of stable structures. The book contains an wide-ranging set of references to various works covering self-organization. A highly comprehensive study of self-organization is to be found in Kauffman S. (1993) *The Origins of Order: Self-Organization and Selection in Evolution.* Oxford University Press, Oxford, which is beautifully summarized in his popular science book: Kauffman S. (1996) *At Home in the Universe: The Search for Laws of Self-Organization and Complexity.* Oxford University Press, Oxford. And see the work by Ao: for example, Ao P. (2005). Laws of Darwinian evolutionary theory, *Physics of Life Reviews* **2**, 117–156.

24. *It is easy to think:* Despite our desire to consider ourselves separate from "mere" natural processes, human populations are amenable to modeling as well, such as this fascinating study of city size and shape shows: Bettencourt LMA. (2013) The origins of scaling in cities. *Science* **340**, 1438–1441.

25. *The self-organization of life:* Although I have focused on aspects of self-organization to illustrate physical principles at work, many other areas of physics and mathematics may be applied to understanding the operation of groups of organisms. One major contribution has been the biological and evolutionary application of game theory, which seeks to understand the evolutionary benefits of different choices taken by organisms—and for which there is a vast amount of literature. See Maynard Smith J, Price GR. (1973) The logic of animal conflict. *Nature* **246**, 15–18. A book looking at the application of game theory to biology is Reeve HK, Dugatkin LE. (1998) *Game Theory and Animal Behaviour*. Oxford University Press, Oxford. A thoroughgoing technical text that explores these evolutionary interactions and other aspects of the application of mathematical theory to evolution is Nowak MA. (2006) *Evolutionary Dynamics: Exploring the Equations of Life*. Belknap Press of Harvard University Press, Cambridge, MA. I discovered his book after the decision on the title of my book was long since committed. However, I feel no proprietary concern. The "equations of life," I think, is a natural phrase that succinctly captures the manifestation of life in physical principles given expression in mathematical relationships that can be written in equations. Moreover, *The Equations of Life* is the title of a novel by Simon Morden. Set in a postnuclear apocalypse, the book's plot involves a link between physics and evolutionary biology—a link that is perhaps best avoided.

第 3 章　瓢虫与物理学

1. *In the winter of 2016:* And I'd like to thank the members of this group for their work, on which this chapter is based: Julius Schwartz, Hamish Olson, Danielle Hendley, Emma Stam, Rodger Watt, and Laura McLeod. They did a very fine job and wrote a splendid report.

2. *With so many degrees:* Cruse H, Durr V, Schmitz J. (2007) Insect walking is based on a decentralized architecture revealing a simple and robust controller. *Philosophical Transactions of the Royal Society A* **365**, 221–250.

3. *Wind speed:* The physics and mathematics of insect legs and locomotion is a fertile area of research, driven by an interest in creating legged robots that will more effectively navigate terrain. See, for example, Ritzmann RE, Quinn RD, Fischer MS. (2004) Convergent evolution and locomotion through complex terrain by insects, vertebrates and robots. *Arthropod Structure and Development* **33**, 361–379.

4. *The ladybug, like spiders:* Some insects have smooth pads.

5. *With it, we can predict:* The development of these models can be found in a number of papers, such as, Zhou Y, Robinson A, Steiner U, Federle W. (2014) Insect adhesion on rough surfaces: Analysis of adhesive contact of smooth and hairy pads on transparent microstructured substrates. *Journal of the Royal Society Interface* **11**, 20140499. The equation shown in this chapter can be found in Dirks JH. (2014) Physical principles of fluid-mediated insect attachment—shouldn't insects slip? *Beilstein Journal of Nanotechnology* **5**, 1160–1166.

6. *The first term is the surface tension:* The Laplace pressure is the pressure difference between the inside and the outside of a curved surface that forms a boundary between a gas and a liquid region. This pressure difference is caused by the surface tension of the interface between the two regions.

7. *To achieve this, the leg:* All biological structures, particularly appendages, are evolved to have factors of safety (the ratio of the stress that causes failure to the maximum stresses experienced). This is not to say that evolution has engineering foresight, but these factors are likely to minimize the probability of failure sufficiently not to significantly impinge on survival. For a comprehensive and interesting discussion, see Alexander RMN. (1981) Factors of safety in the structure of animals. *Science Progress* **67**, 109–130, which touches on the field of biomechanics, yet another field that brings together physics and biology, especially at the level of the whole organism, although Alexander also considers seeds and other biological structures.

8. *From the top:* Peisker H, Michels J, Gorb SN. (2013) Evidence for a material gradient in the adhesive tarsal setae of the ladybird beetle *Coccinella septempunctata*. *Nature Communications* **4**, 1661.

9. *equations:* Federle W. (2006) Why are so many adhesive pads hairy? *Journal of Experimental Biology* **209**, 2611–2621.

10. *Yet at the scale:* I do not exaggerate when I say that one of my favorite scientific papers, which explores this topic exactly, is Went FW. (1968) The size of man. *American Scientist* **56**, 400–413. Went draws

our attention to the different physics principles operating at the small and large scales and their biological implications, discussing the forces of gravity at the large scale and molecular forces that dominate at the small scale. Particularly entertaining is his thought experiment on the ant preparing to go to work. If you want his explanation on why the ant can't kiss his wife good-bye or have a sneaky cigarette on the way to work, you'll have to read the paper yourself. Another earlier paper in the same vein is Haldane JBS. (1926) On being the right size. *Harper's Magazine* **152**, 424–427. Here Haldane pays particular attention to insects and argues that the size of an organism mandates what sorts of systems it must have to exist. Implicitly, he is recognizing that physical size pulls into play physical principles that ultimately decide how a living thing is constructed, not mere contingency.

11. *However, we can unravel:* When I use the term *contingency* throughout this book, I mean an evolutionary development that was a quirk of history, a chance path that could have been very different. Stephen Jay Gould and other scientists who believe that contingency is an important driver in evolution theorize that if the tape of evolution were rerun, a completely different set of paths might be followed. Note some subtlety here. Contingency could refer to two similar or identical evolutionary experiments changed by chance mutations on their course, or it could refer to small, different historical conditions, such as at the start of an evolutionary experiment, radically changing the outcome of evolution. Usually in this book, I am referring generally to both possibilities.

12. *If the insect is distracted:* Jeffries DL et al. (2013) Characteristics and drivers of high-altitude ladybird flight: Insights from vertical-looking entomological radar. *PLoS One* **8**, e82278.

13. *Rapid advances.* I have deliberately not written equations for insect flight here since the equation of lift, which I use later, is too simple to capture the complexity of insect aerodynamics. To list one equation would also force me to list many more to even do the subject cursory justice. However, for details on the phenomenon, I refer the reader to the following papers, although there are many more: Dickinson MH, Lehmann F-O Sane SP. (1999) Wing rotation and the aerodynamic basis of insect flight. *Science* **284**, 1954–1960; Sane SP. (2003) The aerodynamics of insect flight. *Journal of Experimental Biology* **206**, 4191–4208; Lehmann F-O. (2004) The mechanisms of lift enhancement in insect flight. *Naturwissenschaften* **91**, 101–122; Lehmann F-O, Sane SP, Dickinson M. (2005) The aerodynamic effects of

wing–wing interaction in flapping insect wings. *Journal of Experimental Biology* **208**, 3075–3092.

14.　*Its solution, chitin:* Mir VC et al. (2008) Direct compression properties of chitin and chitosan. *European Journal of Pharmaceutics and Biopharmaceutics* **69**, 964–968.

15.　*The severity of collisions:* Henn H-W. (1998) Crash tests and the Head Injury Criterion. *Teaching Mathematics and Its Applications* **17**, 162–170.

16.　*Well, yes, attracting a mate:* The formation of colors in the natural world, such as in the wings of butterflies, is an exquisitely developed area of physics covering photonics and other fields. Just one such paper is Kinoshita S, Yoshioka S, Miyazaki J. (2008) Physics of structural colors. *Reports on Progress in Physics* **71**, 076401.

17.　*It was Alan Turing:* Turing AM. (1952) The chemical basis of morphogenesis. *Philosophical Transactions of the Royal Society Series B* **237**, 37–72.

18.　*By varying the range:* A description of the use of the Turing model for explaining and predicting patterns has even been applied to ladybugs themselves: Liaw SS, Yang CC, Liu RT, Hong JT. (2001) Turing model for the patterns of lady beetles. *Physical Review E* **64**, 041909.

19.　*But the essential idea:* Rudyard Kipling's writing preceded Turing's paper, but if Kipling had been born later, he might have collaborated with Turing in writing his *Just So* story "How the Leopard Got His Spots."

20.　*Indeed, dark ladybugs:* Two papers investigating this effect are Brakefield PM, Willmer PG. (1985) The basis of thermal melanism in the ladybird *Adalia bipunctata*: Differences in reflectance and thermal properties between the morphs. *Heredity* **54**, 9–14; and De Jong PW, Gussekloo SWS, Brakefield PM. (1996) Differences in thermal balance, body temperature and activity between non-melanic and melanic two-spot ladybird beetles (*Adalia bipunctata*) under controlled conditions. *Journal of Experimental Biology* **199**, 2655–2666. For observations of the same effects in dark- and light-colored beetles in the Namib Desert, see also Edney EB. (1971) The body temperature of tenebrionid beetles in the Namib Desert of southern Africa. *Journal of Experimental Biology* **55**, 69–102.

21.　*The little equation:* See De Jon PW et al. (1996), above.

22.　*Keeping their temperature:* For a general paper on insect thermoregulation that also considers the role of shivering, see Heinrich B. Keeping their temperature high enough to move around: (1974) Thermoregulation in endothermic insects. *Science* **185**, 747–756; and his later book Heinrich B. (1996) *The Thermal Warriors: Strategies of Insect Survival.* Harvard University Press, Cambridge, MA.

23. *The drop in freezing point:* The molality is the moles of a chemical divided by its mass.

24. *Instead, cylinders run:* An early paper discussing some of the principles for flying insects is Weis-Fogh T. (1967) Respiration and tracheal ventilation in locusts and other flying insects. *Journal of Experimental Biology* **47**, 561–587.

25. *Oxygen has:* See, for example Verbeck W, Bilton DT. (2011) Can oxygen set thermal limits in an insect and drive gigantism? *PLoS One* **6**, e22610. A very good paper that explores all the complex factors that may influence the role of oxygen in insect size is Harrison JF, Kaiser A, VandenBrooks JM. (2010) Atmospheric oxygen level and the evolution of insect body size. *Proceedings of the Royal Society B*, doi:10.1098/rspb.2010.0001.

26. *Larger insects:* For a thorough discussion of the problems confronting theoretical one-kilogram grasshoppers, see Greenlee KJ et al. (2009) Synchrotron imaging of the grasshopper tracheal system: Morphological and physiological components of tracheal hypermetry. *American Journal of Physiology. Regulatory, Integrative and Comparative Physiology* **297**, R1343–1350.

27. *The angular size of each lens:* Barlow HB. (1952) The size of ommatidia in apposition eyes. *Journal of Experimental Biology* **29**, 667–674.

28. *The reception of light:* The evolution of the protein receptors that gather light, the opsins, can occupy an entire tract unto themselves. They demonstrate convergence at the molecular level. So too the evolution of compound eyes and camera eyes. From the scale of the eye to its molecular components, the evolution of eyes is riven with convergence. Because the purpose of the apparatus is to capture electromagnetic radiation, physical principles have very strongly channeled convergence. See, for example, Shichida Y, Maysuyama T. (2009) Evolution of opsins and phototransduction. *Philosophical Transactions of the Royal Society* **364**, 2881–2895; Yishida M, Yura K, Ogura A. (2014) Cephalopod eye evolution was modulated by the acquisition of Pax-6 splicing variants. *Scientific Reports* **4**, 4256; and Halder G, Callaerts P, Gehring WJ. (1995) New perspectives on eye evolution. *Current Opinions in Genetics and Development* **5**, 602–609.

There is a plethora of other papers that investigate the details of eye evolution. All of them are a journey into a rich link between biology and physics. A substantive book on the equations of eyes would be entirely merited.

29.   *We have not talked:* Weihmann T et al. (2015) Fast and powerful: Biomechanics and bite forces of the mandibles in the American Cockroach *Periplaneta americana. PLoS One* **10**, e0141226. The physics of the food that insects eat might itself influence the physics of insect mandibles required to eat it. For a discussion of the physics of grass, this splendidly titled paper is worth reading: Vincent JFV. (1981) The mechanical design of grass. *Journal of Materials Science* **17**, 856–860. Physical principles have been shown to be behind the evolution of the jaws of many organisms, such as the intriguing extinct giant otters: Tseng ZJ et al. (2017) Feeding capability in the extinct giant *Siamogale melilutra* and comparative mandibular biomechanics of living Lutrinae. *Scientific Reports* **7**, 15225.

30.   *And the physics:* Already partly taken on in Gutierrez AP, Baumgaertner JU, Hagen KS. (1981) A conceptual model for growth, development, and reproduction in the ladybird beetle, *Hippodamia convergens* (Coleoptera: Coccinellidae). *Canadian Entomologist* **113**, 21–33.

31.   *I suspect three:* Although the topic is not explored from the point of view of physics, an excellent text that does bring one face-to-face with the incredible complexity of insects and their extraordinary abilities is Chapman RF. (2012) *The Insects: Structure and Function.* Cambridge University Press, Cambridge.

32.   *Natural selection:* Physical principles described in the forms of equations are ultimately mathematical, and so we would not be completely misled in describing life as merely the manifestation of mathematics (see du Sautoy M. [2016] *What We Cannot Know.* Fourth Estate, London, for a rather eloquent exposition of the idea that the universe is just a manifestation of mathematics). But here, I generally focus on physical principles to draw attention to the physical manifestations of life's mathematical relationships and equations and their impact on the form and function of organic matter with a code that evolves. At this point in the text, however, *mathematical* seems apposite to emphasize the interconnected mathematical relationships between the different terms of equations manifest in the living form.

33.   *Such efforts would take us:* There are two forms of prediction. One is reductive prediction, for example, the ability to predict cell membrane

structure using the knowledge that living things are made from cells. In other words, prediction at lower levels of complexity according to knowledge at higher levels. The other form, predictive synthesis, is the ability to predict complex structures according to knowledge about lower levels of its hierarchy. The latter is generally much more difficult than the former since how simple things assemble into complex structures is less well understood. However, increasingly the capacities for prediction in both directions are being improved. An eloquent exploration of these forms of prediction is made by Wilson EO. (1998) *Consilience.* Abacus, London, 71–104.

34. *genes are involved:* The modularity of developmental processes and phenotypic characteristics may make this task more tractable than it might first seem. This modularity is reviewed in Müller GB. (2007) Evo-devo: Extending the evolutionary synthesis. *Nature Reviews Genetics* **8**, 943–949.

35. *Nevertheless, this evolutionary physics:* I refer the reader to a fascinating paper in which the authors attempt to capture adaptation using statistical physics, illustrating the sort of approaches that might aid a description of biological processes in the form of equations that can yield predictive power: Perunov N, Marsland R, England J. (2016) Statistical physics of adaptation. *Physical Review X* **6**, 021036. Regarding evolutionary changes in quantitative, physically circumscribed terms, what I describe here can be thought of as a type of optimality model (see, for example, Abrams P. [2001] Adaptationism, optimality models, and tests of adaptive scenarios. In *Adaptationism and Optimality*, edited by SH Orzack and E Sober. Cambridge University Press, Cambridge, 273–302). In the real world, of course, knowing which traits are important to an organism and what their optimized properties are is extraordinarily difficult, particularly for poorly studied organisms. Thus, these approaches have their limitations. Nevertheless, my suggestion might allow us to understand better certain physical trade-offs and create a more converged area of thought between physicists and biologists. This approach can work particularly well where empirical information is forthcoming, such as the heat balance in ladybirds and its link to wing-case thickness and metabolic rates in given environmental conditions. We may not know optimal conditions, but we can measure quantities in given organisms and use these measurements to define a parameter space of interacting equations that can be used to investigate how different physical constraints in the environment and physical quantities in organisms interact to influence its adaptive traits.

36. *Throughout this tantalizing foray:* I say "often" because some examples of convergence appear to be driven more by biological interactions than by the physical environment. Mimicry is an example found various places, from butterfly wings to stick insects that look like twigs or leaves. Many of these examples are generally about the cosmetic appearance of organisms rather than their fundamental structure and mechanics. However, we might still think about them from a physical perspective. Although the selection that gives rise to these phenomena is driven by interactions between organisms, at a fundamental level a larva that evolves to look like a twig is an example of one lump of matter containing a code evolving to look like another lump of matter. This similarity means that the lump of twiglike matter called a larva is less likely to be destroyed and so its abundance correspondingly increases. This process is understood just as easily in simple physical terms. Once we think about organisms as lumps of matter with a code, the distinction between biology and physics becomes less distinct.

第 4 章　鼹鼠的趋同演化

1. *Evolutionary convergence:* A comprehensive and excellent account of convergence is found in Conway-Morris S. (2004) *Life's Solution: Inevitable Humans in a Lonely Universe.* Cambridge University Press, Cambridge. An erudite review can also be found in McGhee G. (2011) *Convergent Evolution: Limited Forms Most Beautiful.* Massachusetts Institute of Technology, Cambridge, MA. For a discussion of convergence, its potential confusion with other mechanisms of similarity, and the question of whether some instances of convergence are not truly independent but might emerge from the same developmental possibilities and phylogenetic constraints, particularly in closely related organisms, see Wray GA. (2002) Do convergent developmental mechanisms underlie convergent phenotypes? *Brain, Behavior and Evolution* **59**, 327–336.

2. *This is the same with convergent evolution:* Mayr E. (2004) *What Makes Biology Unique?* Cambridge University Press, Cambridge, 71, states that "the physicochemical approach is totally sterile in evolutionary biology. The historical aspects of biological organization are entirely out of reach of physicochemical reductionism." I agree with Mayr that contingency is not easy to reduce to equations, but I disagree that evolution is only historical. Many examples of convergence are underpinned by physical constraints and therefore do allow us to bring physicochemical explanations forcefully into the evolutionary synthesis.

3. *Yet the question they ask:* Another question is why large animals, such as mammals and reptiles, have four legs and insects and other arthropods have six (or many more). The canonical response is that here at last we have an example of contingency at work, the number of limbs reflecting past body designs from which evolution cannot escape. In the case of arthropods, the segmented body plan allows for many pairs of limbs to be added or removed, leading to a range of numbers of legs among arthropods, from six-legged insects to animals with just over seven hundred legs (e.g., the millipede *Illacme plenipes*). In vertebrates, ancestors with two sets of pectoral and pelvic fins led to a four-legged design. This theory of contingency for legs may well be the case—we could imagine, for instance, that a mammal version of a praying mantis that could run on four legs and have two appendages left free for predation might be very successful. More biomechanical studies may help discover to what extent leg number affects locomotion and whether, aside from contingency, there are any physical reasons for limb-number choices. See, however, Full RJ, Tu MS. (1990) Mechanics of six-legged runners. *Journal of Experimental Biology* **148**, 129–146, which suggests that the energy needed to move a center of mass a given distance is unchanged across many animals with different leg numbers.

4. *So why has nature:* LaBarbera M. (1983) Why the wheels won't go. *American Naturalist* **121**, 395–408.

5. *Richard Dawkins:* Dawkins R. (1996) Why don't animals have wheels? *(London) Sunday Times*, November 24.

6. *There is no selection pressure:* I note anecdotally tales of animals such as wolves using roads to get across forests more easily. Once these structures are built by an intelligent life form, other life may find roads useful for locomotion.

7. *Compare this:* I simplify somewhat. The menu of possibilities that fish and other aquatic animals use for locomotion is varied and impressive. Many fish, such as tuna, rely more on tail movements (thunniform swimming) than on body waves, and in this sense, their propulsion is closer to a propeller's.

8. *Dangling from the sides:* Berg HC, Anderson RA (1973) Bacteria swim by rotating their flagellar filaments. *Nature* **245**, 380–382 and Berg HC. (1974) Dynamic properties of bacterial flagellar motors. *Nature* **249**, 77–79.

9. *Despite the superficial similarities:* A rather famous paper that describes these two very different worlds of low and high Reynolds

numbers is Purcell EM. (1977) Life at low Reynolds Number. *American Journal of Physics* **45**, 3–11.

10. *However, we find:* We could imagine wheels being useful on a planet dominated by smooth surfaces. However, even a planet without plate tectonics to create mountain ranges, such as Mars, has an irregular surface that would suit legged animals better than wheeled ones. A flat surface at the macroscopic scale does not change the irregular structure of a planet at the millimeter scale. As for propellers, there are other physical reasons for doubting that bacterial-like flagella motors can simply be scaled up. In a delightful and elegant essay on the topic of wheels, Gould S. (1983) Kingdoms without wheels. In *Hen's Teeth and Horse's Toes*, 158–165, suggests that flagella evolved and larger rotating structures did not because the bacterial apparatus depends on diffusion, which is too slow at large scales to enable the evolution of an analogous, but larger structure. Gould's argument suggests a physical barrier to explain something evolutionary, which in itself is interesting since he was fond of relegating physical processes to being an irrelevance against contingency.

11. *In 1917, a brilliant:* Thompson DW. (1992) *On Growth and Form.* Cambridge University Press, Cambridge.

12. *He explores the shapes:* The mathematical relationships in the growth of plants and their physical and biological bases have been a subject of fascination for centuries. Many plants exhibit growth that has a spiral pattern in leaves. You can even see it in pine cones. The arrangement of leaves in a plant is known as *phyllotaxis*. Often, two spirals—one clockwise and one anticlockwise—can be discerned in a plant leaf pattern if you look down toward its apex. Extraordinarily, the number of spirals running clockwise and anticlockwise is found to be two adjacent terms in the Fibonacci series. Each number in this special sequence is the sum of the preceding two numbers, so, for example, 1, 1, 2, 3, 5, 8, 13, 21, and so on, is a Fibonacci series. A plant might have 8 and 13 spirals. This arrangement is (8, 13) phyllotaxis. Why this should be the case is thought to be related to the packing of leaves to acquire maximum sunlight, to maximize efficiency of stacking, or both. This is reflected in the angle through which each leaf is rotated relative to the previous leaf. It is determined by physical principles, not a contingent product of natural selection. This intriguing mathematical relationship has long attracted the attention of physicists and mathematicians. Two examples to whet the appetite further: Newell AC, Shipman PD. (2005)

Plants and Fibonacci. *Journal of Statistical Physics* **121**, 927–968; and Mitchison GJ. (1977) Phyllotaxis and the Fibonacci series. *Science* **196**, 270–275. A classic paper offering a physical model is Douady S, Couder Y. (1991) Phyllotaxis as a physical self-organised growth response. *Physical Review Letters* **68**, 2098–2101. The link between Fibonacci series and biology is another beautiful example of the connection between biological form and predictable patterns in which the action of genes is to impose shape, structure, color, and other characteristics on an otherwise physically determined process.

13. *In his wonderful book:* Carroll SB. (2005) *Endless Forms Most Beautiful*. Quercus, London. He also explores the fascinating way in which wings in vertebrates developed in different ways from their limbs and digits. The transition between gills and wings in insects also shows the quite astonishing adaptability of the modules of animals to shape-shift into entirely new structures (Averof M, Cohen SM. [1997] Evolutionary origin of insect wings from ancestral gills. *Nature* **385**, 627–630).

14. *Some of this variation:* I do not discuss it here, but recent research on the development of flight in birds shows how specific gene regulatory elements are associated with the development of wings and feathers, another extraordinary example of how modest changes in genetic regulation and units can drive the acquisition of characteristics that allow organisms to tap into physical laws, in this case the rules of aerodynamics. For example, see Seki R et al. (2016) Functional roles of Aves class-specific cis-regulatory elements on macroevolution of bird-specific features. *Nature Communications* **8**, 14229.

15. *One transition is impressive:* Denny MW. (1993) *Air and Water: The Biology and Physics of Life's Media*. Princeton University Press, Princeton, NJ, doesn't explicitly address the move from water to land, but his treatise examining the physics of biology in water and in air, and often comparing both media and the implications for the structure of biological systems, is an impressive work. In many ways, it is one of the most detailed and ambitious paeans to the link between biology and physics to be written. Denny also explored aspects of life at the air-water interface. See, for example, Denny MW. (1999) Are there mechanical limits to size in wave-swept organisms? *Journal of Experimental Biology* **202**, 3463–3467.

16. *But the complete transition:* A very cogent account of this transition in the context of locomotion is given in Wilkinson M. (2016) *Restless Creatures: The Story of Life in Ten Movements*. Icon Books, London.

17.   *The scientists found:* A series of papers document these insights.
Just some worth reading are Freitas R, Zhang G, Cohn MJ. (2007)
Biphasic *Hoxd* gene expression in shark paired fins reveals an ancient
origin of the distal limb domain. *PLoS One* **8**, e754; Davis MC, Dahn
RD, Shubin NH. (2007) An autopodial-like pattern of Hox expres-
sion in the fins of a basal actinopterygian fish. *Nature* **447**, 473–477;
Schneider I et al. (2011) Appendage expression driven by the *Hoxd*
Global Control Region is an ancient gnathosome feature. *Proceedings
of the National Academy of Sciences* **108**, 12782–12786; Freitas R et al.
(2012) Hoxd13 contribution to the evolution of vertebrate append-
ages. *Developmental Cell* **23**, 1219–1229; Davis MC. (2013) The deep
homology of the autopod: Insights from Hox gene regulation. *Inte-
grative and Comparative Biology* **53**, 224–232.

18.   *The slightly more graceful:* A review of these different forms of move-
ment is found in Gibb AC, Ashley-Ross MA, Hsieh ST. (2013) Thrash,
flip, or jump: The behavioural and functional continuum of terrestrial
locomotion in teleost fishes. *Integrative and Comparative Biology* **53**,
295–306. This paper was part of a wider symposium, and the review
paper on the whole meeting is worth reading for an insight into the
general problem that faced life in the transition from water to land:
Ashley-Ross MA, Hsieh ST, Gibb AC, Blob RW. (2013) Vertebrate
land invasions—past, present, and future: An introduction to the
symposium. *Integrative and Comparative Biology* **53**, 1–5.

19.   *Nonetheless, in the history of animal life:* Of course, arthropods also
made this transition, giving rise to insects.

20.   *Not surprisingly:* Cockell CS, Knowland J. (1999) Ultraviolet radiation
screening compounds. *Biological Reviews* **74**, 311–345.

21.   *In experiments that tracked:* A fascinating paper that describes these
findings is Leal F, Cohn MJ. (2016) Loss and re-emergence of legs
in snakes by modular evolution of *Sonic hedgehog* and HOXD en-
hancers. *Current Biology* **26**, 1–8.

22.   *Almost certainly, the secrets:* A very readable book describing the his-
tory of research investigating the invasion of land and the return to
water is Zimmer C. (1998) *At the Water's Edge.* Touchstone, New York.

23.   *Charles Darwin concluded:* Darwin C. (1859) *On the Origin of Species
by Means of Natural Selection, or the Preservation of Favoured Races in
the Struggle for Life.* John Murray, London.

第 5 章　被包裹起来的生命

1. *However, if I tell you:* Bianconi E et al. (2013) An estimation of the number of cells in the human body. *Annals of Human Biology* **40**, 463–471.

2. *Hooke had no inkling:* Hooke R. (1665) *Micrographia.* J Martyn and J Allestry, printers to the Royal Society, London.

3. *What he found:* Van Leeuwenhoek published a prodigious number of letters on many things he observed under his microscopes, not merely his animalcules. One seminal paper on observations about microbes is Leeuwenhoek A. (1677) Observation, communicated to the publisher by Mr. Antony van Leeuwenhoek, in a Dutch letter of the 9 Octob. 1676 here English'd: concerning little animals by him observed in rain-well-sea and snow water; as also in water wherein pepper had lain infused. *Philosophical Transactions* **12**, 821–831.

4. *Viruses, small pieces:* Viruses contain either DNA or RNA, and these molecules can be in either single- or double-stranded form. For protein coats, note that the assembly of these relatively simple entities can be understood in physical terms. A classic paper describing the geometry of viruses and the mathematical and physical principles that shape their protein coats is Caspar DLD, Klug A. (1962) Physical principles in the construction of regular viruses. *Cold Spring Harbor Symposia on Quantitative Biology* **27**, 1–24.

5. *The first molecules:* In this book, I do not address whether the emergence of life is inevitable. This omission is not a capitulation. I regard the issue as a different question. We do not know whether life is inevitable on a planet with water and clement conditions. It is a profound question at the interface between biology and physics to ask whether suitable physical conditions on a rocky planet will inevitably lead to life. I am interested here in the restrictions on life once it does emerge. However, an intriguing take on the physical and chemical basis of the origin of life is pursued by Pross A. (2012) *What Is Life?* Oxford University Press, Oxford.

6. *the 1980s, David Deamer:* A detailed account of this work can be found in Deamer D. (2011) *First Life: Discovering the Connections Between Stars, Cells, and How Life Began.* University of California Press, Berkeley. In this book, Deamer also explores many other conundrums about the origin of life as well as how cellularity allowed

for complexity of metabolic processes. A paper summarizing results with self-assembling membranes is Deamer D et al. (2002) The first cell membranes. *Astrobiology* **2**, 371–381.

7. *Deamer had shown:* A paper that takes a theoretical approach to understanding the physics of self-assembling vesicles and even their reproduction is Svetina S. (2009) Vesicle budding and the origin of cellular life. *ChemPhysChem* **10**, 2769–2776.

8. *Provided that the gases:* One of the strangest links between membranes and astronomy is the observation that in the endoplasmic reticulum (the organelle responsible for protein synthesis in eukaryotic cells), layers of membranes are attached to one another in stacks linked with helicoid ramps in a shape resembling a parking garage. Similar structures are thought to exist in the extreme conditions of neutron stars. Whether this similarity of shape is coincidence or reflects some underlying physical principle to do with energy minimization is not known, but the bizarre observation might reflect the common physics underlying patterns in nature: Berry DK et al. (2016) "Parking-garage" structures in nuclear astrophysics and cellular biophysics. *Physical Review* C **94**, 055801.

9. *Pyruvic acid:* Described in Deamer (2011) *First Life*, above.

10. *Although these ingenious:* Some ideas on the environments and processes leading to the first protocells are nicely described in Black RA, Blosser MC. (2016) A self-assembled aggregate composed of a fatty acid membrane and the building blocks of biological polymers provides a first step in the emergence of protocells. *Life* **6**, 33.

11. *Some scientists think:* Martin W, Russell MJ. (2007) On the origin of biochemistry at an alkaline hydrothermal vent. *Philosophical Transactions of the Royal Society* **362**, 1887–1926.

12. *Others think:* Cockell CS. (2006) The origin and emergence of life under impact bombardment. *Philosophical Transactions of the Royal Society* **1474**, 1845–1855.

13. *Perhaps Darwin's "warm little pond":* Darwin described the origin of life in a letter to his friend Joseph Hooker (February 1, 1871): "But if (and oh what a big if) we could conceive in some warm little pond with all sorts of ammonia & phosphoric salts,—light, heat, electricity etc present, that a protein compound was chemically formed, ready to undergo still more complex changes, at the present day such matter would be instantly devoured, or absorbed, which would not have been the case before living creatures were formed."

14.　*Deamer's experiments . . . schizophrenic molecules:* More technically termed *amphiphilic.*

15.　*The simplicity of these pathways:* Smith E, Morowitz HJ. (2004) Universality in intermediary metabolism. *Proceedings of the National Academy of Sciences* 101, 13,168–13,173.

16.　*By testing thousands:* Court SJ, Waclaw B, Allen RJ. (2015) Lower glycolysis carries a higher flux than any biochemically possible alternative. *Nature Communications* 6, 8427. However, the authors did also show that the route nature uses is not the only possibility. Under different environmental conditions in the cell, other pathways could be used.

17.　*These independent investigations:* Similar findings of strong selection based on physical considerations have been reported in studies of the regulatory networks involved in the cell cycle. A high degree of robustness to perturbation was found. See, for example, Li F, Long T, Lu Y, Ouyang Q, Tang C. (2004). The yeast cell-cycle network is robustly designed. *Proceedings of the National Academy of Sciences* 101, 4781–4786. The information within biological networks may be different from purely random networks and may provide ways of understanding which physical principles are instantiated into biological systems as they emerge. See Walker SI, Kim H, Davies PCW. (2016) The informational architecture of the cell. *Philosophical Transactions of the Royal Society A: Mathematical, Physical and Engineering Sciences* 374, article 0057.

18.　*Nor do these sorts of conclusions:* Computational modeling has been used to study how easily one metabolic pathway can change into another and thus whether existing pathways are very much a product of historical quirks. Barve and colleagues conclude their paper with this comment about flexibility of pathways: "Metabolism is thus highly evolvable. . . . Historical contingency does not strongly restrict the origin of novel metabolic phenotypes." Barve A, Hosseini S-R, Martin OC, Wagner A. (2014) Historical contingency and the gradual evolution of metabolic properties in central carbon and genome-scale metabolism. *BMC Systems Biology* 8, 48.

19.　*Instead, many metabolic process:* The pervasive question of predictability in evolutionary possibilities has received some attention at the scale of biochemical pathways. At the metabolic level, with knowledge of an organism's environment and lifestyle, we can apparently predict with quite surprising accuracy where and how a pathway will develop (Pál C et al. [2006] Chance and necessity in the evolution of minimal metabolic networks. *Nature* **440**, 667–670). An important paper suggests that only a few designs, or *topologies*, of biochemical pathways are possible. This work suggests that at the very least, the structure of biochemical networks may be quite predictable (Ma W et al. [2009] Defining network topologies that can achieve biochemical adaptation. *Cell* **138**, 760–773).

20. *When the first cells moved:* How the environment might fashion the shape of microbes is beautifully described in Young KD. (2006) The selective value of bacterial shape. *Microbiology and Molecular Biology Reviews* **70**, 660–703.

21. *One first indefatigable effect:* For a discussion on the ethical implications of a hypothetical world in which bacteria are the size of dogs, see Cockell CS. (2008) Environmental ethics and size. *Ethics and the Environment* **13**, 23–39.

22. *There are many causes:* Several essays exploring a range of factors influential in determining cell size are found in: Marshall WF et al. (2012) What determines cell size? *BMC Biology* 10.101. An excellent and simple discussion of the role of diffusion is Vogel S. (1988) *Life's Devices: The Physical World of Animals and Plants*. Princeton University Press, Princeton, NJ.

23. *A large bag:* A fascinating study has suggested that if cells grow larger than about ten micrometers, gravity begins to become significant and may explain why large frog ovary cells, which can be greater than one millimeter in diameter, have a molecular (actin) scaffold around their nucleus to stabilize them against the effects of gravity (Feric M, Brangwynne CP. [2013] A nuclear F-actin scaffold stabilizes ribonucleoprotein droplets against gravity in large cells. *Nature Cell Biology* **15**, 1253–1259). An interesting implication is the speculation that on planets with lower gravity, larger cells may be possible, all other things being equal.

24. *The larger you are:* Beveridge TJ. (1988) The bacterial surface: General considerations towards design and function. *Canadian Journal of Microbiology* **34**, 363–372. Diffusion may be less important a factor than was once supposed. The cell interior turns out to be remarkably crowded, and the model of a molecule diffusing passively through a fluid is too simple.

25. *That smallest theoretical size:* This size limit was arrived at by a group of people attempting to define the smallest expected microbe. They were partly motivated to ascertain what the smallest possible biological

signature of a cell might be on another planet, for example on Mars. The study is intriguing, as it was provoked by researchers' desire to set a universal boundary of cell size (National Research Council Space Studies Board [1999] *Size Limits of Very Small Microorganisms*. National Academies Press, Washington, DC. However, note that a size range of one hundred to three hundred nanometers for the minimum cell was arrived at by Alexander RM. (1985) The ideal and the feasible: Physical constraints on evolution. *Biological Journal of the Linnean Society* **26**, 345–358.

26. *The estimate actually fits:* Do not be fooled. This diminutive creature can reach up to 50 percent of all the biomass in surface water in the oceans. It is immensely important in cycling carbon in the Earth's oceans.

27. *When we talk of smallness:* Descriptions of these microbes and some discussion of the physics behind their lifestyles are to be found in the very clearly titled paper Schulz HN, Jørgensen BB. (2001) Big bacteria. *Annual Reviews of Microbiology* **55**, 105–137.

28. *Here, instead of nutrient needs:* Described in Persat A, Stone HA, Gitai Z. (2014) The curved shape of *Caulobacter crescentus* enhances surface colonization in flow. *Nature Communications* **5**, 3824.

29. *In these places:* Kaiser GE, Doetsch RN. (1975) Enhanced translational motion of *Leptospira* in viscous environments. *Nature* **255**, 656–657.

30. *These laws:* In this context, I refer the reader to fascinating work by Jeremy England and his group, who suggest that adaptation can be realized without selection. Chemical systems can fine-tune their processes in response to their environments as the system establishes resonances with the very environmental factors acting on it. This observation should not be taken as yet another hackneyed attempt to prove that Darwin was wrong. Instead, it shows that organic matter's ability to evolve may well be aided by its natural tendency to take on forms that reflect its environment, even before the environment has acted to select the forms of that matter that successfully reproduce. England and his colleagues' work show that biological evolution does not work unexpectedly against disorder, but that emergent complexity in physical systems, including life, favors this process. See, for example, Horowitz JM, England JL. (2017) Spontaneous fine-tuning to environment in many-species chemical reaction networks. *Proceedings of the National Academy of Sciences* **114**, 7565–7570; and Kachman T, Owen JA, England JL. (2017) Self-organized resonance during search of a diverse chemical space. *Physical Review Letters* **119**, 038001.

31. *In this medley:* In some outstanding experiments, Richard Lenski's group studied populations of the bacterium *Escherichia coli* to see if they could separate the effects of adaptation, chance, and historical influence in microbial evolution. They found that adaptation was extraordinarily versatile, allowing organisms to mutate to achieve a similar fitness with little effect of contingency or history. However, in traits that were not so important for fitness in these particular experiments, such as cell size (which may, however, be important in more natural environments), contingency could throw up variants presumably because the effects of these mutants were neutral. History could also affect subsequent cell size. Their observations are probably quite generalizable; if a trait has little direct impact on survival to reproductive age in any organisms, then the trait may be more susceptible to chance alterations or it may reflect the idiosyncrasies of past historical attributes. Travisano M, Mongold JA, Bennett AF, Lenski RE. (1995) Experimental tests of the roles of adaptation, chance, and history in evolution. *Science* **267**, 87–89.

32. *Once the prey:* Proposed by Lake JA. (2009) Evidence for an early prokaryotic endosymbiosis. *Nature* **460**, 967–971.

33. *These chemical products:* This alternative idea was suggested by Gupta RS. (2011) Origin of the diderm (Gram-negative) bacteria: Antibiotic selection pressure rather than endosymbiosis likely led to the evolution of bacterial cells with two membranes. *Antonie van Leeuwenhoek* **100**, 171–182.

34. *In the archaea:* The charged heads of the lipids that stick into the water are linked to their long chains by ether linkages in the archaea, rather than the more familiar ester linkages in bacteria. For an in-depth discussion of their chemical differences, see Albers S-V, Meyer BH. (2011) The archaeal cell envelope. *Nature Reviews Microbiology* **9**, 414–426.

35. *Cooperation, forced:* A classic paper presenting a view of the multicellular capacities of bacteria is Shapiro JA. (1998) Thinking about bacterial populations as multicellular organisms. *Annual Reviews of Microbiology* **52**, 81–104. Another view is Aguilar C, Vlamakis H, Losick R, Kolter R. (2007) Thinking about *Bacillus subtilis* as a multicellular organism. *Current Opinion in Microbiology* **10**, 638–643.

36. *These patterns and order arise:* Like ants, birds, and schooling fish (Chapter 2), bacteria are the focus of physicists studying active matter. Their collective behavior lends itself to modeling and simulation.

See Copeland MF, Weibel DB. (2009) Bacterial swarming: A model system for studying dynamic self-assembly. *Soft Matter* **5**, 1174–1187; and Wilking JN et al. (2011) Biofilms as complex fluids. *Materials Research Society (MRS) Bulletin* **36**, 385–391.

37. *Equations can be used:* The responses of large numbers of cells to chemical cues can be modeled. See, for example, Camley BA, Zimmermann J, Levine H, Rappel W-J. (2016) Emergent collective chemotaxis without single-cell gradient sensing. *Physical Review Letters* **116**, 098101.

38. *domain of the eukaryotes: Prokaryote*, literally translated as "before the kernel," encompasses microbes without a cell nucleus (i.e., most microbes on Earth), in contrast to the eukaryotes ("true nucleus"), organisms whose cells generally contain a nucleus. Eukaryotes do include some single-celled microbes such as algae and some fungi, including yeasts, but these single-celled organisms have a nucleus and other organelles.

39. *The eukaryotic cell is:* It is established that endosymbiosis led to the chloroplast, the photosynthetic apparatus in algae and plants. It began its life as an engulfed cyanobacterium.

40. *Many hundreds:* Lane N, Martin W. (2010) The energetics of genome complexity. *Nature* **467**, 929–934.

41. *Coupled with this:* The potential role of genome complexity as another major difference between prokaryotes and eukaryotes as a critical pathway to animal life is elaborated on in Lynch M, Conery JS. (2003) The origins of genome complexity. *Science* **302**, 1401–1404.

42. *Microbes that could grab:* Photosynthesis using oxygen evolved only once: the early cyanobacteria that mastered this trick eventually became engulfed to make algae and plants. Although photosynthesis has appeared once, it is not necessarily an unlikely evolutionary development, a contingent fluke. Instead, once that feat had been achieved, habitats became filled with photosynthesizers and there may have been few niches left for a second evolution of this pathway to move into.

43. *Endosymbiosis has happened:* Just one such example is Marin BM, Nowack EC, Melkonian M. (2005) A plastid in the making: Evidence for a second primary endosymbiosis. *Protist* **156**, 425–432.

44. *Then the cells gather:* Slime molds can even be used to re-create the most efficient connections between two points. By placing them on maps in the laboratory (where cities and towns are globs of food),

they can even be used to predict the best road and rail networks across landscapes such as the Tokyo rail system (Tero A et al. [2010] Rules for biologically inspired adaptive network design. *Science* **327**, 439–442) or Brazilian highways (Adamatsky A, de Oliveira PPB. [2011] Brazilian highways from slime mold's point of view. *Kybernetes* **40**, 1373–1394). Many other countries' transport networks have been scrutinized using *Physarum plasmodium* and *P. polycephalum*.

45. *We do not know the exact events:* There are many theories for how this might have happened. Insights into cell communication and the genetics of how cells attach and signal are likely to reveal many steps that led from unicellular organisms to true multicellular (differentiated) organisms. See, for example, King N. (2004) The unicellular ancestry of animal development. *Developmental Cell* **7**, 313–325; and Richter DJ, King N. (2013) The genomic and cellular foundations of animal origins. *Annual Reviews of Genetics* **47**, 509–537.

46. *Put simply, the rise of multicellularity:* Multicellular structures may emerge from the interaction of physical principles. See Newman SA, Forgacs G, Müller GB. (2006) Before programs: The physical origination of multicellular forms. *International Journal of Developmental Biology* **50**, 289–299.

47. *A biological arms race:* Dawkins R, Krebs JR. (1979) Arms races between and within species. *Proceedings of the Royal Society* **205**, 489–511. Regarding sometimes larger machines, a tendency to become larger may also occur simply because organisms are constrained by the minimum size of cells in becoming smaller so they inevitably move into the larger morphospace of possible forms. See Gould SJ. (1988) Trends as changes in variance: A new slant on progress and directionality in evolution. *Journal of Paleontology* **62**, 319–329. Even this process, though, results from a simple physical principle: organisms become larger to fill available niches that will allow for larger organisms (e.g., on account of energy available for such forms).

48. *The second claim:* We must also be mindful that a planet has a finite lifetime. If the stages along the way between a microbe and a mammoth exceed the time that a planet hosts habitable conditions, then the experiment in evolution will be cut short. This sad end is rooted unambiguously in physics too, the evolution of a star unkindly intercepting the trajectory of life.

49. *Considering the inevitability:* It has been proposed that very few, if any, of the innovations between the origin of life and the numerous

key adaptations in multicellular organisms may be unique, that is, singularities in the evolutionary process. See, for example, Vermeij GJ. (2006) Historical contingency and the purported uniqueness of evolutionary innovations. *Proceedings of the National Academy of Sciences* **103**, 1804–1809.

第 6 章　生命的极限

1. *Jump in a car:* Woods PJE. (1979) The geology of Boulby mine. *Economic Geology* **74**, 409–418.

2. *From the science-fiction cleanliness:* The laboratory is run by Sean Paling and his team. Many people need to be thanked, including Emma Meehan, Lou Yeoman, Christopher Toth, Barbara Suckling, Tom Edwards, Jac Genis, David McLuckie, David Pybus, and others who have made our work at Boulby possible.

3. *Here, animal life:* Two nice general books on the extremophiles are Gross M. (2001) *Life on the Edge: Amazing Creatures Thriving in Extreme Environments.* Basic Books, New York; and Postgate JR. (1995) *The Outer Reaches of Life.* Cambridge University Press, Cambridge.

4. *Life deep down:* An excellent book that provides an insight into the history and science of deep subsurface life is Onstott TC. (2017) *Deep Life: The Hunt for the Hidden Biology of Earth, Mars, and Beyond.* Princeton University Press, Princeton, NJ.

5. *Within the unremarkable sludge:* Brock TD, Hudson F. (1969) *Thermus aquaticus* gen. n. and sp. n., a nonsporulating extreme thermophile. *Journal of Bacteriology* **98**, 289–297.

6. *Among their ranks:* Takai K et al. (2008) Cell proliferation at 122 ℃ and isotopically heavy CH_4 production by a hyperthermophilic methanogen under high-pressure cultivation. *Proceedings of the National Academy of Sciences USA.* **105**, 10949–10954.

7. *Proteins can be made:* For a significant paper that shows how the adaptations of proteins to high temperatures can be explained in terms of physical principles, see Berezovsky IN, Shakhnovich EI. (2005) Physics and evolution of thermophilic adaptation. *Proceedings of the National Academy of Sciences* **102**, 12,742–12,747.

8. *One group of researchers:* Cowan DA. (2004) The upper temperature for life—where do we draw the line? *Trends in Microbiology* **12**, 58–60.

9. *At temperatures of around 450°C:* For the upper temperature limits of life as set by molecular stability, see Daniel RM, Cowan DA. (2000) Biomolecular stability and life at high temperatures. *Cellular and Molecular Life Sciences* **57**, 250–264.

10. *Life on Earth should:* Cockell CS. (2011) Life in the lithosphere, kinetics and the prospects for life elsewhere. *Philosophical Transactions of the Royal Society* **369**, 516–537.

11. *So far, there is no good:* A paper quantifying lower temperature limits for life is Price PB, Sowers T. (2004) Temperature dependence of metabolic rates for microbial growth, maintenance, and survival. *Proceedings of the National Academy of Sciences* **101**, 4631–4636. At very low temperatures, cells reach a point when the rate of energy expenditure by microbes is only just able to keep up with the rate of damage. This trade-off will ultimately determine the lower temperature limit for any given life form to remain intact over long periods.

12. *The challenge that low-temperature life:* Another paper that examines this problem considers the challenges caused by liquids that "vitrify," essentially turn into a glasslike state in cells at low temperatures. Vitrification is likely to seriously limit the movement of gases and nutrients and may set a lower limit for life in many organisms. See Clarke A et al. (2013) A low temperature limit for life on Earth. *PLoS One* **8**, e66207.

13. *This* background radiation: The radiation may not be entirely detrimental. The radiolysis of water, or its breaking up by radiation, could release hydrogen, which microbes can use as an energy source. See, for example, Lin L-H et al. (2005) Radiolytic H_2 in continental crust: Nuclear power for deep subsurface microbial communities. *Geochemistry, Geophysics and Geosystems* **6**, doi: 10.1029/2004GC000907.

14. *Added to these problems:* An example is depurination in the DNA, in which the β-N-glycosidic bond is hydrolytically cleaved, releasing a nucleic base, adenine or guanine, from the DNA structure. See Lindahl T. (1993) Instability and decay of the primary structure of DNA. *Nature* **362**, 709–715; Lindahl T, Nyberg B. (1972) Rate of depurination of native deoxyribonucleic acid. *Biochemistry* **11**, 3610–3618.

15. *After eating your breakfast:* Lipids that make up membranes contain fatty acids, long chains of carbon atoms. When we talk about fats in butter, we are talking about the same material—fatty acids.

16. *When exposed to subfreezing:* A review that summarizes the variety of challenges and solutions for life at low temperatures is D'Amico S et al. (2006) Psychrophilic microorganisms: Challenges for life. *EMBO Reports* **7**, 385–389.

17. *In this zone, reactions:* Including the process of racemization, the tendency for the chirality (L- or D- forms of molecules) to be lost. Remember that amino acids in life are primarily in the L-form. Racemization will tend to produce an equal amount of L- and D-forms. It can happen inexorably over time by thermal effects on molecules. The racemization of amino acids and low-temperature environments is discussed in Brinton KLF, Tsapin AI, Gilichinsky D, McDonald GD. (2002) Aspartic acid racemization and age-depth relationships for organic carbon in Siberian permafrost. *Astrobiology* **2**, 77–82.

18. *No one should be surprised:* Grant S et al. (1999) Novel archaeal phylotypes from an East African alkaline saltern. *Extremophiles* **3**, 139–145.

19. *Faced with the trauma:* The problems of high salt are described in Oren A. (2008) Microbial life at high salt concentrations: Phylogenetic and metabolic diversity. *Saline Systems* 4, doi: 10.1186/1746-1448-4-2. For the thermodynamic limitations imposed by salt, see Oren A. (2011) Thermodynamic limits to microbial life at high salt concentrations. *Environmental Microbiology* **13**, 1908–1923.

20. *Like scientists enamored:* Stevenson A et al. (2015) Is there a common water-activity limit for the three domains of life? *ISME J* **9**, 1333–1351.

21. *By a water activity:* Stevenson A et al. (2017) *Aspergillus penicillioides* differentiation and cell division at 0.585 water activity. *Environmental Microbiology* **19**, 687–697.

22. *These solutions can also cause disorder:* Hallsworth JE et al. (2007) Limits of life in MgCl$_2$-containing environments: Chaotropicity defines the window. *Environmental Microbiology* **9**, 801–813.

23. *When investigated by microbiologists:* Yakimov MM et al. (2015) Microbial community of the deep-sea brine Lake Kryos seawater–brine interface is active below the chaotropicity limit of life as revealed by recovery of mRNA. *Environmental Microbiology* **17**, 364–382.

24. *Indeed, microbiologists have had mixed results:* Siegel BZ. (1979) Life in the calcium chloride environment of Don Juan Pond, Antarctica. *Nature* **280**, 828–829.

25. *Yet we find life thriving:* Amaral Zettler LA et al. (2002) Microbiology: Eukaryotic diversity in Spain's River of Fire. *Nature* **417**, 137.

26. *The acid-loving microbes:* The adaptations to low pH are summarized well in Baker-Austin C, Dopson M. (2007) Life in acid: pH homeostasis in acidophiles. *Trends in Microbiology* **15**, 165–171. For insights into adaptations from the genome, see Ciaramella M, Napoli A, Rossi M. (2005) Another extreme genome: How to live at pH 0. *Trends in Microbiology* **13**, 49–51.

27. *A trip to Mono Lake:* Humayoun SB, Bano N, Hollibaugh JT. (2003) Depth distribution of microbial diversity in Mono Lake, a meromictic soda lake in California. *Applied and Environmental Microbiology* **69**, 1030–1042.

28. *In most of Earth's environments:* Some nice work was done by Jesse Harrison, a postdoctoral scientist in my laboratory, to attempt to map the limits of life using growth ranges of known strains of bacteria in the laboratory. You end up with intriguing three-dimensional plots of the boundary space of life: Harrison JP, Gheeraert N, Tsigelnitskiy D, Cockell CS. (2013) The limits for life under multiple extremes. *Trends in Microbiology* **21**, 204–212. This work used only laboratory strains, but natural environments outside the extremes in this paper are known to contain microbes, so there is still much to do to define the physical and chemical boundary space of life.

29. *Microbes have been found:* Mesbah NM, Wiegel J. (2008) Life at extreme limits: The anaerobic halophilic alkalithermophiles. *Annals of the New York Academy Sciences* **1125**, 44–57.

30. *Other extremes too:* Oger PM, Jebbar M. (2010) The many ways of coping with pressure. *Research in Microbiology* **161**, 799–809.

31. *Pores and transporters:* Bartlett DH. (2002) Pressure effects on in vivo microbial processes. *Biochimica et Biophysica Acta* **1595**, 367–381.

32. *The humble* Chroococcidiopsis: Billi D et al. (2000) Ionizing-radiation resistance in the desiccation-tolerant cyanobacterium *Chroococcidiopsis*. *Applied and Environmental Microbiology* **66**, 1489–1492.

33. *microbe joins:* Perhaps the most famous radiation-resistant microbe is *Deinococcus radiodurans* (a Greek and Latin portmanteau literally meaning "radiation-surviving terrible berry"). See Cox MM, Battista JR. (2005) *Deinococcus radiodurans*—the consummate survivor. *Nature Reviews Microbiology* **3**, 882–892. However, its capacities

are not unique. Other bacteria (including *Chroococcidiopsis* and *Rubrobacter*) also have high radiation tolerance.

34. *This zoo:* This observation doesn't contradict the fact that within the confines of the zoo, life is remarkably tenacious and can occupy a startling range of physical and chemical conditions. For a jaunt through these capacities and life's ability to ride out catastrophes that occur during its tenure on Earth, see Cockell CS. (2003) *Impossible Extinction: Natural Catastrophes and the Supremacy of the Microbial World.* Cambridge University Press, Cambridge.

第 7 章　生命的编码

1. *In an early paper:* Crick FHC. (1965) The origin of the genetic code. *Journal of Molecular Biology* **38**, 367–379.

2. *This apparently odd property:* Watson JD, Crick FHC. (1953) A structure for deoxyribose nucleic acid. *Nature* **171**, 737–738.

3. *Surely it is just chance:* The number of "letters" in the genetic code is reviewed by Szathmáry E. (2003) Why are there four letters in the genetic code? *Nature Reviews in Genetics* **4**, 995–1001.

4. *In this "RNA world":* Higgs PG, Lehman N. (2015) The RNA World: Molecular cooperation at the origins of life. *Nature* **16**, 7–17

5. *We do not discover:* The reader might well retort that the argument is tautological: Of course the models give us results congruent with Earth's biology because the models we used are based on RNA, the very molecule that Earth life uses! I would reply with the very unscientific "maybe." However, as is apparent later in this chapter, we can explore many alternative base pairs and molecules, which suggest that the choice of chemicals in the genetic code is not chance. There are some genetic-code-like molecules that have similarities with the other classes of molecules that make life, for example PNA, peptide nucleic acids, which crudely have protein-like qualities with their peptide bonds. However, no one has yet shown that the other major monomers of life that are thought to have been present on the early Earth (e.g., amino acids, lipids, and sugars) can form a genetic code. Among the various organic molecules on offer for the first living things, the ones used in our genetic code seem likely. Nevertheless, we should be open-minded about possible alternative chemistries for genetic codes. I limit myself in this chapter to the observation

that once the nucleotides were evolutionarily selected as the basis of the genetic code, the rest of the architecture of the code and its molecular products is highly noncontingent and driven by physical considerations.

6. *Motivated by a desire:* Zhang Y et al. (2016) A semisynthetic organism engineered for the stable expansion of the genetic alphabet. *Proceedings of the National Academy of Sciences,* doi: 10.1073/pnas.1616443114

7. *The unwieldly named xanthosine:* Piccirilli JA et al. (1990) Enzymatic incorporation of a new base pair into DNA and RNA extends the genetic alphabet. *Nature* **343**, 33–37.

8. *Some isoguanine and isocytosine:* Malyshev DA et al. (2014) A semi-synthetic organism with an expanded genetic alphabet. *Nature* **509**, 385–388.

9. *Scientists at various institutions:* Reviewed in Eschenmoser A. (1999) Chemical etiology of nucleic acid structure. *Science* **284**, 2118–2124.

10. *Perhaps the organization of the amino acids:* Error minimization as a strong selection pressure for the code is described in a number of papers, for example Freeland SJ, Knight RD, Landweber LF, Hurst LD. (2000) Early fixation of an optimal genetic code. *Molecular Biology and Evolution* **17**, 511–518.

11. *Furthermore, amino acids:* Other factors have been proposed. For example, horizontal gene transfer (the movement of genes from one cell or organism to another) can increase the selection for optimal codes. See Sengupta S, Aggarwal N, Bandhu AV. (2014) Two perspectives on the origin of the standard genetic code. *Origins of Life and Evolution of Biospheres* **44**, 287–292.

12. *Of all the codes:* In an enticing Las Vegas–style titled paper, this analysis is described in Freeland SJ, Hurst LD. (1998) The genetic code is one in a million. *Journal of Molecular Evolution* **47**, 238–248.

13. *It is easy to get sucked into:* A critique of different pressures shaping the early code was made by Knight RD, Freeland SJ, Landweber LF. (1999) Selection, history and chemistry: The three faces of the genetic code. *Trends in Biochemical Sciences* **24**, 241–247, who suggest that different pressures may have dominated at different stages in the origin and early evolution of life. The pathways to the code and the role of coevolution in the process is also discussed by Wong, JT-F et al. (2016) Coevolution theory of the genetic code at age forty: Pathway

to translation and synthetic life. *Life* **6**, doi: 10.3390/life6010012. Another excellent review of the problems is Koonin EV, Novozhilov AS. (2009) Origin and evolution of the genetic code: The universal enigma. *Life* **61**, 99–111.

14.　*Like much about biology:* Schrödinger had a pretty good crack at it. See Schrödinger E. (1944) *What Is Life?* Cambridge University Press, Cambridge.

15.　*Churning out from the RNA:* Biological catalysts, or enzymes, perform a vast number of chemical reactions in cells and speed them up to much higher rates than would happen without them.

16.　*Curious researchers have long wondered:* Amino acids, like many chemicals, come in two types: left-handed (L-amino acids) and right-handed (D-amino acids). In analogy to your two hands, these two forms are mirror images of each other. The left- and right-handed forms rotate polarized light either anticlockwise (to the left, or levorotation) or clockwise (to the right, or dextrorotation), respectively, hence their designation as L- or D-forms. Almost all amino acids in life (barring some in membranes, for instance) are L-amino acids. The preponderance of L-forms was thought to be a matter of chance in life, but some evidence suggests that amino acids in meteorites are partly enriched in L-forms (see, for example, Engel MH, Macko SA. [1997] Isotopic evidence for extraterrestrial non-racemic amino acids in the Murchison meteorite. *Nature* **389**, 265–268), suggesting an enrichment of the L-form of these amino acids in prebiotic molecules used by life. An alternative explanation is that polarized light in interstellar clouds preferentially destroyed one chiral form over the other, leading to initial enrichment of chiral molecules, later used in prebiotic chemistry (Bonner WA. [1995] Chirality and life. *Origins of Life and Evolution of Biospheres* **25**, 175–190). As life depends on molecular recognition and so is made simpler if all molecules are one form or the other, it is likely that the L-form may have been amplified until it became the predominant form. An interesting question is whether life elsewhere, if it exists, could be made of either L- or D-amino acids. The question strikes at the heart of the basic question of whether contingency or physics drove the early events of evolution. We might equally ask this question about the sugars. Our sugars are predominantly in the D-form.

17.　*Initial attempts to discover:* An excellent study was Weber AL, Miller SL. (1981) Reasons for the occurrence of the twenty coded protein amino acids. *Journal of Molecular Evolution* **17**, 273–284.

18. *But then in 2011, Gayle Philip:* Philip GK, Freeland SJ. (2011) Did evolution select a nonrandom "alphabet" of amino acids? *Astrobiology* **11**, 235–240.

19. *In more recent years, synthetic biologists:* See, for example, Tiang Y, Tirrell DA. (2002) Attenuation of the editing activity of the *Escherichia coli* leucyl-tRNA synthetase allows incorporation of novel amino acids into proteins in vivo. *Biochemistry* **41**, 10,635–10,645.

20. *After all, if some of these new amino acids:* I refer here to natural selection. Humans are now making these changes artificially.

21. *The unusual amino acid:* Johansson L, Gafvelin G, Amér ESJ. (2005) Selenocysteine in proteins—properties and biotechnological use. *Biochimica et Biophysica Acta* **1726**, 1–13.

22. *Another strange cousin:* Srinivasan G, James CM, Krzycki JA. (2002). Pyrrolysine encoded by UAG in Archaea: Charging of a UAG-decoding specialized tRNA. *Science* **296**, 1459–1462.

23. *Yet as these molecules were uncoiled:* The implications of the limited protein folding possibilities for our understanding of evolution is nicely explored in Denton MJ, Marshall CJ, Legge M. (2002) The protein folds as platonic forms: New support for the pre-Darwinian conception of evolution by natural law. *Journal of Theoretical Biology* **219**, 325–342, which also discusses how this knowledge might imply the existence of laws of biology rooted in physical principles.

24. *Helices (termed α-helices):* A carboxyl group.

25. *As all these folds collapse:* Other factors, such as stability against mutations, may select for certain protein folds. Fascinating papers that explore the reasons for limited protein folds include Li H, Helling R, Tang C, Wingren N. (1996) Emergence of preferred structures in a simple model of protein folding. *Science* **273**, 666–669; and Li H, Tang C, Wingren N. (1998) Are protein folds atypical? *Proceedings of the National Academy of Sciences* **95**, 4987–4990. Weinreich and colleagues, in a study of the mutational trajectories of a bacterial protein, are quite explicit that "this implies that the protein tape of life may be largely reproducible and even predictable" (Weinreich DM, Delaney NF, DePristo MA, Hartl DL. [2006] Darwinian evolution can follow only very few mutational paths to fitter proteins. *Science* **312**, 111–113).

26. *Darwinian evolution:* Mutations and genetic shuffling and movement such as horizontal gene transfer generate an inexorable increase in diversity. This tendency has even been instantiated into a law (McShea DW, Brandon RN. [2010] *Biology's First Law: The Tendency for*

Diversity and Complexity to Increase in Evolutionary Systems. University of Chicago Press, Chicago). However, the degree to which such a tendency can really be a law or merely reflects the inexorable process of mutation that will occur in a code is a matter for debate. If any law drives this proposed biological phenomenon, it is probably the second law of thermodynamics.

第 8 章　三明治与含硫化合物

1. *The second law of thermodynamics:* Borgnakke C, Sonntag RE. (2009) *Fundamentals of Thermodynamics.* Wiley, Chichester.

2. *Sitting on cell membranes:* The mitochondria are the organelles that produce energy in most eukaryotic cells. The electron transfer chain that I describe occurs within the membranes of mitochondria. In prokaryotes, the transfer chain occurs in the cellular membrane, not in an organelle.

3. *Mitchell creatively figured:* Mitchell P. (1961) The chemiosmotic hypothesis. *Nature* **191**, 144–148.

4. *As the protons flow:* The rotation of ATP synthase is itself reducible to remarkable physical principles, in particular Brownian motion, in which the random movement of protons is used to drive its rotation in a form of ratchet motion. Many other biochemical processes tap into Brownian motion to achieve directional movement. See Oster G. (2002) Darwin's motors: Brownian ratchets. *Nature* **417**, 25. Like the bacterial flagellum, ATP synthase is another example of a circular wheel-like contraption in living things, albeit not for moving across surfaces, but for a rotating structure nonetheless.

5. *The changing shape of ATP synthase:* Phosphates are a chemical group with the formula PO_4^{2-}.

6. *The molecule so produced, ATP:* The phosphate bonds within ATP do not release energy when they are broken elsewhere in the cell (to break bonds requires energy). Instead, the small amount of energy needed to break the phosphate off ATP is more than made up for by the energy released when that phosphate binds to water after its release. The breakage of ATP is a *hydrolysis reaction,* and the net effect of all the bonds broken and made releases energy. A subtlety, but nevertheless an important one.

7. *If you think this is a trifling process:* The numbers are an estimate, as they depend on many factors. But roughly, you need about 2000

kilocalories of energy each day, that is, about three moles of glucose or about 1.8×10^{24} molecules of glucose. For each molecule of glucose shunted through the electron transport chain and onward, 36 molecules of ATP can be produced, so that's about 6.5×10^{25} molecules of ATP produced per day, or about 2.7×10^{24} per hour. Regardless of academic quibbling about the various conversions and efficiencies, the number is huge.

8. *Or is the architecture:* The conditions that gave rise to early proton gradients may have been hydrothermal vents. The early evolution of the process is discussed in Martin WF. (2012) Hydrogen, metals, bifurcating electrons, and proton gradients: The early evolution of biological energy conservation. *FEBS Letters* **586**, 485–493.

9. *We already know:* Imkamp F, Müller V. (2002) Chemiosmotic energy conservation with Na(+) as the coupling ion during hydrogen-dependent caffeate reduction by *Acetobacterium woodii. Journal of Bacteriology* **184**, 1947–1951.

10. *Nevertheless, protons are:* An excellent book exploring these early cellular processes and how the first gradients for energy acquisition might have formed is Lane N. (2016) *The Vital Question.* Profile Books, London.

11. *No group of people:* Boston PJ, Ivanov MV, McKay CP. (1992) On the possibility of chemosynthetic ecosystems in subsurface habitats on Mars. *Icarus* **95**, 300–308.

12. *Hydrogen gas can be ancient:* The link between serpentinization and life is discussed in Okland I et al. (2012) Low temperature alteration of serpentinized ultramafic rock and implications for microbial life. *Chemical Geology* **318**, 75–87.

13. *Microbial communities:* Spear JR, Walker JJ, McCollom TM, Pace NR. (2005) Hydrogen and bioenergetics in the Yellowstone geothermal ecosystem. *Proceedings of the National Academy of Sciences* **102**, 2555–2560.

14. *The core molecules:* Some of the proteins involved in the electron transfer chain are clearly ancient. For an early review, see Bruschi M, Guerlesquin F. (1988) Structure, function and evolution of bacterial ferredoxins. *FEMS Microbiology Reviews* **4**, 155–175. More recent studies have investigated their function and antiquity in deep-branching microorganisms. See, for example, Iwasaki T. (2010) Iron-Sulfur World in aerobic and hyperthermoacidophilic Archaea *Sulfolobus. Archaea*, 842639. The notion of an "iron-sulfur world" in

which these combinations of iron and sulfur atoms, perhaps in hydrothermal vent minerals, would provide the prebiotic conditions for the emergence of biochemistry and the electron transport process has been put forth by Günter Wächtershäuser, a particularly enthusiastic proponent of this version of early events. See, for example, Wächtershäuser G. (1990) The case for the chemoautotrophic origin of life in an iron-sulfur world. *Origins of Life and Evolution of Biospheres* **20**, 173–176.

15. *Place an electrode:* This has been a growing area of investigation. See, for example, Rowe AR et al. (2015) Marine sediments microbes capable of electrode oxidation as a surrogate for lithotrophic insoluble substrate metabolism. *Frontiers in Microbiology*, doi.org/10.3389 /fmicb.2014.00784; and Summers ZM, Gralnick JA, Bond DR. (2013) Cultivation of an obligate Fe(II)-oxidizing lithoautotrophic bacterium using electrodes. *MBio* **4**, e00420–e00412. doi: 10.1128 /mBio.00420-12.

16. *Elemental sulfur, thiosulfates:* The role and sheer scale of biogeochemical cycles is nicely explored in Falkowski PG. (2015) *Life's Engines: How Microbes Made Earth Habitable.* Princeton University Press, Princeton, NJ. For biogeochemical cycles in the marine environment, see Cotner JB, Biddanda BA. (2002) Small players, large role: Microbial influence on biogeochemical processes in pelagic aquatic ecosystems. *Ecosystems* **5**, 105–121.

17. *In a now seminal paper:* A whole book might be written about Broda. He was a communist sympathizer suspected to have been a KGB spy, code-named Eric, who may have been involved in passing information to the Soviets about British and American nuclear research. Anything to do with energy seems to attract interesting characters. Broda E. (1977) Two kinds of lithotrophs missing in nature. *Zeitschrift für allgemeine Mikrobiologie* **17**, 491–493.

18. *This anaerobic ammonia oxidation:* Strous M et al. (1999) Missing lithotroph identified as new planctomycete. *Nature* **400**, 446–449.

19. *The microbes, by using uranium:* The uranium becomes more "reduced," that is, it gains electrons as the electron acceptor. Lovley DR, Phillips EJP, Gorby YA, Landa ER. (1991) Microbial reduction of uranium. *Nature* **350**, 413–416.

20. *Combining sandwiches:* These reactions can be used to predict the amount of energy available, allowing scientists to then go into the environment to search for the potential microbes that might make use of

these energy-yielding chemicals. A good example is Rogers KL, Amend JP, Gurrieri S. (2007) Temporal changes in fluid chemistry and energy profiles in the Vulcano Island Hydrothermal System. *Astrobiology* **7**, 905–932, which elegantly illustrates how life in extreme environments, potentially limited by energy, can be understood and predicted using the basic physics of Gibbs free energy in any given chemical reaction. Here we see how physics and the basic principles it elucidates can be used to enhance the predictive power of biological sciences.

21.   *In anaerobic habitats:* Clearly where there is no energy, there can be no active life, but life also needs a basic level of energy to survive, and so for many organisms, even a little energy may be too little. The role of energy in limiting life is explored in Hoehler TM. (2004) Biological energy requirements as quantitative boundary conditions for life in the subsurface. *Geobiology* **2**, 205–215; and Hoehler TM, Jørgensen BB. (2013) Microbial life under extreme energy limitation. *Nature Reviews Microbiology* **11**, 83–94.

22.   *However, why did the concentrations of oxygen:* Catling DC, Claire MW. (2005) How Earth's atmosphere evolved to an oxic state. *Earth and Planetary Science Letters* **237**, 1–20.

23.   *Giant tubeworms:* Two papers that explore this fascinating symbiosis are Cavanaugh, CM, Gardiner SL, Jones ML, Jannasch HW, Waterbury JB. (1981) Prokaryotic cells in the hydrothermal vent tube worm *Riftia pachyptila* Jones: Possible chemoautotrophic symbionts. *Science* **213**, 340–342; and Minic Z, Hervé G. (2004) Biochemical and enzymological aspects of the symbiosis between the deep-sea tubeworm *Riftia pachyptila* and its bacterial endosymbiont. *European Journal of Biochemistry* **271**, 3093–3102.

24.   *The radiation produced:* Lin L-H et al. (2005) The yield and isotopic composition of radiolytic H_2, a potential energy source for the deep subsurface biosphere. *Geochimica et Cosmochimica Acta* **69**, 893–903.

25.   *Fungi that contained the pigment:* Dadachova E et al. (2007) Ionizing radiation changes the electronic properties of melanin and enhances the growth of melanized fungi. *PLoS ONE* **2**, e457.

26.   *In an elegant stroll:* Schulze-Makuch D, Irwin LN. (2008) *Life in the Universe: Expectations and Constraints.* Springer, Heidelberg.

27.   *Kinetic energy:* By "some protozoa," I mean the ciliates, such as *Paramecium* species.

28.   *Perhaps thermal energy:* Here I mean the direct use of thermal gradients. Photosynthesis using geothermally produced light (wavelengths

greater than approximately 700 nanometers) has been reported in hydrothermal vents, linking thermal environments to energy acquisition. However, such organisms use conventional photosynthetic apparatus that just happens to be using nonsolar photons (Beatty JT et al. [2005] An obligately photosynthetic bacterial anaerobe from a deep-sea hydrothermal vent. *Proceedings of the National Academy of Sciences* **102**, 9306–9310).

第 9 章　生命的基本溶剂——水

1. *Samuel Taylor Coleridge:* Samuel Taylor Coleridge. (1834) *The Rime of the Ancient Mariner.*

2. *There is a lot of water on Earth:* Taken from the US Geological Survey website in December 2017.

3. *The quixotic intelligent interstellar cloud:* Astrophysicist Fred Hoyle, in an intriguing science-fiction story (*The Black Cloud*, published by William Heinemann in 1957), describes a giant sentient cloud that enters the Solar System and accidentally blocks sunlight from reaching Earth. The sentient being expresses some surprise that there could be life on this ball of rock.

4. *We know of no single organism:* It may not be outside the capacities of synthetic biologists and chemists to make self-replicating molecules—cells, even—that will operate in other solvents. But like artificially altered genetic codes and the incorporation of novel amino acids into proteins, these laboratory fabrications may tell us very little about whether such entities would emerge under natural processes.

5. *One of the most notable:* The phase diagram of water is remarkably complex, with unusual forms of water ice occurring under high pressures and temperatures as the hydrogen-bonding networks change in their orientation. See, for example, Choukrouna M, Grasset O. (2007) Thermodynamic model for water and high-pressure ices up to 2.2 GPa and down to the metastable domain. *Journal of Chemical Physics* **127**, 124506.

6. *This property is strange:* A gigapascal is a unit of pressure (one billion pascals). On Earth at sea level, atmospheric pressure is equivalent to 101,325 pascals.

7. *It inhabits the undergrowth:* Storey KB, Storey JM. (1984) Biochemical adaption for freezing tolerance in the wood frog, *Rana sylvatica. Journal of Comparative Physiology B* **155**, 29–36.

8. *Hydrolysis reactions:* An old paper but one that nevertheless presents some of the reactions illustrating the reactive nature of water is Mabey W, Mill T. (1978) Critical review of hydrolysis of organic compounds in water under environmental conditions. *Journal of Physical and Chemical Reference Data* 7, 383–415.

9. *By binding to the outside of proteins:* An excellent review on the role of water in the cell is Ball P. (2007) Water as an active constituent in cell biology. *Chemical Reviews* **108**, 74–108. As the author recognizes, our comprehension of how water works is changing quickly. However, the remarkably versatile and subtle roles of water in biochemistry are no longer in doubt.

10. *This arrangement allows the genetic code:* Robinson CR, Sligar SG. (1993) Molecular recognition mediated by bound water: A mechanism for star activity of the restriction endonuclease EcoRI. *Journal of Molecular Biology* **234**, 302–306.

11. *The ability of some proteins:* Klibanov AM. (2001) Improving enzymes by using them in organic solvents. *Nature* **409**, 241–246.

12. *However, there the similarities:* Benner SA, Ricardo A, Carrigan MA. (2004) Is there a common chemical model for life in the universe? *Current Opinions in Chemical Biology* 8, 672–689.

13. *For example, it can dissolve:* The properties of ammonia have been known for a long time. See, for example, Kraus CA. (1907) Solutions of metals in non-metallic solvents; I. General properties of solutions of metals in liquid ammonia. *Journal of the American Chemical Society* 29, 1557–1571.

14. *We leave the oceans:* A good discussion of some of these possibilities can be found in Schulze-Makuch D, Irwin LN. (2008) *Life in the Universe: Expectations and Constraints.* Springer, Berlin, which reviews some of the advantages and disadvantages of different solvents, but the authors conclude that no known solvent would be better than water, apart from, potentially, ammonia at low temperatures.

15. *The optimistic temperature:* For a suggestion of blimp-like creatures in the clouds of Venus, see Morowitz H, Sagan C. (1967) Life in the clouds of Venus. *Nature* **215**, 1259–1260. For sulfate-reducing bacteria that eat sulfate compounds in the Venusian atmosphere, see Cockell CS. (1999) Life on Venus. *Planetary and Space Science* 47, 1487–1501. Sulfur also features in Schulze-Makuch D et al., Grinspoon DH, Abbas O, Irwin LN, Mark A, Bullock MA. (2004) A sulfur-based survival strategy for putative phototrophic life in the Venusian atmosphere.

Astrobiology **4**, 11–18. These thoughts are fun, and the reader should not take the authors of these papers to be expressing a genuine committed belief that Venus has life. Like many of these discussions, however, they can provide a backdrop to ask stimulating questions about our own biosphere. For example, here are just two questions that emerge from contemplating life on Venus: Can you have a persistent aerial biosphere on a planet when the surface is uninhabitable? Why don't we observe blimp-like balloon organisms floating in Earth's atmosphere?

16. *In an intriguing thought experiment:* Benner SA, Ricardo A, Carrigan MA. (2004) Is there a common chemical model for life in the universe? *Current Opinions in Chemistry and Biology* **8**, 672–689.

17. *And yet even here, they must get enough energy:* This is a calculation made for Mars, but the order-of-magnitude estimate is applicable to Earth (Pavlov AA, Blinov AV, Konstantinov AN. [2002] Sterilization of Martian surface by cosmic radiation. *Planetary and Space Science* **50**, 669–673).

18. *Here, even a radiation-resistant:* Dartnell LR, Desorgher L, Ward JM, Coates AJ. (2007) Modelling the surface and subsurface Martian radiation environment: Implications for astrobiology. *Geophysical Research Letters* **34**, I.02207.

19. *The formation of reactive oxygen species:* Price PB, Sowers T. (2004) Temperature dependence of metabolic rates for microbial growth, maintenance, and survival. *Proceedings of the National Academy of Sciences* **101**, 4631–4636; Lindahl T, Nyberg B. (1972) Rate of depurination of native deoxyribonucleic acid. *Biochemistry* **11**, 3610–3618; Brinton KLF, Tsapin AI, Gilichinsky D, McDonald GD. (2002) Aspartic acid racemization and age-depth relationships for organic carbon in Siberian permafrost. *Astrobiology* **2**, 77–82.

20. *Indeed, for chemical reactions:* Chemical disequilibria made from geologically active processes.

21. *Rivers of methane:* Lorenz R. (2008) The changing face of Titan. *Physics Today* **61**, 34–39.

22. *Using this chemical compound:* Stevenson J, Lunine J, Clancy P. (2015) Membrane alternatives in worlds without oxygen: Creation of an azotosome. *Science Advances* **1**, e1400067.

23. *They proposed that by reacting hydrocarbons:* McKay CP, Smith HD. (2005) Possibilities for methanogenic life in liquid methane on the surface of Titan. *Icarus* **178**, 274–276.

24. *These ideas have even received:* Strobel DF. (2010). Molecular hydrogen in Titan's atmosphere: Implications of the measured tropospheric and thermospheric mole fractions. *Icarus* **208**, 878–886.

25. *However, the presence of possible energy sources:* I say "most" because impacts on Titan's surface might generate local hydrothermal systems that warm the surface. Furthermore, a subsurface ocean on Titan might provide opportunities for prebiotic and biological processes.

26. *Then there are the ice caps:* The Kuiper Belt is a disc of objects beyond the orbit of Neptune. Although it is similar to the asteroid belt that lies between Mars and Jupiter, it is about twenty to two hundred times as massive.

27. *Look at the reaction scheme below:* See, for example, Klare G. (1988) *Reviews in Modern Astronomy 1: Cosmic Chemistry.* Springer, Heidelberg.

第 10 章　不可取代的碳原子

1. *I absolutely deny being a Trekkie:* A bona fide *Star Trek* fan.

2. *creature is tracked down:* Tracking down an alternate life form in itself is an interesting problem that vexes astrobiologists: how do we detect life elsewhere with the minimum number of assumptions about its chemical composition? Of course, in *Star Trek*, the crew members merely change the settings on their tricorders, devices for scanning the world around them, to detect silicon-based life, but it is not clear how one would detect a silicon-based life form residing in rocks that average around 40 to 70 percent silicon.

3. *So hydrogen, with one proton:* Oganesson is named after Russian nuclear physicist Yuri Oganessian, who played a leading role in the discovery of the heaviest elements in the periodic table.

4. *This principle, that electrons:* Fermions are a group of subatomic particles, including the protons, which also exhibit this behavior. For the Pauli exclusion principle, see Massimi, M. (2012) *Pauli's Exclusion Principle: The Origin and Validation of a Scientific Principle.* Cambridge University Press, Cambridge. This book is a good place to look at this principle in more detail.

5. *Like the twins:* More exactly, no two fermions can have identical quantum numbers, the four numbers that define its state—the principal quantum number, the angular momentum in its orbital (known as the angular momentum quantum number), the availability of orbitals

(magnetic quantum number), and the spin quantum number. For particles that have a half-integer spin (such as electrons), the wave function that described its wavelike property is antisymmetrical, which means that if they are in an identical place, the two waves cancel each other out and the particles cease to exist, which is impossible. Therefore, either their spin or one of their other properties has to be different to prevent this occurrence.

6. *The remaining two:* Actually, these two electrons are split up, one each in two suborbitals, $2p_x$ and $2p_y$. As p_x and p_y exist at the same level and have the same energy, the electrons, which would really rather be separate, tend to occupy these different suborbitals.

7. *Two are placed in the next orbital up:* Like carbon, the two electrons in the outermost 3p orbital are in separate $3p_x$ and $3p_y$ orbitals.

8. *Resulting from all this versatility:* McGraw-Hill. (1997) *Encyclopedia of Science and Technology.* McGraw, New York.

9. *The silicon-silicon bond:* Alcock NW. (1990) *Bonding and Structure: Structural Principles in Inorganic and Organic Chemistry.* Ellis Horwood Ltd., New York. This information is also available from other standard chemistry texts.

10. *Silane (SiH_4):* Emeléus HJ and Stewart K. (1936) The oxidation of the silicon hydrides. *Journal of the Chemical Society* 677–684.

11. *These rocky silicates:* They include the layered sheets (the phyllosilicates), strings of compounds (the inosilicates), and individual silicate tetrahedra (the nesosilicates). A very good book on the wide number of silicates is Deer WA, Howie RA, Zussman J. (1992) *An Introduction to the Rock-Forming Minerals.* Prentice-Hall, New York.

12. *These photosynthesizing microbes:* Brzezinski MA. (1985) The Si:C:N ratio of marine diatoms: Interspecific variability and the effect of some environmental variables. *Journal of Phycology* **21**, 347–357.

13. *Plants also gather:* See, for example, Currie HA, Perry CC. (2007) Silica in plants: Biological, biochemical and chemical studies. *Annals of Botany* **100**, 1383–1389.

14. *Silica structures:* Müller WE et al. (2011) The unique invention of the siliceous sponges: Their enzymatically made bio-silica skeleton. *Progress in Molecular and Subcellular Biology* **52**, 251–281.

15. *The silicon and carbon compound:* Shiryaev AA, Griffin WL, Stoyanov E, Kagi H. (2008) Natural silicon carbide from different

geological settings: Polytypes, trace elements, inclusions. *9th International Kimberlite Conference Extended Abstract No. 9IKC-A-00075.*

16. *The atom seems to form:* Röshe L, John P, Reitmeier R. (2003) *Organic Silicon Compounds. Ullmann's Encyclopedia of Industrial Chemistry.* Wiley-VCH, Weinheim.

17. *Perhaps a black-and-white view:* Cells can be coaxed into incorporating silicon into organic bonds (Kan SBJ, Lewis RD, Chen K, Arnold FH. [2016] Directed evolution of cytochrome c for carbon–silicon bond formation: Bringing silicon to life. *Science* **354**, 1048–1051). However, engineering these capacities into life does not necessarily imply that if the tape of evolution were rerun, it would use these pathways. Artificial pathways successfully incorporated into cells are not necessarily those that would naturally be found and eventually used by life when it is faced with the selection pressures of a real planetary environment.

18. *Germanium is the next element:* Johnson OH. (1952) Germanium and its inorganic compounds. *Chemical Reviews* **51**, 431–469. This is admittedly an old paper, but a more modern knowledge does little to change the basic conclusion that germanium life forms seem unlikely.

19. *An imaginative, if highly unfamiliar suggestion:* Bains W. (2004) Many chemistries could be used to build living systems. *Astrobiology* **4**, 137–167.

20. *The liquid nitrogen would offer:* The silanes are chemical compounds consisting of one or several silicon atoms linked to each other or to one or several atoms of other chemical elements. They comprise a series of inorganic compounds with the general formula Si_nH_{2n+2}. They are similar to alkanes in carbon chemistry.

21. *Nevertheless, within these clouds:* Snow TP, McCall BJ. (2006) Diffuse atomic and molecular clouds. *Annual Review of Astronomy and Astrophysics* **44**, 367–414.

22. *Protons, electrons, gamma rays:* Ions are atoms that have gained or lost electrons and therefore have a negative or positive charge, respectively.

23. *Diffuse interstellar bands:* Herbig GH. (1995) The diffuse interstellar bands. *Annual Review of Astronomy and Astrophysics* **33**, 19–73.

24. *Carbon, produced by fusion:* See, for example, Kaiser RI. (2002) Experimental investigation on the formation of carbon-bearing molecules in the interstellar medium via neutral-neutral reactions. *Chemical Reviews* **102**, 1309–1358; Marty B, Alexander C, Raymond SN. (2013)

Primordial origins of Earth's carbon. *Reviews in Mineralogy and Geochemistry* **75**, 149–181; and McBride EJ, Millar TJ, Kohanoff JJ. (2013) Organic synthesis in the interstellar medium by low-energy carbon irradiation. *Journal of Physical Chemistry* **117**, 9666–9672.

25. *The six-atom rings of carbon:* There are a variety of discussions on polycyclic aromatic hydrocarbons and other complex carbon compounds. See, for example, Tielens AGGM. (2008) Interstellar polycyclic aromatic hydrocarbon molecules. *Annual Reviews in Astronomy and Astrophysics* **46**, 289–337; Bettens RPA, Herbst E. (1997) The formation of large hydrocarbons and carbon clusters in dense interstellar clouds. *Astrophysical Journal* **478**, 585–593; and Bohme DK. (1992) PAH and fullerene ions and ion/molecule reactions in interstellar circumstellar chemistry. *Chemical Reviews* **92**, 1487–1508.

26. *They form tubes:* Iglesias-Groth S. (2004) Fullerenes and buckyonions in the interstellar medium. *Astrophysical Journal* **608**, L37–L40.

27. *Astrochemists think:* Herbst E, Chang Q, Cuppen HM. (2005) Chemistry on interstellar grains. *Journal of Physics: Conference Series* **6**, 18–35.

28. *Just 390 to 490 light-years away:* IRC+10216 (CW Leo).

29. *Around the photosphere of the star:* Groesbeck TD, Phillips TG, Blake GA. (1994) The molecular emission-line spectrum of IRC +10216 between 330 and 358 GHz. *Astrophysical Journal Supplemental Series* **94**, 147–162.

30. *This molecule can take part:* Coutens A et al. (2015) Detection of glycolaldehyde toward the solar-type protostar NGC 1333 IRAS2A. *Astronomy and Astrophysics* **576**, article A5.

31. *Isopropyl cyanide:* Belloche A, Garrod RT, Müller HSP, Menton KM (2014) Detection of a branched alkyl molecule in the interstellar medium: *iso*-propyl cyanide. *Science* **345**, 1584–1586.

32. *Equally extraordinary:* Pizzarello S. (2007) The chemistry that preceded life's origins: A study guide from meteorites. *Chemistry and Biodiversity* **4**, 680–693.

33. *Although the concentrations:* Sephton MA. (2002) Organic compounds in carbonaceous meteorites. *Natural Product Reports* **19**, 292–311; and Pizzarello S, Cronin JR. (2000) Non-racemic amino acids in the Murray and Murchison meteorites. *Geochimica et Cosmochimica Acta* **64**, 329–338.

34. *Why the discrepancy?* A discrepancy true for many other types of molecules.

35. *Sugars, the building blocks:* Deamer D. (2011) *First Life: Discovering the Connections Between Stars, Cells, and How Life Began.* University of California Press, Berkeley.

36. *Meteorites come from asteroids:* An astronomical unit is equivalent to the mean distance between the Sun and Earth.

37. *No mere blocks of ice:* Altwegg K. (2016) Prebiotic chemicals—amino acid and phosphorus—in the coma of comet 67P/Churyumov-Gerasimenko. *Science Advances* **2**, e1600285,

38. *carbon chemistry:* The leap between simple carbon compounds and a self-replicating life form is immense, and we do not know if it is inevitable on any planet where there is liquid water and appropriate physical conditions. In this book, I do not address the question of how common life is in the universe. Rather, I am more concerned with whether, once it does emerge, it has universal characteristics. Whatever that spark or environmental condition was that allowed life to emerge, however likely or unlikely it was, it has no relevance to the observation that the conditions in which solar systems emerge produce a preponderance of organic compounds.

39. *The tendency of energetic environments:* For a description of this experiment, see Miller SL. (1953) A production of amino acids under possible primitive Earth conditions. *Science* **117**, 528–529. A more recent study examining the results is Bada JL. (2013) New insights into prebiotic chemistry from Stanley Miller's spark discharge experiments. *Chemical Society Reviews* **42**, 2186–2196.

40. *From above and below, young planets:* Chyba C, Sagan C. (1992) Endogenous production, exogenous delivery and impact-shock synthesis of organic molecules: An inventory for the origin of life. *Nature* **355**, 125–132.

41. *Its methane lakes:* Raulin F, Owen T. (2002) Organic chemistry and exobiology on Titan. *Space Science Reviews* **104**, 377–394.

42. *Its brown atmospheric haze:* Sagan C, Khare BN. (1979) Tholins: Organic chemistry of interstellar grains and gas. *Nature* **277**, 102–107.

43. *Future robotic missions:* Lorenz RD et al. (2008) Titan's inventory of organic surface materials. *Geophysical Research Letters* **35**, L02206.

44. *Of all the atoms available:* See Goldford JE, Hartman H, Smith TF, Segrè D. (2017). Remnants of an ancient metabolism without

phosphate. *Cell* **168**, 1–9, for a compelling hypothesis about a precursor to modern biology that may have worked without phosphorus.

45. *Familiar to most of us:* One landmark paper on this matter is Westheimer FH. (1987) Why nature chose phosphates. *Science* **235**, 1173–1178.

46. *The molecule ATP:* Maruyama K. (1991) The discovery of adenosine triphosphate and the establishment of its structure. *Journal of the History of Biology* **24**, 145–154.

47. *Strung down the backbone of DNA:* The classic paper of the elucidation of this structure is Watson JD, Crick FH. (1953) A structure for Deoxyribose Nucleic Acid. *Nature* **171**, 737–738, but of course much of the deeper understanding of the properties of DNA, including its phosphorus-containing backbone, has been developed since then and can be found in a vast literature.

48. *Two sulfur-containing amino acids:* Two molecules of the sulfur-containing amino acid cysteine. For the disulfide bridge, see Sevier CS and Kaiser CA. (2002) Formation and transfer of disulphide bonds in living cells. *Nature Reviews Molecular Cell Biology* **3**, 836–847.

49. *The carbon-fluorine bond:* Blanksby SJ, Ellison GB. (2003) Bond dissociation energies of organic molecules. *Accounts of Chemical Research* **36**, 255–263.

50. *In the tropics:* O'Hagan D, Harper DB. (1999) Fluorine-containing natural products. *Journal of Fluorine Chemistry* **100**, 127–133.

51. *It can be found in cells:* Baltz JM, Smith SS, Biggers JD, Lechene C. (1997) Intracellular ion concentrations and their maintenance by Na^+/K^+-ATPase in preimplantation mouse embryos. *Zygote* **5**, 1–9.

52. *In an article published:* Wolfe-Simon F et al. (2010) A bacterium that can grow by using arsenic instead of phosphorus. *Science* **332**, 1163–1166.

53. *The microbe:* Rosen BP, Ajees AA, McDermott TR. (2011) Life and death with arsenic. *BioEssays* **33**, 350–357.

54. *The estimated half-life:* A half-life is the time it takes for half of something, such as a chemical compound, to disintegrate.

55. *If you replace arsenate:* Fekry MI, Tipton PA, Gates KS. (2011) Kinetic consequences of replacing the internucleotide phosphorus atoms in DNA with arsenic. *ACS Chemical Biology* **6**, 127–130.

56.   *Its uses are enigmatic:* Edmonds JS et al. (1977) Isolation, crystal structure and synthesis of arsenobetaine, the arsenical constituent of the western rock lobster *Panulirus longipes cygnus* George. *Tetrahedron Letters* **18**, 1543–1546.

57.   *The energetic cost:* Reich JH and Hondal RJ. (2016) Why nature chose selenium. *ACS Chemical Biology* **11**, 821–841. This paper is a recapitulation of Westheimer's paper "Why Nature Chose Phosphates."

58.   *It is an essential trace element:* See, for example, Blevins DG, Lukaszewski KM. (1998) Functions of boron in plant nutrition. *Annual Review of Plant Physiology and Plant Molecular Biology* **49**, 481–500; and Nielsen FH. (1997) Boron in human and animal nutrition. *Plant and Soil* **193**, 199–208.

59.   *Elements like vanadium:* Many researchers are exploring the role of different elements in life, particularly the lesser-known elements. For vanadium and molybdenum, see, for example, Rehder D. (2015) The role of vanadium in biology. *Metallomics* **7**, 730–742; and Mendel RR, Bittner F. (2006) Cell biology of molybdenum. *Biochimica et Biophysica Acta* **1763**, 621–635.

60.   *The imaginative may well raise their hands:* A popular take on this is in the 1969 novel by Michael Crichton, *The Andromeda Strain*. In the novel, a returning space capsule has been contaminated with a crystal-based life form that threatens to overrun the laboratory in which it has been contained and escape into the terrestrial environment. Eventually, and happily for the Earth, it mutates into a less malignant form of life.

61.   *Mineral surfaces as places:* Mineral surfaces provide ordered structures for the assembly of polymers, which themselves become ordered and aligned. The possible role of minerals in the assembly of the first self-replicating genetic structures was discussed in Cairns-Smith AG, Hartman H. (1986) *Clay Minerals and the Origin of Life.* Cambridge University Press, Cambridge, and the area was reviewed nicely in Arrhenius GO. (2003) Crystals and life. *Helvetica Chimica Acta* **86**, 1569–1586.

第 11 章　寻找外星生命之路

1.   *Sometimes this is referred to:* This problem is nicely summarized by Mariscal C. (2015) Universal biology: Assessing universality from a single example. In *The Impact of Discovering Life Beyond Earth*, edited

by Dick SJ, 113–126; and Cleland CE. (2013) Is a general theory of life possible? Seeking the nature of life in the context of a single example. *Biological Theory* **7**, 368–379.

2. *It is easy to get trapped:* I even feel uncomfortable with the term *physical principles*, despite using it prolifically in this book. What do we actually *mean* by *physical*? We just mean principles by which the universe works. The word *physical* tends to segregate physicists and other types of scientists, removing its neutrality and encouraging proudly defended disciplinary boundaries. Maybe we should just speak of *principles*. Nevertheless, I use the term because it does conveniently emphasize that we are talking about principles that pertain to matter and not other principles, like legal or moral ones.

3. *Although many people think:* It would be tempting to provide a proposed definitive list of things that are universal about life. However, I am reluctant because a person only has to make one false prediction, and the list becomes an example of the $N = 1$ problem, which is counterproductive. I find it more parsimonious to offer some broad suggestions. Defining such a list in greater detail and carrying out experiments to attempt to challenge it could produce worthwhile and interesting results and, over time, might generate a more robust list of characteristics at all scales of life—characteristics that most of us could agree were universal. See, for example, Cockell CS. (2016) The similarity of life across the Universe. *Molecular Biology of the Cell* **27**, 1553–1555.

4. *The scaling laws:* West GB. (2017) *Scale: The Universal Laws of Life and Death in Organisms, Cities and Companies.* Weidenfeld & Nicolson, London.

5. *Perhaps, like DNA:* Benner SA, Ricardo A, Carrigan MA. (2004) Is there a common chemical model for life in the Universe? *Current Opinions in Chemistry and Biology* **8**, 672–689.

6. *In our own Solar System:* See, for example, Grotzinger JP et al. (2014) A habitable fluvio-lacustrine environment at Yellowknife Bay, Gale Crater, Mars. *Science* **343**, doi:10.1126/science.1242777.

7. *Substantial liquid water oceans:* There are many papers discussing the oceans of Europa, for example Hand KP, Carlson RW, Chyba CF. (2007) Energy, chemical disequilibrium, and geological constraints on Europa. *Astrobiology* **7**, 1–18; Schmidt B, Blankenship D, Patterson W, Schenk P. (2011) Active formation of "chaos terrain" over shallow subsurface water on Europa. *Nature* **479**, 502–505; Collins GC, Head JW,

Pappalardo RT, Spaun NA. (2000) Evaluation of models for the formation of chaotic terrain on Europa. *Journal of Geophysical Research* **105**, 1709–1716. For the moon Enceladus, see, for example, McKay CP et al. (2008) The possible origin and persistence of life on Enceladus and detection of biomarkers in plumes. *Astrobiology* **8**, 909–919; Waite JW et al. (2009) Liquid water on Enceladus from observations of ammonia and ^{40}Ar in the plume. *Nature* **460**, 487–490; Waite JH et al. (2017) Cassini finds molecular hydrogen in the Enceladus plume: Evidence for hydrothermal processes. *Science* **356**, 155–159. And for the moon Titan, see Raulin F, Owen T. (2002) Organic chemistry and exobiology on Titan. *Space Science Reviews* **104**, 377–394.

8. *Even if they do, a confounding problem:* See, for example, Horneck G et al. (2008) Microbial rock inhabitants survive hypervelocity impacts on Mars-like host planets: First phase of lithopanspermia experimentally tested. *Astrobiology* **8**, 17–44; and Fajardo-Cavazos P, Link L, Melosh JH, Nicholson WL. (2005) *Bacillus subtilis* spores on artificial meteorites survive hypervelocity atmospheric entry: Implications for lithopanspermia. *Astrobiology* **5**, 726–736.

9. *It is premature:* We could detect these biospheres by looking for gases such as oxygen in the planetary atmosphere. That in itself would tell us something about the sorts of metabolisms that the alien life uses. However, without a laboratory sample of this life, we will be limited in the knowledge we can derive about its structure at the different levels of its hierarchy that we have been discussing in this book.

10. *That discovery of this first so-called exoplanet:* The paper describing this finding is Mayor M, Queloz D. (1995) A Jupiter-mass companion to a solar-type star. *Nature* **378**, 355–359. The planet is named Pegasi 51b. Planets are generally named sequentially using letters.

11. *Many planets:* For one example of how these discoveries have reignited new efforts to explain how the alignments of the planets in our own Solar System came about, see Tsiganis K, Gomes R, Morbidelli A, Levison HF. (2005) Origin of the orbital architecture of the giant planets of the Solar System. *Nature* **435**, 459–461.

12. *Alongside the bounty of hot Jupiters:* Santos NC et al. (2004) A 14 Earth-masses exoplanet around μ Arae. *Astronomy and Astrophysics* **426**, L19–L23.

13. *It has one-quarter the density:* Bakos GA et al. (2007) HAT-P-1b: A large-radius, low-density exoplanet transiting one member of a stellar binary. *Astrophysical Journal* **656**, 552–559.

14.　*This inflated ball epitomizes:* Mandushev G et al. (2007) TrES-4: A transiting Hot Jupiter of very low density. *Astrophysical Journal Letters* **667**, L195–L198.

15.　*Many of them are likely to be uninhabitable:* The first planets in the super-Earth-size range were found in 1992 orbiting the pulsar PSR B1257+12. Because a pulsar is the collapsed neutron star remnant of a supernova explosion, they are not thought to be habitable or to have oceans. Wolszczan A, Frail D. (1992) A planetary system around the millisecond pulsar PSR1257 + 12. *Nature* **355**, 145–147.

16.　*Some are likely to be ocean worlds:* Charbonneau D et al. (2009) A super-Earth transiting a nearby low-mass star. *Nature* **462**, 891–894.

17.　*The habitable zone:* The habitable zone is, like many concepts of its type, too simplified. One of Jupiter's moons, Europa, contains a giant ocean, and yet Jupiter is far outside the habitable zone. Europa's internal ocean is not maintained by heating from our Sun, but instead by the buckling and contortions caused by the moon's gravitational interactions with other Jovian moons. In this moon, there is liquid water far outside the habitable zone. Nonetheless, the habitable zone is useful because it allows us to identify a zone where we might find an Earth-like world around distant stars, a place with giant bodies of liquid water on its surface.

18.　*It is slightly more aged:* We need not limit ourselves to the search for merely Earth-like planets. Some may be even more bizarre than our own home world. Just over twenty-two light-years away is a triple star system in which a red dwarf star is orbited by a double or binary star system made up of two K-type stars. Orbiting the red dwarf are at least two super-Earths in its habitable zone, Gliese 667Cb and c. If anything lives on these planets, it may be greeted regularly by the astonishing spectacle of a triple sunset. Even the writers of *Star Wars*, who so imaginatively conjured up a scene of Luke Skywalker on the moon Tatooine enjoying a double sunset, have been outdone by reality. Anglada-Escudé G et al. (2012) A planetary system around the nearby M Dwarf GJ 667C with at least one super-Earth in its habitable zone. *Astrophysical Journal Letters* **751**, L16.

19.　*The sheer quantity of data:* Petigura EA, Howard AW, Marcy GW. (2013) Prevalence of Earth-size planets orbiting Sun-like stars. *Proceedings of the National Academy of Sciences* **110**, 19,273–19,278.

20.　*And astronomers have brilliance:* Besides the methods I describe in the main text, there are other ingenious approaches. Gravitational lensing uses the ability of massive objects in the universe to distort light to reveal the small blip in the light of a planet in orbit around a distant star, its light signature magnified briefly by the lensing caused by the focusing power of a massive object lying between it and the observers on Earth. Some exoplanets can be seen directly with telescopes. This is a little more challenging than the transit method, but by blocking out the light from the star, the little light reflected by a planet can be picked up and the pinpricks of individual planets discerned. We can achieve this remarkable feat using coronagraphs, telescopes with colossal sunshades to block out the glare of the central star and allow planets to be more easily detected. Even ground-based telescopes are successfully used to detect brown dwarfs, gassy planets about ten to eighty times the size of Jupiter. By observing them for long enough, we can even see changes in their atmospheres as gases swirl and heat under the influence of their star; in essence, astronomers have been able to observe weather on other planets. As you can imagine, though, direct detection works best with very large planets, thus explaining why the brown dwarfs are some of the more enticing candidates. There is now a legion of popular books describing the search for, and study of, exoplanets. Just one is Perryman M. (2014) *The Exoplanet Handbook*. Cambridge University Press, Cambridge.

21. *With all these bizarre new worlds:* "One is startled towards fantastic imaginings by such a suggestion: visions of silicon-aluminium organisms—why not silicon-aluminium men at once? wandering through an atmosphere of gaseous sulfur, let us say, by the shores of a sea of liquid iron some thousand degrees or so above the temperature of a blast furnace." Wells HG. (1894) Another basis for life. *Saturday Review*, 676.

22. *Some features may make other Earth-like worlds:* Heller R, Armstrong J. (2014) Superhabitable worlds. *Astrobiology* **14**, 50–66.

23. *Ecologists know well:* This is the so-called species-area relationship, a phenomenon itself amenable to modeling and physical interpretation. See, for example, Connor EF, McCoy ED (1979) The statistics and biology of the species-area relationship. *American Naturalist* **113**, 791–833.

24. *She fell to the ground:* Koepcke J. (2011) *When I Fell from the Sky*. Littletown Publishing, New York.

25. *There is no better place:* A good introductory book on this moon is Lorenz R, Mitton J. (2010) *Titan Unveiled: Saturn's Mysterious Moon Explored*. Princeton University Press, Princeton, NJ.

第 12 章　生物演化与物理学的统一

1. *That the laws of physics and life:* There have been many gallant attempts to find "laws" in biology as distinct new insights. An example is Bejan A, Zane JP. (2013) *Design in Nature: How the Constructal Law Governs Evolution in Biology, Physics, Technology, and Social Organization.* Anchor Books, New York, which explores the idea that life evolves toward solutions that enhance "flow" and proposes that this is a unifying factor in all living systems. However, is this just a restatement of the second law of thermodynamics? See also McShea DW, Brandon RN. (2010) *Biology's First Law: The Tendency for Diversity and Complexity to Increase in Evolutionary Systems.* University of Chicago Press, Chicago. Their "Zero-Force Evolutionary Law" proposes that an increase in diversity and complexity in life observed over evolutionary time periods is a law. Is this merely a statement of the phenomenon that mutations and other changes in the code, DNA, will inexorably produce diversity and variation without natural selection? My own contention is that many attempts to find distinct biological laws are indeed merely elaborated descriptions of phenomena in living things that have their origins in simpler physical principles and might even be better formulated in these terms. Other efforts have been made to use information theory and entropy to describe evolution. See, for example, Brooks DR, Wiley EO. (1988) *Evolution as Entropy.* University of Chicago Press, Chicago. Examples such as this provide potential mathematical and physical approaches to framing evolutionary questions from the individual organism to the population scale.

2. *However, ultimately even the material:* The presence of life within these inescapable laws of thermodynamics and the tendency toward increased entropy is not a contradiction; nor is it a challenge to those laws. See, for example, Kleidon A. (2010) Life, hierarchy, and the thermodynamic machinery of planet Earth. *Physics of Life Reviews* 7, 424–460.

3. *Consider this one from Jan Baptista van Helmont:* Quoted in Hall BK. (2011) *Evolution: Principles and Processes.* Jones and Bartlett, Sudbury, MA, 91. Also mentioned in a wider discussion on the origin of life is Chen IA, de Vries MS. (2016) From underwear to non-equilibrium thermodynamics: Physical chemistry informs the origin of life. *Physical Chemistry Chemical Physics* 18, 20005.

4. *In the seventeenth century:* Gottdenker P. (1979) Francesco Redi and the fly experiments. *Bulletin of the History of Medicine* 53, 575–592.

5.   *Just over sixty years after van Leeuwenhoek's discovery:* Needham JT. (1748) A summary of some late observations upon the generation, composition, and decomposition of animal and vegetable substances. *Philosophical Transactions of the Royal Society* 45, 615–666.

6.   *Transferring some of his gravy:* Before the days of health and safety, kitchen food, leftover gravy, and a smorgasbord of festering broths made excellent ways to advance the cause of science.

7.   *After placing wetted seeds:* Wetted seeds provide nutrients for a whole range of microbes naturally attached to them to grow, so they were a favored way of getting small creatures growing in vials.

8.   *He then showed:* Spallanzani L. (1799) *Tracts on the Nature of Animals and Vegetables.* William Creech et al., Edinburgh.

9.   *Rather, at this infinitesimal scale:* This was a matter that also concerned Niels Bohr, who suggested that biology could not be readily reduced to physics, because, as is the case of quantum uncertainties, any observations of biology at the atomic level would disrupt an organism sufficiently (maybe even kill it), preventing us from taking reliable observations (Bohr N. [1933] Light and life. *Nature* 131, 457–459). Bohr's thoughts have been somewhat overshadowed by the enormous number of methods developed since his time. With these methods, scientists can noninvasively study organisms without disrupting their functions sufficiently to make those observations questionable. Bohr made a related point that organisms are so complex compared with many physical systems that a reductionist approach to biology, particularly at the atomic level, is extremely difficult. For example, organisms' capability to take in gases and release waste products makes it problematic to define which atoms belong to an organism and which do not. However, even on this score, we might note the enormous strides made in biochemistry and biophysics since the 1930s to characterize life's processes at the atomic and even subatomic level. A recent discussion of Bohr's ideas in the light of new technology and knowledge can be found in Nussenzveig HM. (2015) Bohr's "Light and life" revisited. *Physica Scripta* 90, 118001.

10.   *We can write down simple equations:* For the less chemically inclined, this is a different mole from the furry ones I have already written about. In chemistry, a mole is the amount of a substance that contains an Avogadro's number of atoms, which happens to be 6.022×10^{23} (the number is obtained from the number of atoms in twelve grams of the isotope carbon-12). However, for those with a strange sense of humor, you can find websites that discuss how large a mole of moles would

be, and it is very large indeed. In fact, it is so large that such a mass of moles would be of interest to those who spend their time thinking about planet formation. There I will leave this point.

11. *In the machinery of the cell:* Smith TF, Morowitz HJ. (1982) Between history and physics. *Journal of Molecular Evolution* **18**, 265–282, is a well-written and thoroughly interesting paper that explores the interface between biology and physics, citing several authors and works that similarly see both congruence and differences between the two fields. The authors make a strong case for physical determinism at the level of biochemical pathways.

12. *Some bases (adenine and guanine):* These are "depurination" events because they cause the loss of purines (the bases adenine and guanine). They occur through hydrolysis reactions and are one of the main pathways that cause the disintegration of ancient preserved DNA. They also play a role in triggering cancer. Loss of pyrimidine bases (cytosine and thymine) can also occur, but the reaction rates are much slower.

13. *It was Per-Olov Löwdin:* If some mutations in DNA are caused by proton tunneling, namely, the consequences of quantum behavior, then we could perfectly well accept that some variations in organisms at the large scale have their origins in quantum-generated irregularities at the atomic scale. Proton tunneling in DNA base pairs, resulting in mutations, was discussed by Löwdin P-O. (1963) Proton tunnelling in DNA and its biological implications. *Reviews of Modern Physics* **35**, 724–732, and subsequently discussed by many others, for example Kryachko ES. (2002) The origin of spontaneous point mutations in DNA via Löwdin mechanism of proton tunneling in DNA base pairs: Cure with covalent base pairing. *Quantum Chemistry* **90**, 910–923.

14. *Now sometimes that proton:* These are tautomers, chemicals that have the same molecular formula and that readily interconvert.

15. *Nevertheless, I raise the question:* Lambert N et al. (2013) Quantum biology. *Nature Physics* **9**, 10–18; Arndt M, Juffmann T, Vedral V. (2009) Quantum physics meets biology. *HFSP Journal* **3**, 386–400; Davies PCW. (2004) Does quantum mechanics play a non-trivial role in life? *BioSystems* **78**, 69–79. The field of quantum biology may yet yield insights into how other effects at the quantum scale can influence biological processes at the larger scale. Photosynthesis is one process that may be influenced by quantum effects. For example Sarovar M, Ishizaki A, Fleming GR, Whaley KB. (2010). Quantum entanglement in photosynthetic light-harvesting complexes. *Nature Physics* **6**, 462–467.

16. *As Jacques Monod:* Written in the 1970s, when the first insights into protein chemistry and the genetic code were being unraveled, Monod's book is a beautifully written account of the behavior of life at the molecular level and how this defines a difference with other matter. However, even he succumbs to an astonished bewilderment at how different life is to other matter: "On such a basis, but not on that of a vague 'general theory of systems,' it becomes possible for us to grasp how in a very real sense the organism effectively transcends physical laws—even while obeying them—thus achieving at once the pursuit and fulfilment of its own purpose" (Monod J. [1972] *Chance and Necessity.* Collins, London, 81). If life obeys physical laws, it does not transcend them at any level. Nevertheless, Monod's book explores many of the general themes advanced by Smith and Morowitz (1982), above, who say that the crucial difference between life and other forms of matter occurs at the molecular level, specifically, the DNA code that fixes errors and generates replicated variety.

17. *An atomic displacement:* However, defects, substitutions of atoms, and other alterations can also sometimes be the source of new properties, including greater strength.

18. *There is generally no way:* Crystals of substances that have a chiral nature can replicate this chiral signature in subsequent crystals. More-complex ideas for self-replicating crystals have been presented. See, for example, Schulman R, Winfree E. (2005) Self-replication and evolution of DNA crystals. In *ECAL 2005,* edited by M Capcarrere et al. **LNAI 3630,** 734–743.

16. *Stephen Jay Gould:* For an entertaining and erudite insight into convergence and its possibilities, see Losos J. (2017) *Improbable Destinies: How Predictable Is Evolution?* Allen Lane, London. Losos believes that evolution is predictable, particularly among closely related lineages, but that there is considerable scope for contingent events to shape the course of evolution. My view is that contingency in the wonderful diversity of life forms is constrained, but that this is not inconsistent with the idea that physical solutions can be sufficiently varied to allow for a mélange of living things.

20. *He recognized the underlying laws:* Gould SJ. (1989) *Wonderful Life: The Burgess Shale and the Nature of History.* Hutchinson Radius, London, 289–290.

21. *He elaborated on this:* His book on the discovery of the Burgess Shale explores his and his colleagues' exploits in revealing the hidden

treasures: Gould SJ. (1989) *Wonderful Life: The Burgess Shale and the Nature of History.* Hutchinson Radius, London.

22. *have a mouth:* This predictable structure was pointed out by Gould: "Bilaterally symmetrical creatures with heads and tails are almost always mobile. They concentrate sensory organs up front, and put their anuses behind, because they need to know where they are going and to move away from what they leave behind" (ibid., 156).

23. *Contingency is there:* A point of view expressed by Simon Conway-Morris in a counterpoint to Gould is Conway-Morris S. (1999). *The Crucible of Creation: The Burgess Shale and the Rise of Animals.* Oxford University Press, Oxford.

24. *Indeed, since Gould's paean to contingency:* A good summary of the current state of knowledge, which also situates it in modern genetic data, is given by Budd GE. (2013) At the origin of animals: The revolutionary Cambrian fossil record. *Current Genomics* **14**, 344–354.

25. *In some refinements:* For a summary of constraints imposed by the history of an organism, see Maynard Smith J et al. (1985) Developmental constraints and evolution. *Quarterly Review of Biology* **60**, 263–287. The authors also discuss how physical factors limit the spiral structures that can be used in shelled organisms, a particularly visual example of physical (biomechanical) factors driving evolution.

26. *The historical nuances:* But before the reader thinks I am capitulating, this statement is primarily directed at the fine details. For example, one could be overwhelmed by the vast diversity of skeletal structures in vertebrates, but even this diversity can be constrained into a few well-defined forms. A thorough discussion of this limitation can be found in Thomas RDK, Reif W. (1993) The skeleton space. A finite set of organic designs. *Evolution* **47**, 341–356.

27. *From that increase in surface area:* For a fascinating hypothesis on the factors that caused the transition from the Ediacaran to the Cambrian fauna, see Budd GE, Jensen S. (2017) The origin of the animals and a "Savannah" hypothesis for early bilaterian evolution. *Biological Reviews* **92**, 446–473, which provides a mechanism by which the transition out of the "flattened forms" of the Ediacaran could have occurred. A superb book on animal form and body plans is Raff RA. (1996) *The Shape of Life: Genes, Development, and the Evolution of Animal Form.* University of Chicago Press, Chicago. His book underscores that my statement about producing an invagination and turning a pancake into a more complex organism with internal organs is probably a little

flippant. The architecture and history of body plans and their phylog-
eny is a complex field still in dispute. However, my comment is simply
designed to ask whether life really can be railroaded into a dead-end
body plan from which it has no escape.

28.   *Whether there are contingencies:* Even on present-day Earth, certain
organisms, such as jellyfish, have a pancake-like architecture, where
the cells of the body are close to the outside surface.

29.   *the whale's indecision:* I highlight again here the difference between
mutability in life's pathways and choices and the narrow limits of life
curtailed by physical laws. The two are not contradictory. Life can
have the flexibility to break free of past choices, but still be channeled
into a limited set of forms.

30.   *A growing compilation of evidence:* And these discoveries, particularly
in evolutionary developmental biology, raise important questions
about whether evolution is just a tinkerer that has no choice but to
mess around with existing plans and formats or whether it can act
more like an engineer, making something that is completely new and
fashioned for its environment (Jacob F. [1977] Evolution and tinker-
ing. *Science* **196**, 1161–1166). Clearly, evolution cannot start from
scratch and must use what is there, but the restrictions in attempting
new constructions may not be as great as once was thought. Jacob,
in considering an alternative evolution, states unequivocally that "de-
spite science fiction, Martians cannot look like us." However, the devil
is in the details. What do we mean by "look like us"? If we mean ex-
actly like us in detail, then we must agree with Jacob. If we mean using
the same sorts of sensors, limbs to walk, and structures to support the
organism against gravity, then they are likely to seem eerily like us
(accepting, of course, that the term "Martians" is used metaphorically
to mean aliens in general, not literal Martians, which if they exist at
all today are likely to be microbial).

31.   *But what about the emergence:* However, for a persuasive view that
even multicellularity could emerge through the operation of simple
physical principles (and may therefore be inevitable), see Newman
SA, Forgacs G, Müller GB. (2006) Before programs: The physical orig-
ination of multicellular forms. *International Journal of Developmental
Biology* **50**, 289–299.

32.   *Although we cannot easily repeat evolution:* We can, of course, find
vestigial organs and genetic signposts that might reveal contingency
and past history at work in fashioning an organism. We might also
compare past evolutionary pathways up to an extinction event with

those that occur afterward. For example, we might look at the evolution of the reptiles and compare them with the evolution of mammals after the end-Cretaceous. However, these are not controlled experiments in rerunning the sequence of evolution, since the environment has also changed, making it difficult, maybe impossible, to truly determine what is contingent and what is a consequence of altered conditions in which the organisms have been molded. We can more easily run evolutionary experiments in the laboratory and in certain well-controlled field settings to probe the role of contingency. For an excellent summary of research, from lizards to guppies and microbes, I recommend Losos J. (2017) *Improbable Destinies: How Predictable Is Evolution?* Allen Lane, London. However, experiments in the laboratory or even in the field still do not recapitulate the messy realities of Earth's history.

33. *We can deepen our ability:* I am reluctant to go as far as suggesting a periodic table of life, a suggestion made in McGhee G. (2011) *Convergent Evolution: Limited Forms Most Beautiful.* Massachusetts Institute of Technology, Cambridge, MA, because although life forms may be limited, the term *periodic table* gives the impression that the scope of the evolutionary process has a parity with the simplicity of the atomic structure of elements and a periodicity in structure akin to that of electron stacking. Although I discuss the physical principles at the heart of evolution, I do not claim that the result of the canalization of life by physical principles is a set of life forms as simple as atomic structure. Perhaps a better term would be something like *matrix of living forms.* Nevertheless, the idea of classifying life systematically in a tabular format broadly similar to the periodic table and according to some agreed on parameters is an exciting one. Such a classification would be one way to formalize the limits in living form. Similar attempts may be valuable in categorizing niches. See Winemiller KO, Fitzgerald DB, Bower LM, Pianka ER. (2015) Functional traits, convergent evolution, and the periodic tables of niches. *Ecology Letters* **18**, 737–751.

34. *For instance, the fusiform, sleek body:* George McGhee states without ambiguity, "I predict with absolute confidence that if any large, fast-swimming organisms exist in the oceans of Europa—far away in orbit around Jupiter, swimming under the perpetual ice that covers their world—then they will have streamlined, fusiform bodies; that is, they will look very similar to a porpoise, an ichthyosaur, a swordfish, or a shark." Although large sea creatures in the oceans of Europa are less likely than microbes—if there is any life at all—his point about

the physical influence on convergent evolution at the level of the organism and its implications for a notion of universal biology is clear. See McGhee G. (2007) *The Geometry of Evolution*. Cambridge University Press, Cambridge, 148.

35. *This understanding might greatly simplify:* The observations of convergence at different levels of life's structural hierarchy also offer hope for simplifying rules of assembly of living things. For example, for a comparison with convergence at the level of whole organisms, see Zakon HH. (2002) Convergent evolution on the molecular level. *Brain, Behavior and Evolution* **59**, 250–261.

36. *In the finale to his seminal book:* Conway-Morris. S. (2004) *Life's Solution: Inevitable Humans in a Lonely Universe*. Cambridge University Press, Cambridge.

37. *Reductionism:* I am not a militant reductionist; nor is this book another tired attempt to reduce biology to its *simplest* physical principles. I echo Mayr's views that reductionism often destroys information at higher levels of a hierarchy, particularly in complex biological systems, since at higher levels, interactions between components often generate properties not manifest in their separate parts (see, for example, Mayr E. [2004] *What Makes Biology Unique?* Cambridge University Press, Cambridge, 67). Indeed, the investigation of self-organization and emergent complexity rests on the understanding that behavior at higher levels of biological hierarchy is not merely the sum of behaviors observed at lower hierarchies. As I have illustrated in Chapter 2 and elsewhere in this book, physical principles and equations can be applied to holistic biological entities such as flocks of birds or ant nests. A synthesis of physics and biology need not imply the age-old desire to break down biological phenomena into their tiniest parts, although historically this has often been the case and is often useful to do so.